高等院校高素质技术技能型人才培养
规划教材

U0317927

PLC 控制系统
设计与应用

（西门子 S7–200/1200）

周柏青　李方园　编

张青波　主审

中国电力出版社
CHINA ELECTRIC POWER PRESS

内 容 提 要

本书为高等院校高素质技术技能型人才培养规划教材。

本书选用市场占有率最高的西门子 S7-200/1200 PLC 作为 PLC 控制系统设计与应用的载体。全书共 8 章，主要介绍了 IEC 61131-3 的编程语言标准，S7-200/1200 PLC 应用的大部分场合，包括电动机控制、生产线流程控制、PID、HSC、PWM、运动控制、串口和触摸屏控制。本书不仅可以锻炼读者的编程技巧，更是创新性地安排了从简单到复杂、从入门到实践的技能训练项目。

本书深入浅出、图文并茂，可作为高职高专电气类相关专业教材，也可作为广大电工技术人员的培训教材和参考书。

图书在版编目（CIP）数据

PLC 控制系统设计与应用：西门子 S7-200/1200/周柏青，李方园编．—北京：中国电力出版社，2015.8

高等院校高素质技术技能型人才培养规划教材

ISBN 978-7-5123-7805-6

Ⅰ.①P… Ⅱ.①周…②李… Ⅲ.①PLC 技术－高等学校－教材 Ⅳ.①TM571.6

中国版本图书馆 CIP 数据核字（2015）第 155464 号

中国电力出版社出版、发行

（北京市东城区北京站西街 19 号 100005 http://www.cepp.sgcc.com.cn）

汇鑫印务有限公司印刷

各地新华书店经售

*

2015 年 8 月第一版 2015 年 8 月北京第一次印刷

787 毫米×1092 毫米 16 开本 17 印张 407 千字

定价 **40.00** 元

前　言

PLC 相关课程是目前高职高专电气自动化技术、机电一体化技术和楼宇智能化工程技术等专业所必学的科目之一，在目前教学或培训中，通常采用西门子产品作为该课程的实施载体。本书选用西门子 S7-200/1200 PLC 作为 "PLC 控制系统设计与应用" 课程的实验或实训产品。

STEP 7-Micro/WIN 和 TIA 是西门子公司用于对 PLC 进行组态和编程的标准软件包，是 SIMATIC 工业软件的一部分，并主要应用在西门子 S7 全系列 PLC 上，它具有更广泛的功能。

本书共分 8 章。第 1 章介绍了 PLC 概念与 IEC 61131-3 标准；第 2 章阐述了 S7-200 PLC 控制基础，包括梯形图的设计方法、位逻辑、定时器与计数器，以及简单电气控制电路的编程与运行；第 3 章引入了 S7-200 PLC 仿真软件，并以自动开关门控制进行了实际案例介绍，同时介绍了数据传送、数学运算和逻辑运算等指令的应用；第 4 章为 S7-200 PLC 高级编程指令及应用，内容包括 SCR、CALL、中断、PID 等；第 5 章介绍了基于以太网编程的 S7-1200 PLC，包括 TIA 软件的安装和使用、程序结构、硬件设计；第 6 章给出了 S7-1200 PLC 的常见指令与编程应用；第 7 章介绍了与脉冲有关的 S7-1200 PLC 应用，比如 PWM、HSC 和 PTO；第 8 章为 S7-1200 PLC 的通信和触摸屏编程。

通过本书的学习，不仅能了解一般 PLC 控制系统的设计过程、设计要求、应完成的工作内容和具体设计方法，同时也有助于复习、巩固以往所学的 PLC 知识，达到在工程设计中灵活应用的目的。

本书由浙江同济科技职业学院周柏青和浙江工商职业技术学院李方园编写。周柏青负责第 1~5 章，李方园负责第 6~8 章。在编写过程中，不仅得到了陈隆世教授的大力支持，而且西门子（中国）有限公司、宁波中华纸业有限公司、宁波钢铁有限公司、常州米高电子科技有限公司等厂家相关人员帮助并提供了相当多的典型案例和维护经验。钟晓强、周庆红、陈亚玲、叶明、陈贤富、吕林锋等参与了案例编写工作。本书由浙江工商职业技术学院张青波主审，提出了宝贵的修改意见。同时在本书的编写过程中参考和引用了国内外许多专家、学者最新发表的论文和著作等资料，编者在此一并致谢。

编　者
2015 年 6 月

目　录

第 3 章

S7-200 PLC 仿真与数据指令编程　　　　　　　　　　　　　58

第 6 章

S7-1200 PLC 的常见指令与编程应用　　　　　　167

第 7 章

S7-1200 PLC 的脉冲与运动控制　　　　　　199

第 8 章

S7-1200 PLC 的通信和触摸屏编程   235

第 1 章

PLC 编程 IEC 61131-3 标准

自 20 世纪 60 年代第一台 PLC 问世以来，其很快被应用到汽车制造、机械加工、冶金、矿业、轻工等各个领域，并大大推进了工业化的进程。经过长时间的发展和完善，PLC 的编程概念和控制思想已为广大的自动化行业人员所熟悉，这是一个目前任何其他工业控制器（包括 DCS 和 FCS 等）都无法与之相提并论的巨大知识资源。

学 习 目 标

 知识目标

熟悉 PLC 产生的背景，了解 PLC 的定义，掌握 PLC 的基本应用与分类；掌握 IEC 61131-3 关于 PLC 编程语言的要点。

 能力目标

能对 PLC 的各个部分进行区分；能对 PLC 的应用进行举例说明；能阐述并列举 IEC 61131-3 标准下的数据类型；能阐述并列举 IEC 61131-3 标准下的变量。

 职业素养目标

能更新自身的知识库，掌握先进的编程理念。

1.1 PLC 基 本 知 识

1.1.1 PLC 的进化与定义

1. PLC 的进化

自 20 世纪 60 年代第一台 PLC 问世以来，PLC 很快被应用到汽车制造、机械加工、冶金、矿业、轻工等各个领域，并大大推进了机电一体化进程。如图 1-1 所示，PLC 检测与控制的对象包括指示灯、照明、电动机、泵控制、按钮、开关、光电开关与传感器等。

经过长时间的发展和完善，PLC 的编程概念和控制思想已为广大的自动化行业人员所熟悉，这是一个目前任何其他工业控制器（包括 DCS 和 FCS 等）都无法与之相提并论的巨大知识资源。实践也进一步证明，PLC 系统硬件技术成熟，性能价格比较高，运行稳定可靠，开发过程也简单方便，运行维护成本低。上述特点造就了 PLC 的旺盛生命力，推动了 PLC 的快速进化。

1

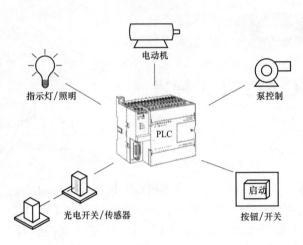

图 1-1　PLC 检测与控制的对象

目前，PLC 是以微处理器为基础，综合了计算机技术、自动控制技术和通信技术发展而来的一种新型工业控制装置，是工业控制的主要手段和重要的基础设备之一，并与机器人、CAD/CAM 并称为工业生产的三大支柱。

PLC 的进化是在继电器控制逻辑基础上，与 3C（Computer，Control，Communication）技术相结合，不断发展完善的。

图 1-2 所示为传统的继电器—接触器控制柜与 PLC 控制柜的比较，显然前者接线复杂、所需元器件多、占用空间大。

最初研制生产的 PLC 主要用于代替传统的由继电器—接触器构成的控制装置，但这两者的运行方式是不相同的，具体分析如下：

（1）继电器—接触器控制装置采用硬逻辑并行运行的方式，即如果这个继电器—接触器的线圈通电或断电，该继电器—接触器所有的触点（包括其动合或动断触点）在继电器—接触器控制电路的哪个位置上都会立即同时动作。

（2）PLC 的 CPU 则采用顺序逻辑扫描用户程序的运行方式，即如果一个输出线圈或逻辑线圈被接通或断开，该线圈的所有触点（包括其动合或动断触点）不会立即动作，必须等扫描到该触点时才会动作。

（a）　　　　　　　　　　　　　　　　（b）

图 1-2　传统的控制柜与 PLC 控制柜

（a）传统的继电器—接触器控制柜；（b）PLC 控制柜

为了消除二者之间由于运行方式不同而造成的差异，考虑到继电器—接触器控制装置各类触点的动作时间一般在 100ms 以上，而 PLC 扫描用户程序的时间一般均小于 100ms，因此，PLC 采用了一种不同于一般微型计算机的运行方式——扫描技术。这样对于 I/O 响应要求不高的场合，PLC 与继电器—接触器控制装置的处理结果上便没有什么区别了。

2．PLC 的定义

国际电工委员会 IEC 于 1982 年 11 月和 1985 年 1 月颁布了 PLC 标准的第一稿和第二

稿，对 PLC 作了如下的定义："PLC 是一种数字运算操作的电子系统，专为在工业环境下应用而设计。它可采用可编程序的存储器，用来在其内部存储执行逻辑运算、顺序控制、定时、计数和算术运算等操作的命令，并通过数字式、模拟式的输入和输出，控制各种类型的机械和生产过程。PLC 及其有关设备，都应依据易于与工业控制系统连成一个整体、易于扩充功能的原则而设计。"

1.1.2 PLC 的组成部分

1. 组成部分

组成 PLC 的模块是 PLC 的硬件基础，只有弄清所选用的 PLC 都具有哪些模块及其特点，才能正确选用模块，以组成一台完整的 PLC（见图 1-3），从而满足控制系统对 PLC 的要求。

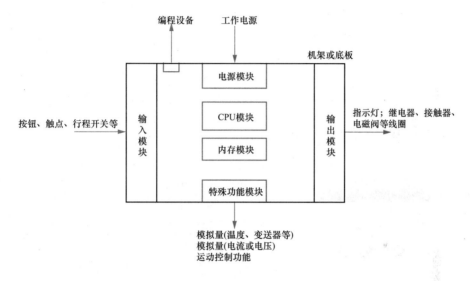

图 1-3 PLC 的组成示意

常见的 PLC 模块有：

（1）CPU 模块。CPU 模块是 PLC 的硬件核心。PLC 的主要性能，如速度、规模都由它的性能来体现。

如图 1-4 所示，CPU 模块由微处理器系统、系统程序存储器和用户程序存储器，其本质为一台计算机。该计算机负责系统程序的调度、管理、运行和 PLC 的自诊断，负担将用户程序作出编译解释处理以及调度用户目标程序运行的任务。

（2）电源模块。电源模块为 PLC 运行提供内部工作电源，而且有的还可为输入、输出信号提供电源，如图 1-5 所示。

PLC 的工作电源一般为交流单相电源，电源电压必须与额定电压相符，如 110V AC 或 220VAC，当然也有直流 24V 供电的。PLC 对电源的稳定性要求不高，一般都允许电源电压额定值在 ±15% 的范围内波动，有些交流输入电源甚至允许在 85VAC～240VAC 的范围内。

（3）I/O 模块。I/O 模块包括输入/输出 I/O 电路，并根据类型划分为不同规格的模块，如图 1-6 所示。

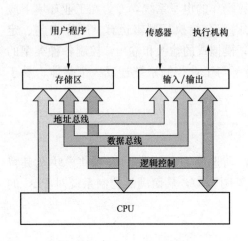

图 1-4　CPU 模块

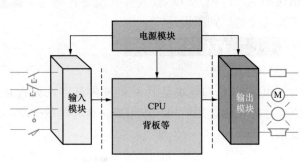

图 1-5　电源模块

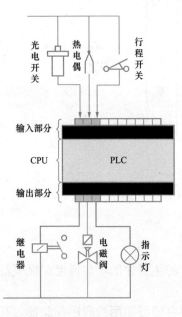

图 1-6　I/O 模块

1）输入部分。输入部分是 PLC 与生产过程相连接的输入通道。输入部分接收来自生产现场的各种信号，如行程开关、热电偶、光电开关、按钮等的信号。

2）输出部分。输出部分是 PLC 与生产过程相连接的输出通道。输出部分接收 CPU 的处理输出，并转换成被控设备所能接收的电压、电流信号，以驱动被控设备，如继电器、电磁阀、指示灯等。

（4）内存模块。内存模块主要存储用户程序，有的还为系统提供辅助的工作内存。在结构上内存模块都是附加于 CPU 模块之中，如图 1-7 所示为西门子 S7-300 PLC 的 MMC 内存模块。

（5）底板、机架模块。底板、机架模块为 PLC 各模块的安装提供基板，并为模块间的联系提供总线。若干底板间的联系有的用接口模块，有的用总线接口。不同厂家或同一厂家但不同类型的 PLC 都不大相同，如图 1-8 所示为 PLC 的主底板和辅助底板。

2. 特殊功能模块

除了常见的模块，PLC 还有特殊功能模块，也称智能模块，如 A/D（模拟输入）模块、D/A（模拟输出）模块、高速计数模块、位置控制模块、温度模块等。这些模块自身都有处理器，可对信号作预处理或后处理，以简化 PLC 的 CPU 对复杂的过程控制量的计算。智能模块的种类、特性也大不相同。性能好的 PLC，这些模块种类多，性能也好。

还有一种特殊功能模块叫通信模块，它接入 PLC 后，可使 PLC 与计算机，或 PLC 与 PLC 进行通信，有的还可实现与其他控制部件，如变频器、温控器通信，或组成局部网络。通信模块代表 PLC 的组网能力，代表着当今 PLC 性能的重要方面。

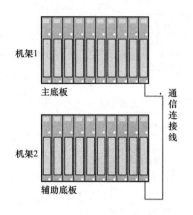

图 1-7　西门子内存模块　　　　　　　图 1-8　底板

3．PLC 的外部设备

尽管用 PLC 实现对系统的控制可不用外部设备，配置好合适的模块即可。然而，要对 PLC 编程，要监控 PLC 及其所控制的系统的工作状况，以及存储用户程序、打印数据等，就得使用 PLC 的外部设备。故一种 PLC 的性能如何，与这种 PLC 所具外部设备丰富与否，外部设备好用与否直接相关。

PLC 的外部设备有四大类：

（1）编程设备。简单编程设备的为简易编程器，多只接收助记符编程，个别的也可用图形编程。复杂一点的编程设备有图形编程器，可用梯形图语编程。有的还有专用的计算机，可用其他高级语言进行编程。编程器除了用于编程，还可对系统作一些设定，以确定 PLC 控制方式，或工作方式。编程器还可监控 PLC 及 PLC 所控制的系统的工作状况，以进行 PLC 用户程序的调试。

（2）监控设备。小的监控设备有数据监视器，可监视数据；大的监控设备还可能有图形监视器，可通过画面监视数据。除了不能改变 PLC 的用户程序，编程器能做的它都能做，具有很好的 PLC 使用界面。性能好的 PLC，这种外部设备已越来越丰富。

（3）存储设备。存储设备用于永久性地存储用户数据，使用户程序不丢失。这些设备包括存储卡、存储磁带、软磁盘或只读存储器。为实现这些存储，相应的就有磁带机、软驱或 ROM 写入器，以及相应的接口部件。各种 PLC 大体都有这方面的配套设施。

（4）输入/输出设备。输入/输出设备用以接收信号或输出信号，便于与 PLC 进行人机对话。输入设备有条码读入器，带刻度电位器等。输出设备有打印机、模拟电压表、文本显示器、触摸屏等。

1.1.3　PLC 实现控制的过程

PLC 的用户程序，是从头至尾按顺序循环执行的。这一过程称为扫描，而这种处理方式称之为循环演算方式。PLC 的循环演算，除中断处理外一直继续下去，直至停止运行为止，如图 1-9 所示。

1．初始化处理

上电运行或复位时处理一次，并完成如下任务：

（1）复位输入/输出模块。

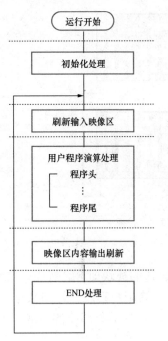

图 1-9　PLC 的控制过程

（2）进行自诊断。

（3）清除数据区。

（4）输入/输出模块的地址分配以及种类登记。

2. 刷新输入映像区

在用户程序的演算处理之前，先将输入端口接点状态读入，并以此刷新输入映像区。

3. 用户程序演算处理

将用户程序，从头至尾依次演算处理。

4. 映像区内容输出刷新

用户程序演算处理完毕，将输出映像区内容传送到输出端口刷新输出。

5. END 处理

CPU 模块完成一次扫描后，为进入下一循环，进行如下处理：

（1）自诊断。

（2）计数器、定时器更新。

（3）同上位机、通信模块的通信处理。

（4）检查模式设定键状态。

当然上述是一个通用型的 PLC 控制过程，对于不同品牌、型号的 PLC 而言，其控制过程还会有所区别，图 1-10 为通用型 PLC 的控制流程。

图 1-10 所示的流程图反映了信息的时间关系，输入刷新→再运行用户程序→再输出刷新→再输入刷新→再运行用户程序→再输出刷新，永不停止地、循环反复地进行着。为此，PLC 的工作速度要快。速度快、执行指令时间短，是 PLC 实现控制的基础。经过多年的发展，PLC 现在速度是很快的，执行一条指令，多则几微秒、几十微秒，少则才零点几，或零点零几微秒，而且这个速度还在不断提高中。

1.1.4　用户程序

程序由用户需要控制的所有必要因素所组成，一般而言 PLC 程序被储存在 CPU 内置 EEPROM 或外部存储模块中。

用户程序的相关功能说明见表 1-1。

表 1-1　　　　　　　　　　　　　　　用户程序的基本功能

基本功能	演算处理内容
扫描用户程序	每扫描周期内，从头至尾按序反复逐条指令演算处理一次
内部时间中断程序	该中断程序根据参数组中设定的时间常数来执行中断程序
外部中断程序	可迅速响应外部中断信号，立即予以处理，而不必受扫描周期的约束
高速计数中断程序	当使用比较信号时，才执行程序
子程序	只有程序调用时，才执行相应子程序

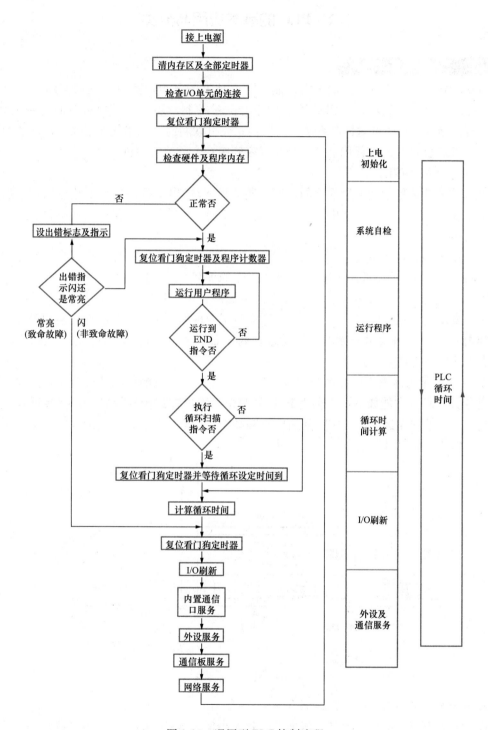

图 1-10　通用型 PLC 控制流程

1.2　PLC 的基本应用与分类

1.2.1　PLC 的基本应用

PLC 最初主要用于开关量的逻辑控制，随着技术的进步，其应用领域不断扩大。在现代工业控制和商用控制场合，PLC 不仅用于开关量控制，还用于模拟量及脉冲量的控制，可采集与存储数据，还可对控制系统进行监控；还可联网通信，实现大范围、跨地域的控制与管理。PLC 已日益成为现代电气控制装置家族中一个重要的角色。

1. 用于开关量控制

PLC 控制开关量的能力是很强的，所控制的输入/输出点数，少则十几点、几十点，多则可达几百点、几千点，甚至几万点。由于它能联网，点数几乎不受限制，不管多少点都能直接或间接控制。

PLC 所控制的逻辑问题可以是多种多样的，即组合的、时序的，即时的、延时的，不需计数的，需要计数的，固定顺序的，随机工作的等都可进行控制。

PLC 的硬件结构是可变的，软件程序是可编的，用于控制时，非常灵活。必要时，可编写多套或多组程序，依需要调用。它很适应于工业现场多工况、多状态变换的需要。

利用 PLC 进行开关量控制的实例是很多的，如冶金、机械、轻工、化工、纺织等，几乎所有工业行业都需要用到它。

图 1-11 所示为冰淇淋包装系统，该系统采用 PLC 的输入触点和延时功能来控制冰淇淋包装设备。PLC 的功能如下：①利用 PLC 的开光量输出控制传送带启停；②接近开关动作后，包装纸开始向左运动，一定时间后电磁阀动作，切割成品；③时间的设定是根据两个接近开关的输入频率来计算的。

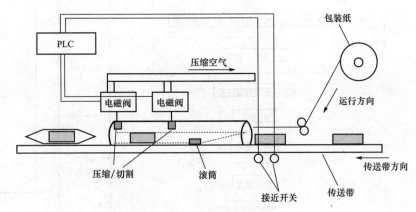

图 1-11　冰淇淋包装系统

2. 用于模拟量控制

模拟量如电流、电压、温度、压力等，其大小是连续变化的。工业生产特别是连续型生产过程，常要对这些物理量进行控制。

PLC 进行模拟量控制，要配置有模拟量与数字量相互转换的 A/D、D/A 单元。A/D 单元是将外电路的模拟量转换成数字量，然后送入 PLC 简称模拟量输入模块；D/A 单元是将

PLC 的数字量转换成模拟量，再送给外电路，简称模拟量输出模块。

有了 A/D、D/A 单元，余下的处理都是数字量，这对有信息处理能力的 PLC 并不难。中、大型 PLC 处理能力更强，可进行数字的加、减、乘、除，还可开方、插值、浮点运算。有的还有 PID 指令，可对偏差制量进行比例、微分、积分运算，进而产生相应的输出。

图 1-12 所示为污水池流量控制系统。该系统采用了 PLC 的模拟量输入模块和输出模块，适用于水处理厂的污水池。其控制过程为：①利用 A/D 模块输入污染度信号并测量污染度；②根据污染程度调整运行速度和输入到污水池的空气量。

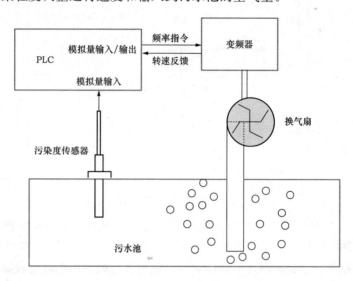

图 1-12　污水池流量控制系统

3. 用于脉冲量和运动控制

实际的物理量，除了开关量、模拟量，还有脉冲量，如机床部件的位移，常以脉冲量表示。

PLC 可接收计数脉冲，频率可高达几千到几万赫兹，可用多种方式接收该类脉冲，还可多路接收。有的 PLC 还有脉冲输出功能，脉冲频率也可达几万赫兹。有了这两种功能，加上 PLC 有数据处理及运算能力，若再配备相应的传感器（如旋转编码器）或脉冲伺服装置（如环形分配器、功放、步进电机），则完全可以根据数控 NC 的原理实现步进或伺服传动控制。

当然，高中档的 PLC 还开发有 NC 单元或运动单元，可实现点位控制。运动单元还可实现曲线插补，可控制曲线运动。

如图 1-13 所示为钢铁和圆钢的内孔的加工，其 PLC 功能如下：①通过 X 轴往返运动实现加工件的移动位置和速度控制；②通过 Y 轴正反旋转速度的控制实现内孔的一般加工；③通过 Z 轴正反旋转和转矩改变指令实现内孔的精密加工。

4. 用于数据采集和测控

随着 PLC 技术的发展，其数据存储区（即 DM）越来越大。数据采集可以用计数器，累计记录采集到的脉冲数，并定时地转存到 DM 区中去。数据采集也可用 A/D 单元，将模拟量转换成数字量后，再定时地转存到 DM 区中去。PLC 可与计算机通信，由计算机将 DM 区的数据读出，并由计算机再对这些数据作处理。这时，PLC 即成为计算机的数据终端。

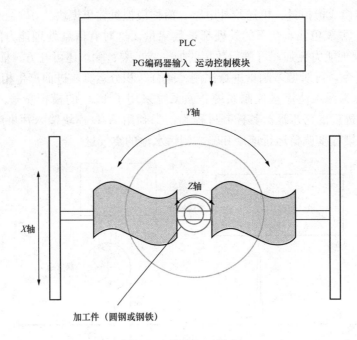

图 1-13　钻孔加工设备

　　如图 1-14 所示净水厂流量计测控系统，利用 PLC 和数据交换器的变换功能，接收各地流量计的数据，并将数据传送到中央控制室系统。各个地方通过 PLC 内置的 RS485 通信接收流量计数据，并用数据交换器连接到以太网，通过上位机的组态软件收集各地方流量计的数据。

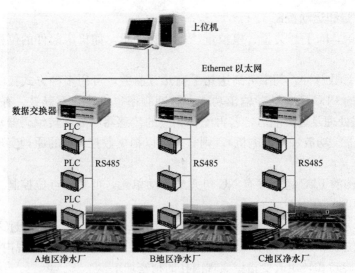

图 1-14　净水厂流量计测控系统

5. 用于联网、通信

　　PLC 可与个人计算机相连接进行通信，可用计算机参与编程及对 PLC 进行控制的管理，使 PLC 用起来更方便。为了充分发挥计算机的作用，可实行一台计算机控制与管理多台

PLC，多的可达 32 台。也可一台 PLC 与两台或更多的计算机通信，交换信息，以实现多地对 PLC 控制系统的监控。

PLC 与 PLC 也可通信，可一对一 PLC 通信，可几个 PLC 通信，甚至可多到几十、几百个 PLC。PLC 也可与智能仪表、智能执行装置（如变频器）联网通信，交换数据，相互操作。可连接成远程控制系统，系统范围面可大到 10km 或更长。联网可将成千上万的 PLC、计算机、智能装置等组织在一个网络中。

1.2.2　可编程控制器的基本类型

可编程控制器类型很多，可从不同的角度进行分类。

1. 按控制规模分

控制规模主要是指控制开关量的输入和输出点数及控制模拟量的模拟量输入和输出，或两者兼而有之（闭路系统）的路数。但主要以开关量计。模拟量的路数可折算成开关量的点，大致一路相当于 8～16 点。依这个点数，PLC 大致可分为微型机、小型机、中型机及大型机、超大型机。

微型机控制点仅十几点，如西门子 Logo，如图 1-15（a）所示。

小型机控制点可达几十点到 100 多点，如西门子 S7-200 PLC 和 S7-1200 PLC，如图 1-15（b）和图 1-15（c）所示。

中型机控制点数可达近几百点到 500 点，以至于千点，如西门子 S7-300 PLC，如图 1-15（d）所示。

大型机的控制点数一般在 1000 点以上，如西门子 S7-400 PLC，如图 1-15（e）所示。

超大型机的控制点数可达万点，以至于几万点。

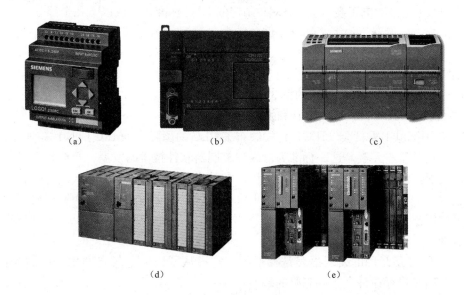

图 1-15　西门子 PLC 类型

(a) Logo；(b) S7-200；(c) S7-1200；(d) S7-300；(e) S7-400

以上这种划分只是大致的，目的是便于系统的配置及使用。一般而言，根据实际的 I/O 点数，选用相应的机型，其性能价格比必然要高；相反，肯定要差些。

2. 按结构划分

PLC 可分为无背板及有背板两大类。微型机、小型机多为无背板的，如西门子 S7-200 和 S7-1200 系列等。无背板的 PLC 将电源、CPU、内存、I/O 系统都集成在一个小模块内，一个主机模块就是一台完整的 PLC，就可用以实现控制。控制点数若不符合需要，可再接扩展模块，由主模块及若干扩展模块组成较大的系统，以实现对较多点数的控制。

背板式 PLC 是按功能分成若干独立的模块，如 CPU 模块、输入模块、输出模块、电源模块等，并直接安装在背板上，通过背板进行数据联系。该类型 PLC 的模块功能更单一、品种更多，可便于系统配置，使 PLC 更能物尽其用，达到更高的使用效益。如西门子 S7-300/400 等中、大型机就是这种结构。

1.3   PLC 编程语言标准 IEC 61131-3

1.3.1   IEC 61131 的基本情况

PLC 存在的最大的问题是不通用，尽管它最早于 1968 年开始产生并已经大量应用于工业生产。而 IEC 61131-3 编程语言标准的出现则为 PLC 的进一步规范发展奠定了基础。

目前，传统的 PLC 公司如西门子、三菱、Rockwell、MOELLER、LG、GE、FANUC 等公司编程系统的开发均是以 IEC 61131-3 为基础或与 IEC 61131-3 一致。尽管这些编程工具与 IEC 61131-3 语言标准还有一定距离，但这些公司的编程系统会逐渐或终将与 IEC 61131-3 编程语言一致，是毋庸置疑的。

1. IEC 61131 大致情况

IEC 61131 是国际电工委员会（IEC）制定的 PLC 标准，分成以下几个部分：

第 1 部分：一般资讯；第 2 部分：设备需求与测试；第 3 部分：编程语言；第 4 部分：使用者指引；第 5 部分：讯息服务规格；第 6 部分：通过 Fieldbus 通信；第 7 部分：模糊控制程式编辑；第 8 部分：编程语言应用与导入指引。

IEC 61131-3 则是属于该标准的第 3 部分编程语言。

2. 编程语言 IEC 61131-3 的现状和发展

1993 年国际电工委员会（IEC）正式颁布了 PLC 的国际标准 IEC 61131-3，规范了 PLC 的编程语言及其基本元素。这一标准为可编程控制器软件技术的发展，乃至整个工业控制软件技术的发展，起到了举足轻重的推动作用。它是全世界控制工业第一次制定的有关数字控制软件技术的编程语言标准。此前，国际上没有出现过有实际意义的，为制定通用的控制语言而开展的标准化活动。可以说，没有编程语言的标准化便没有今天 PLC 走向开放式系统的坚实基础。

传统的 PLC 最常用的编程语言是梯形图，它遵从了广大电气自动化人员的专业习惯，易学易用，但是也存在许多难以克服的缺点：

（1）程序的可移植性差。不同厂商的 PLC 产品的梯形图的符号和编程规则均不一致。

（2）程序可复用性差。为了减少重复劳动，现代软件编程特别强调程序的可重复使用。传统的梯形图编程很难在调用子程序时通过变量赋值实现相同的逻辑算法和策略的反复使用。

（3）缺乏足够的程序封装能力。一般要求将一个复杂的程序分解为若干个不同功能的程序模块。或者说，在编程时人们希望用不同的功能模块组合成一个复杂的程序，梯形图编程难以实现每个程序模块之间具有清晰接口的模块化，也难以对外部隐藏程序模块内部数据而实现程序模块的封装。

（4）不支持数据结构。梯形图编程不支持数据结构，无法实现将数据组织成如 Pascal、C 语言等高级语言中的数据结构那样的数据类型。对于一些复杂应用的编程，它几乎无能为力。

（5）程序执行具有局限性。由于传统 PLC 是按扫描方式组织程序的执行，因此整个程序的指令代码完全按顺序逐条执行。对于要求即时响应的程序应用（如执行事件驱动的程序模块），具有很大的局限性。

（6）难以实现复杂顺控操作。进行顺序控制功能编程时，一般只能为每一个顺控状态定义一个状态位，难以实现选择或并行等复杂顺控操作。

（7）缺乏高级运算功能。传统的梯形图编程在算术运算处理、字符串或文字处理等方面均不能提供强有力支持。

在 IEC 61131-3 标准的制定过程中就面临着在突破旧有的编程语言的不足的同时，又要继承其合理和有效的部分。

3. 兼容并蓄是 IEC 61131-3 成功的基础

IEC 61131-3 的制定，集中了美国、加拿大、欧洲（主要是德国、法国）以及日本等 7 家国际性工业控制企业的专家和学者的智慧，以及数十年在工控方面的经验。在制定这一编程语言标准的过程中，PLC 正处在其发展和推广应用的鼎盛时期。在北美和日本，普遍运用梯形图（LD）语言编程；在欧洲，则使用功能块图（FBD）和顺序功能图（SFC）；在德国和日本，又常常采用指令表（IL）对 PLC 进行编程。

为了扩展 PLC 的功能，特别是提高 PLC 的数据、文字处理能力和通信功能的能力，许多 PLC 还允许使用高级语言（如 BASIC 语言、C 语言）。因此，制定这一标准的首要任务就是将现代软件的概念和现代软件工程的机制应用于传统的 PLC 编程语言中。

IEC 61133-3 规定了两大类编程语言：文本化编程语言和图形化编程语言。前者包括指令清单语言（IL）和结构化文本语言（ST），后者包括梯形图语言（LD）和功能块图语言（FBD）。至于顺序功能图（SFC），标准不将它单独列入编程语言的一种，而是将它在公用元素中予以规范。这就是说，不论在文本化语言中，或者在图形化语言中，都可以运用 SFC 的概念、句法和语法。于是，在现在所使用的编程语言中，可以在梯形图语言中使用 SFC，也可以在指令清单语言中使用 SFC。

IEC 61131-3 允许在同一个 PLC 中使用多种编程语言，允许程序开发人员对每一个特定的任务选择最合适的编程语言，还允许在同一个控制程序中不同的软件模块用不同的编程语言编制。这一规定妥善继承了 PLC 发展历史中形成的编程语言多样化的现实，又为 PLC 软件技术的进一步发展提供了足够的空间。

自 IEC 61131-3 正式公布后，它获得了广泛的接受和支持：

（1）国际上各大 PLC 厂商都宣布其产品符合该标准的规范（尽管这些公司的软件工具距离标准的 IEC 61131-3 语言尚有一定距离），在推出其编程软件新产品时，遵循该标准的各种规定。

（2）以 PLC 为基础的控制作为一种新兴控制技术正在迅速发展，大多数 PLC 控制的软件开发商都按照 IEC 61131-3 的编程语言标准规范其软件产品的特性。

（3）正因为有了 IEC 61131-3，才真正出现了一种开放式的可编程控制器的编程软件包，它不具体地依赖于特定的 PLC 硬件产品，这就为 PLC 的程序在不同机型之间的移植提供了可能。

1.3.2　IEC 61131-3 的软件模型

1. 软件模型概述

IEC 61131-3 标准的软件模型用分层结构表示。每一层隐含其下层的许多特性，从而构成优于传统可编程控制器软件的理论基础。

软件模型描述基本的高级软件元素及其相互关系。这些元素包括：①程序组织单元，即程序和功能块；②组态元素，即配置、资源、任务、全局变量和存取路径。图 1-16 所示为 IEC 61I31-3 标准的软件模型。

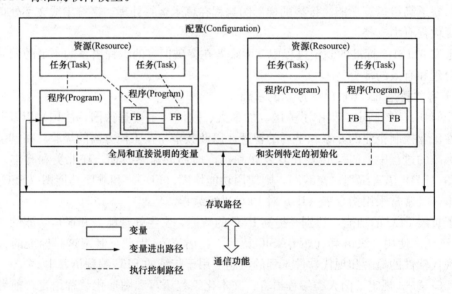

图 1-16　IEC 61131-3 标准的软件模型

IEC 61131-3 软件模型从理论上描述了如何将一个复杂程序分解为若干小的可管理部分，并在各分解部分之间有清晰和规范的接口方法。软件模型描述一台可编程控制器如何实现多个独立程序的同时装载和运行，如何实现对程序执行的完全控制等。

IEC 61131-3 软件模型分为输入/输出界面、通信界面和系统界面三部分。

（1）输入/输出界面。每个 PLC 系统都需要读取来自实际过程的输入，例如来自微动开关、压力传感器、温度传感器等物理通道的信号。它也经物理通道输出信号到各种执行器，如电磁阀、继电器线圈、伺服与变频器等。

（2）通信界面。大多数 PLC 系统需要与其他设备进行信息交换，以提供显示画面和操作面板等。

（3）系统界面。在 PLC 的硬件和软件之间需要系统界面，系统服务器需要确保程序可初始化和正确运行，提供硬件与嵌入式系统的软件之间的组合。

2. 配置

配置（Configuration）是语言元素或结构元素，位于软件模型的最上层，是大型的语言元素。

　　配置用于定义特定应用的 PLC 系统特性，是一个特定类型的控制系统，包括硬件装置、处理资源、I/O 通道的存储地址和系统能力。

　　配置的定义用关键字 CONFIGURATION 开始，随后是配置名称和配置声明，最后用 END_CONFIGURATION 结束。配置声明包括定义该配置的有关类型和全局变量的声明、在配置内资源的声明、存取路径变量的声明和配置变量声明等。

　　下面是一个配置的案例：

```
CONFIGURATION CELL_1                      (* CELL_1 是配置名称* )
    VAR_GLOBAL w: UINT; END_VAR          (* w 是在配置 CELL_1 内的全局变量名* )
    RESOURCE STATION_1 ON PROCESSOR_TYPE_1(* STATION_1 是资源名* )
      VAR_GLOBAL z1: BYTE; END_VAR        (* z1 是资源 STATION_1 内全局变量名* )
      TASK  SLOW_1 (INTERVAL: = t# 20ms, PRIORITY: = 2); (* SLOW_1 是任务名* )
      TASK  FAST_1 (INTERVAL: = t# 10ms, PRIORITY: = 1); (* FAST_1 是任务名* )
      PROGRAM  P1 WITH SLOW_1:            (* P1 是程序名，它与 SLOW_1 任务结合* )
           F (x1: = % IX1. 1);
      PROGRAM  P2: G (OUT1 = > w,         (* P2 是程序名，G 是程序实例名* )
           FB1  WITH  SLOW_1,            (* FB1 是功能块实例名，它与 SLOW_1 任务结合* )
           FB2  WITH  FAST_1)            (* FB2 是功能块实例名，它与 FAST_1 任务结合* )
    END_RESOURCE
    RESOURCE  STATION_2  ON  PROCESSOR_TYPE_2   (* STATION_2 是资源名* )
    VAR_GLOBAL  z2: BOOL;                 (* z2 是资源 STATION_2 内的全局变量名* )
           AT% QW5: INT; (* 地址% QW5 的变量名是 STATION_2 内直接表示的全局变量* )
    END_VAR
    TASK  PER_2 (INTERVAL: = t# 50ms, PRIORITY: = 2); (* PER_2 是周期执行的任务名* )
    TASK  INT_2 (SIGNAL: = z2, PRIORITY: = 1); (* INT_2 是事件触发的任务名* )
    PROGRAM  P1  WITH  PER_2:            (* P1 是程序名，它与 PER_2 任务结合* )
           F (x1: = z2, x2: = w);         (* 使用全局变量实现数据通信* )
    PROGRAM  P4  WITH  INT_2:            (* P4 是程序名，它与 INT_2 任务结合* )
       H (HOUTI = > % QW5,
           FBI WITH  PER_2);            (* FBI 是功能块名，它与 PER_2 任务结合* )
    END_RESOURCE
    VAR_ACCESS   (* 存取路径变量声明* )
    (* 变量名* )       (* 存取路径* )                (* 数据类型* )      (* 读写属性* )
    ABLE            : STATION_1.% IX1. 1        : BOOL           READ_ONLY;
    BAKER           : STATION_1. P1. x2         : UINT           READ_WRITE;
    CHARLIE         : STATION_1. z1             : BYTE;
    DOG             : w                         : UINT           READ_ONLY;
    ALPHA           : STATION_2. P1. y1:        : BYTE           READ_ONLY;
    BETA            : STATION_2. P4. HOUT1      : INT            READ_ONLY;
    GAMMA           : STATION_2. z2             : BOOL           READ_WRITE;
    S1_COUNT        : STATION_1. P1. COUNT      : INT;
    THETA           : STATION_2. P4. FB2. d1    : BOOL           READ_WRITE;
    ZETA            : STATION_1. P4. FB2. c1    : BOOL           READ_ONLY;
    OMEGA           : STATION_1 . P4. FB2. c3   : INT            READ_WRITE;
```

```
    END_VAR
    VAR_CONFIG    (* 配置变量声明*)
        STATION_1. P1. COUNT      : INT: = 1;
        STATION_2. P1. COUNT      : INT: = 100;
        STATION_1. P1. TIME1      : TON: = (PT: = T# 2. 5s);
        STATION_2. P1. TIME1      : TON: = (PT: = T# 4. 5s);
        STATION_2. P4. FB1. C2    AT % QB25    : BYTE;
    END_VAR
END_CONFIGURATION
```

在配置案例中，配置名 CELL_1 有一个全局变量，其变量名为 w，数据类型为 UINT。给配置两个资源，同时也声明了配置中有关变量的存取路径变量。图 1-17 是本案例软件模型的图形表示。

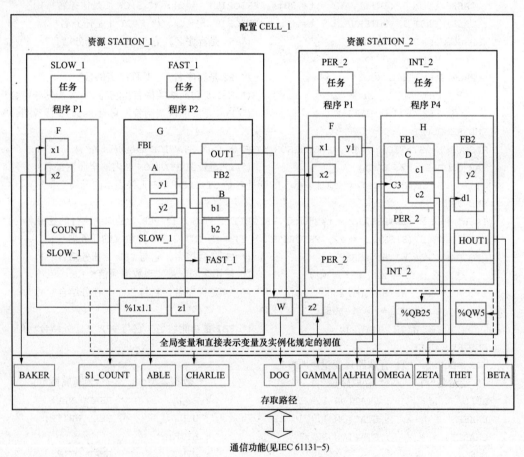

图 1-17　软件模型的图形表示

3. 资源

资源（Resource）在一个"配置"中可以定义一个或多个"资源"。可将"资源"看作能执行 IEC 程序的处理手段，它反映 PLC 的物理结构，在程序和 PLC 的物理 I/O 通道之间提供了一个接口。只有在装入"资源"后才能执行 IEC 程序。一般而言，通常资源放在 PLC 内，当然它也可以放在其他支持 IEC 程序执行的系统内。

在上述的配置案例中有两个资源。资源名 STATION_1 有一个全局变量，其变量名是 z1，数据类型是字节。该资源的类型名是 PROCESSOR_TYPE_1，它有两个任务，任务名为 SLOW_1 和 FAST_1。还有两个程序，程序名是 Pl 和 P2。资源名 STATION_2 有两个全局变量，一个变量名是 z2，其数据类型是布尔量；另一个是直接表示变量，其地址是 %QW5，数据类型是整数。需要指出，资源 STATION_1 中的全局变量 z1 的数据只能从资源 sTATION_1 中存取，不能从资源 STATION_2 存取，除非配置为全局变量；反之亦然。

4. 任务

任务（Task）位于软件模型分层结构的第三层，用于规定程序组织单元 POU 在运行期的特性。任务是一个执行控制元素，它具有调用能力。

任务在一个资源内可以定义一个或多个任务。任务被配置后可以控制一组程序或功能块。这些程序和功能块可以是周期地执行，也可以由一个事件驱动予以执行。

任务处理除有任务名称外，还有 3 个输入参数，即 SIGNAL、INTERVAL 和 PRIORITY 属性。

（1）SIGNAL，单任务输入端，在该事件触发信号的上升沿，触发与任务相结合的程序组织单元执行一次。例如，任务 INT_2 中 z2 是单任务输入端的触发信号。

（2）INTERVAL，周期执行时的时间间隔。当其值不为零，且 SIGNAL 信号保持为零，则表示该任务的有关程序组织单元被周期执行，周期执行的时间间隔有该端输入的数据确定，如任务 SLOW_1，其周期执行时间为 20ms；当其值为零（不连接），表示该任务是由事件触发执行的如任务 INT_2。

周期执行时的时间间隔取决于任务执行完成需要多长时间。如果一个任务执行时间有时足够长，有时又比较短时，这类系统称为不确定系统。

（3）PRIORITY。当多个任务同时运行时，对任务设置的优先级。0 表示最高优先级，优先级越低，数值越高。

5. 全局变量

允许变量在不同的软件元素内被声明，变量的范围确定其在哪个程序组织单元中是可以用的。范围可能是局部的或全局的。全局变量被定义在配置、资源或程序层内部，它还提供了两个不同程序和功能块之间非常灵活的交换数据的方法。

6. 存取路径

存取路径用于将全局变量，直接表示变量和功能块的输入、输出和内部变量联系起来，实现信息的存取。它提供在不同配置之间交换数据和信息的方法，每一配置内的许多指定名称的变量可以通过其他远程配置来存取。

7. IEC 软件模型是面向未来的开放系统

IEC 61131-3 提出的软件模型是整个标准的基础性的理论工具，帮助完整地理解除编程语言以外的全部内容。

配置本软件模型，在其最上层将解决一个具体控制问题的完整的软件概括为一个"配置"。它专指一个特定类型的控制系统，包括硬件装置、处理资源、I/O 通道的存储地址和系统能力，等同于一个 PLC 的应用程序。在一个由多台 PLC 构成的控制系统中，每一台 PLC 的应用程序就是一个独立的"配置"。

典型的 PLC 程序由许多互连的功能块与函数组成，每个功能块之间可相互交换数据。

函数与功能块是基本的组成单元，都可以包括一个数据结构和一种算法。

可以看出，IEC 61131-3 软件模型是在传统 PLC 的软件模型的基础上增加了许多内容：

（1）IEC 61131-3 的软件模型是一种分层结构，每一层均隐含其下层的许多特征。

（2）它奠定了将一个复杂的程序分解为若干个可以进行管理和控制的小单元，而这些被分解的小单元之间存在着清晰而规范的界面。

（3）可满足由多个处理器构成的 PLC 系统的软件设计。

（4）可方便地处理事件驱动的程序执行（传统的 PLC 软件模型仅为按时间周期执行的程序结构）。

（5）对以工业通信网络为基础的分散控制系统（例如由现场总线将分布于不同硬件内的功能块构成一个具体的控制任务），该软件模型均可覆盖和适用。由此可见，该软件模型足以映像各类实际系统。

对于只有一个处理器的小型系统，其模型只有一个配置、一个资源和一个程序，与现在大多数 PLC 的情况完全相符。对于有多个处理器的中、大型系统，整个 PLC 被视作一个配置，每个处理器都用一个资源来描述，而一个资源则包括一个或多个程序。对于分散型系统，将包含多个配置，而一个配置又包含多个处理器，每个处理器用一个资源描述，每个资源则包括一个或多个程序。

1.3.3 IEC 61131-3 的编程模型

IEC 61131-3 的编程模型是用于描述库元素如何产生衍生元素，如图 1-18 所示的编程模型也称为功能模型，因为它描述了 PLC 系统所具有的功能。它包括信号处理功能，传感器和执行器接口功能，通信功能，人机界面功能，编程、调试和测试功能，电源功能等。

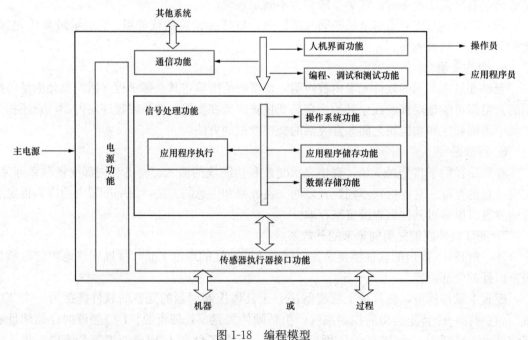

图 1-18　编程模型

1. 信号处理功能

信号处理功能由应用程序存储功能、操作系统功能、数据存储功能、应用程序执行功能等组成。它根据应用程序，处理传感器及内部数据寄存器所获得的信号，处理输出信号送给执行器及内部数据寄存器。表 1-2 为信号处理功能组别及示例。

表 1-2　　　　　　　　　　　　　信号处理功能组别及示例

功能组别		示　　例	功能组别	示　　例
逻辑控制	逻辑	与、或、非、异或、触发	人机接口	显示、命令
	定时器	接通延迟、断开延迟、定时脉冲	打印机	信息、报表
	计数器	脉冲信号加和减	大容量存储器	记录
	顺序控制	顺序功能表图	执行控制	周期执行、事件驱动执行
数据处理	数据处理	选择、传送、格式、传送、组织	系统配置	状态校验
	模拟数据	PID、积分、微分、滤波	基本运算	加、减、乘、除、模除
	接口	模拟和数字信号的输入/输出	扩展运算	平方、开方、三角函数
	其他系统	通信协议	比较	大于、小于、等于
	输入/输出	BCD 转换		

注：数据处理、运算为第二、三、四列的功能组别。

2. 传感器与执行器功能

将来自机器或过程的输入信号转换为合适的信号电平，并将信号处理功能的输出信号或数据转换为合适的电平信号，传送到执行器或显示器。通常，它包括输入/输出信号类型及输入/输出系统特性的确定等。

3. 通信功能

通信功能提供与其他系统，如其他可编程控制器系统、机器人控制器计算机等装置的通信，用于实现程序传输、数据文件传输、监视、诊断等。通常采用符合国际标准的硬件接口（如 RS232、RS485）和通信协议等实现。

4. 人机界面功能

人机界面功能为操作员提供与信号处理、机器或过程之间信息相互作用的平台，也称为人机接口功能。其主要包括为操作员提供机器或过程运行所需的信息，允许操作员干预可编程控制器系统及应用程序，如对参数调整和超限判别等。

5. 编程、调试和测试功能

它可作为可编程控制器的整体，也可作为可编程控制器的独立部分来实现。它为应用程序员提供应用程序生成、装载、监视、检测、调试、修改及应用程序文件编制和存档的操作平台。

（1）应用程序写入，包括应用程序生成、应用程序显示等。应用程序的写入可采用字母、数字或符号键，也可应用菜单、下拉式菜单和鼠标、球标等光标定位装置。应用程序输入时应保证程序和数据的有效性和一致性。应用程序的显示是在应用程序写入时，将所有指令能逐句或逐段立即显示。通常，可打印完整的程序。不同编程语言的显示形式可能不同，用户可选择合适的显示形式。

（2）系统自动启动，包括应用程序的装载、存储器访问、可编程控制器系统的适应性、系统自动状态显示、应用程序的调试和应用程序的修改等。可编程控制器系统的适应性是系统适应机械或过程的功能，包括对连接到系统的传感器和执行机构进行检查的测试功能、对程序序列运行进行检查的测试功能和常数置位、复位功能等。

（3）文件，包括硬件配置及与设计有关的注释的描述、应用程序文件、维修手册等。应用程序文件应包括程序清单、信号和数据处理的助记符、所有数据处理用的参考表、注释、用户说明等。

（4）应用程序存档，为提高维修速度和减少停机时间，应将应用程序存储在非易失性的存储介质中，并且应保证所存储的程序与原程序的一致性。

6. 电源功能

电源功能提供可编程控制器系统所需电源，为设备同步启停提供控制信号，提供系统电源与主电源的隔离和转换等。可根据供电电压、功率消耗及不间断工作的要求等使用不同的电源供电。

1.3.4 IEC 61131-3 的公共元素

1. 标识符

标识符必须是由字母、数字和下划线字符组成，并被命名为语言元素。在标识符中字母的字体是没有意义的，例如，标识符 abcd，ABCD 和 aBCd 应具有相同的意义。在标识符中下划线是有意义的，例如，A_BCD 和 AB_CD 应解释为不同的标识符。标识符不允许以多个下划线开头或多个内嵌的下划线，例如，字符序列_LIM_SW5 and LIM__SW5 是无效的标识符。标识符也不允许以下划线结尾，例如，字符列 LIM_SW5_是无效的标识符。表 1-3 所列是标识符的性能和实例。

表 1-3   标识符的性能和实例

序号	特性描述	举 例
1	大写字母和数字	IW215 IW215Z QX75 IDENT
2	大写和小写字母、数字、内嵌的下划线	IW215 IW215Z QX75 IDENT LIM_SW_5 LimSw5 ad_Cd
3	大写和小写字母、数字、前导或内嵌的下划线	IW215 IW215Z QX75 IDENT LIM_SW_5 LimSw5 ad_Cd _MAIN _12V7

2. 关键字

关键字是语言元素特征化的词法单位，是特定的标准标识符，它用于定义不同结构启动和终止的软件元素。例如，CONFIGURATION、END_CONFIGURATION 表示配置段开始与结束。

3. 分界符

分界符用于分隔程序语言元素的字符或字符组合。它是专用字符，不同的分界符具有不同的含义。比如"（＊"、"＊）"分别表示注释开始符号、注释结束符号。

1.3.5 IEC 61131-3 的数据类型与表示

IEC 61131-3 的数据类型分为基本数据类型、一般数据类型和衍生数据类型三类。数据类型与其在数据存储器中所占用的数据宽度有关。定义数据类型可防止因对数据类型的不同设置而发生出错。数据类型的标准化是编程语言开放性的重要标志。

1. 基本数据类型

基本数据类型是在标准中预先定义的标准化数据类型。它有表 1-4 所列的约定关键字、数据元素位数、数据允许范围及约定的初始值。基本数据类型名可以是数据类型名、时间类型名、位串类型名、STRING、WSTRING 和 TIME。

表 1-4　　　　　　　　　　　　　　　　基 本 数 据 类 型

数据类型	关键字	位数（N）	允许取值范围	约定初始值
布尔	BOOL	1	0 或 1	0
短整数	SINT	8	$-128\sim+127$，即 $-2^7\sim2^7-1$	0
整数	INT	16	$-32768\sim32767$，即 $-2^{15}\sim2^{15}-1$	0
双整数	DINT	32	$-2^{31}\sim2^{31}-1$	0
长整数	LINT	64	$-2^{63}\sim2^{63}-1$	0
无符号短整数	USINT	8	$0\sim+255$，即 $0\sim2^8-1$	0
无符号整数	UINT	16	$0\sim+65535$，即 $0\sim2^{16}-1$	0
无符号双整数	UDINT	32	$0\sim+2^{32}-1$	0
无符号长整数	UIJNT	64	$0\sim+2^{64}-1$	0
实数	REAL	32	按 SJ/Z907 标准对基本单精度浮点格式的规定	0.0
长实数	LREAL	64	按 SJ/Z9071 标准对基本双精度浮点格式的规定	0.0
持续时间	TIME			T#0s
日期	DATE			D#0001-01-01
时刻	TOD			TOD#00：00：00
日期和时刻	DT			DT#0001-01-01-00：00
变量长度单字节字符串	STRING	8	与执行有关的参数	"单字节空串
8 位长度的位串	BYTE	8	$0\sim16\#FF$	
16 位长度的位串	WORD	16	$0\sim16\#FFFF$	
32 位长度的位串	DWORD	32	$0\sim16\#FFFF\_FFFF$	
64 位长度的位串	LWORD	64	$0\sim16\#FFFF\_FFFF\_FFFF\_FFFF$	
变量长度双字节字符串	WSTRING	16	与执行有关的参数	""双字节空串

　　基本数据类型的允许范围是这类数据允许的取值范围。约定初始值是在对该类数据进行声明时，如果没有赋初始值时取用的是由系统提供的约定初始值。

　　2. 一般数据类型

　　一般数据类型用前缀"ANY"标识，它采用分级结构，如图 1-19 所示。其中衍生数据类型也可以增加前缀变为一般数据类型。

　　3. 衍生数据类型

　　衍生数据类型是用户在基本数据类型的基础上，建立的由用户定义的数据类型，因此，也称为导出数据类型。这类数据类型所定义的变量是全局变量。它可用与基本数据类型所使用的相同方法对变量进行声明，见表 1-5。

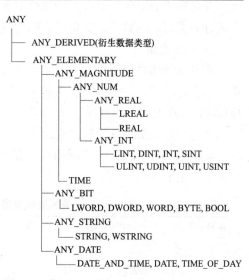

图 1-19　一般数据类型

21

表 1-5   衍生数据类型的特性与示例

序号	衍生数据类型特性	示例	说　明
1	直接衍生的数据类型	TYPE PI: REAL: = 3. 1415927; END_TYPE	PI 衍生数据类型用于表示 RE 实数数据其初始值是 3.1415927
2	枚举数据类型	TYPE AI_Signal: (Single_Ended, Differential); END_TYPE	AI_Signal 是枚举数据类型，它两种数据类型：Single_Ended（端）和 Differential（差分）
3	子范围数据类型	TYPE Analog: INT (0.. 16000); END_TYPE	Analog 数据类型是整数数据类型，其允许范围为 0~16000
4	数组数据类型	TYPE AI: ARRAY [1.. 5, 1.. 8] OF Analog: = (20 (0), 20(16000)); END_TYPE	AI 数组数据类型是 5＊8 维数组，其数据元素的数据类型由 Analog 确定。其中，前 20 个初始值 0，后 20 个的初始值为 16000
5	结构化数据类型	TYPE AI_Bcard: 　　STRUCT Range: SIGNAL_RANGE; 　　Min: Analog; 　　Max: Analog; 　　END_STRUCT END_TYPE	AI_Board 数据类型是结构化数据，由 Range、Min 和 Max 组成。其中，Range 的数据类型是 SIG-NA RANGE，Min 和 Max 的数据类型是 Analog

1.3.6　IEC 61131-3 的变量

变量提供能够改变其内容的数据对象的识别方法。例如，可改变可编程控制器输入和输出或存储器有关的数据。变量被声明为基本数据类型、一般数据类衍生数据类型。

1. 直接变量

直接变量用百分数符号％开始，随后是位置前缀符号和大小前缀符号，如果有分级，则用整数表示分级，并用小数点符号"．"分隔的无符号整数表示直接表示变量，如％IXQ．0、％QW0 等。

直接变量类似传统可编程控制器的操作数，它对应于某一可寻址的存储单元（如输入单元、输出单元等）。表 1-6 和表 1-7 分别列出了直接表示变量中前缀符号的定义与特性、直接表示变量的示例。

表 1-6   直接表示变量中前缀符号的定义与特性

序号	前缀符号		定义	约定数据类型
1	位置前缀	I	输入单元位置	
2		Q	输出单元位置	
3		M	存储器单元位置	

续表

序号	前缀符号		定义	约定数据类型
4	大小前缀	X	单个位	BOOL
5		无	单个位	BOOL
6		B	字节位（8 位）	BYTE
7		W	字位（16 位）	WORD
8		D	双字位（32 位）	DWORD
9		L	长（4）字位（64 位）	LWORD
10		*	在 VAR_CONFIG…END_VAR 结构声明中，"*" 表示还未定位置的内部变量	

表 1-7　　　　　　　　　　　　　　　　直接表示变量的示例

示例	说　明
%IX1.3 或 %I1.3	表示输入单元 1 的第 3 位
%IW4	表示输入字单元 4（即输入单元 8 和 9）
%QX75 和 Q75	表示输出位 75
%MD48	表示双字，位于存储器 48
%Q*	表示输出在一个未特定的位置
%IW2.3.4.5	表示 PLC 系统第 2 块 VO 总线的第 3 机器架（Rack）上第 4 块模块的第 5 通道（字）

2. 符号变量

用符号表示的变量即符号变量，其地址对不同的 PLC 可以不同，这为程序的移植创造条件。

3. 多元素变量

多元素变量包括衍生数据类型中数组数据类型的变量和结构数据类型的变量。

4. 变量的类型与属性

变量的类型与属性见表 1-8、表 1-9。

表 1-8　　　　　　　　　　　　　　　　变量的类型与属性

变量类型关键字	变　量　属　性	外部读写	内部读写
VAR	内部变量，程序组织单元内部的变量	不允许	读/写
VAR_INPUT	输入变量，由外部提供，在程序组织单元内部不能修改	读/写	读
VAR_OUTPUT	输出变量，由程序组织单元提供给外部实体使用	写	读/写
VAR_IN_OUT	输入/输出变量，由外部实体提供，能在程序组织单元内部修改	读/写	读/写
VAR_EXTERNAL	外部变量，能在程序组织单元内部修改，由全局变量组态提供	读/写	读/写
VAR_GLOBAL	全局变量，能在对应的配置、资源内使用	读/写	读/写
VAR_ACCESS	存取变量，用于与外部设备的不同程序间变量的传递	读/写	读/写
VAR_TEMP	暂存变量，在程序或功能块中暂时存储的变量	读/写	读/写
VAR_CONFIG	配置变量，实例规定的初始化和地址分配	不允许	读

表 1-9　　　　　　　　　　　　　　　　变量的附加属性

变量附加属性关键字	变量附加属性
RETAIN	表示变量附加保持属性，即电源掉电时能够保持该变量的值
NON_RETAIN	表示变量附加不保持属性，即电源掉电时不具有掉电保持功能

续表

变量附加属性关键字	变量附加属性
CONSTANT	表示该变量是一个常数，因此，程序执行时，该变量的值保持不变（不能修改）
AT	变量存取的地址
R_EDGE	对输入变量设置上升沿边沿检测
F_EDGE	对输入变量设置下降沿边沿检测
READ_WRITE	对存取变量设置读写属性
READ_ONLY	对存取变量设置只读属性

1.3.7 IEC 61131-3 的程序组织单元

程序组织单元，即 POU，包括声明部分和本体两部分。它是用户程序的最小软件单位，对应于传统 PLC 的程序块、组织块、顺序块和功能块等。程序组织单元按功能分为函数、功能模块和程序。

IEC 61131-3 标准定义了 8 类标准函数，它的作用类似于数学函数。例如，SIN 函数用于输入变量的正弦值，SQRT 函数用于计算输入变量的开方等。

在编程中，IEC 61131-3 允许使用 SFC（顺序功能图）、LD（梯形图）、FBD（功能块）、ST（结构化文本）、IL（指令表）等语言。

图 1-20 所示为结构文本语言 ST 和功能块语言 FBD 来表示的一段表示数学运算的程序。

```
VAR X, Y, Z, RES1, RES2; REAL; EN1, V: BOOL; END_VAR

RES1: =DIV(IN1: =COS(X), IN2: =SIN(Y), ENO=>EN1);
RES2:=MUL(SIN(X), COS(Y));
Z:= ADD(EN: =EN1, IN1; =RES1, IN2: =RES2, ENO=>V);
```

(a)

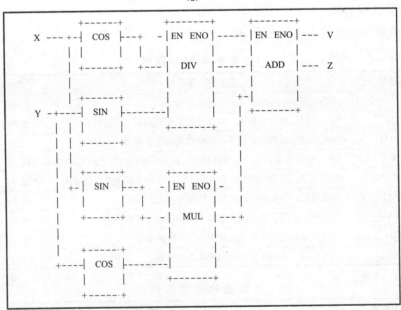

(b)

图 1-20 程序案例

(a) ST 语言；(b) FBD 语言

思考与练习

1.1 选择题

(1) 以下不是 PLC 组成部分的是（　　）。

　　A. CPU 模块　　　　　B. 电源模块　　　　　C. I/O 模块　　　　　D. 变送器模块

(2) PLC 的输入部分不可以接入的信号有（　　）。

　　A. 行程开关　　　　　B. 电磁阀线圈　　　　C. 热电偶　　　　　　D. 接触器触点

(3) PLC 的扫描过程，正确的顺序是（　　）。

①刷新输入映像区；②映像区输出刷新；③用户程序演算

　　A. ①②③　　　　　　B. ①③②　　　　　　C. ②③①　　　　　　D. ③②①

(4) PLC 的编程语言属于 IEC 61131 的第（　　）部分。

　　A. 2　　　　　　　　B. 3　　　　　　　　C. 4　　　　　　　　D. 5

(5) 根据 IEC 61131-3 的规定，以下不是组态元素的是（　　）。

　　A. 配置和资源　　　　　　　　　　　　　B. 任务

　　C. 全局变量和存取路径　　　　　　　　　D. 程序和功能块

(6) 配置的定义用哪个关键字开始（　　）。

　　A. VAR　　　　　　　　　　　　　　　　B. CONFIGURATION

　　C. TASK　　　　　　　　　　　　　　　　D. PROGRAM

(7) 以下不是任务 TASK 的输入参数是（　　）。

　　A. SIGNAL　　　　　　　　　　　　　　B. ACCESS

　　C. INTERVAL　　　　　　　　　　　　　D. PRIORITY

(8) 以下不是位串的关键字是（　　）。

　　A. BYTE　　　　　　B. WORD　　　　　C. TIME　　　　　D. LWORD

(9) 以下不允许外部读或写的是哪个关键字类型变量（　　）。

　　A. VAR　　　　　　　　　　　　　　　　B. VAR_INPUT

　　C. VAR_TEMP　　　　　　　　　　　　　D. VAR_GLOBAL

1.2 可编程控制器的定义是什么？为什么说可编程控制器是一种数字的电子系统？

1.3 简述可编程控制器的结构。

1.4 简述可编程控制器的常用编程语言。

1.5 简述 PLC 的主要功能。

1.6 列举常见的小型、中大型 PLC 品牌及其特点。

1.7 PLC 的功能有哪些？并举例说明。

1.8 IEC 61131-3 规定的软件模型是什么？以两种不同品牌的 PLC 来加以比较。

1.9 IEC 61131-3 的变量定义有什么特点？

第 2 章

S7-200 PLC 控制基础

S7-200 PLC 是西门子公司推出的专门为解决小型自动化系统的产品,具有结构简单、编程方便、性能优越、灵活通用、可靠性高、抗干扰能力强等一系列有点,在国内的电气控制设备与工业生产自动控制领域得到了广泛的应用。本章主要介绍了 S7-200 PLC 的基础知识、STEP 7-Micro/WIN 编程软件的安装、梯形图的设计方法与 LAD 编辑、编译,最后列举了多种实例进行拓展。

学习目标

知识目标

了解 S7-200 PLC 的外部接线方式;熟悉不同 S7-200 PLC CPU 的输入/输出点数差异;掌握 S7-200 PLC 的梯形图编程方式;掌握 S7-200 PLC 的编译与下载步骤。

能力目标

能指出 S7-200 PLC 的各个部分名称;能对 S7-200 PLC 进行外部简单接线;能安装 STEP 7 Micro/WIN 编程软件;能在编程环境下进行程序编辑、编译并下载。

职业素养目标

能更新自身的知识库,掌握先进的编程理念。

2.1 S7-200 PLC 基础知识

2.1.1 西门子 S7-200 PLC 硬件基础

西门子 S7-200 系列小型 PLC 适用于各行各业、各种场合中的检测、监控及控制的自动化,它的强大功能使其无论在独立运行中或相连成网络都能实现复杂的控制功能。S7-200 PLC CPU 将一个微处理器、一个集成电源和数字量 I/O 点集成在一个紧凑的封装中,从而形成了一个功能强大的小型 PLC。图 2-1 所示为其中一种型号——CPU 222 的 CPU 单元设计。

S7-200 PLC 提供了多种类型的 CPU 以适应各种应用,表 2-1 所示为各种 CPU 的特性简单比较。

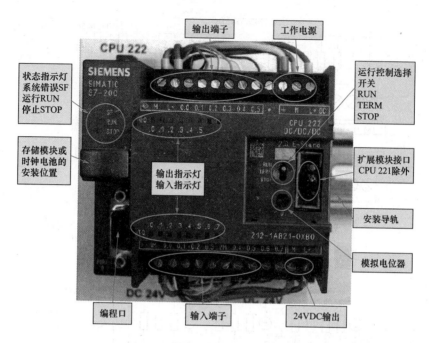

图 2-1　CPU 222 的 CPU 单元设计

表 2-1　　　　　　　　　　　　　　S7-200 PLC 的各种 CPU 特性比较

特性		CPU 221	CPU 222	CPU 224	CPU 224XP	CPU 226
程序存储器	可在运行模式下编辑	4096 字节	4096 字节	8192 字节	12288 字节	16384 字节
	不可在运行模式下编辑	4096 字节	4096 字节	12288 字节	16384 字节	24576 字节
	数据存储区	2048 字节	2048 字节	8192 字节	10240 字节	10240 字节
本机 I/O	数字量	6 入/4 出	8 入/6 出	14 入/10 出	14 入/10 出	24 入/16 出
	模拟量	—	—	—	2 入/1 出	—
	扩展模块数量	0 个模块	2 个模块	7 个模块	7 个模块	7 个模块
高速计数器	单相	4 路 30kHz	4 路 30kHz	6 路 30kHz	4 路 30kHz 2 路 200kHz	6 路 30kHz
	双相	2 路 20kHz	2 路 20kHz	4 路 20kHz	3 路 20kHz 1 路 100kHz	4 路 20kHz
	脉冲输出（DC）	2 路 20kHz	2 路 20kHz	2 路 20kHz	2 路 100kHz	2 路 20kHz
	模拟电位器	1	1	2	2	2
	实时时钟	配时钟卡	配时钟卡	内置	内置	内置
	通信口	1 RS485	1 RS485	1 RS485	2 RS485	2 RS485
	浮点数运算	有				
	I/O 映像区	256（128 入/128 出）				
	布尔指令执行速度	0.22 μs/指令				

　　S7-200 PLC 的 CPU 种类比较多，但根据输出结构来讲，大抵为两类，即输出为晶体管的 PLC（编号为 DC/DC/DC）和输出为继电器的 PLC（编号为 AC/DC/Relay）。图 2-2（a）和图 2-2（b）是晶体管输出、继电器输出的基本接线图示意（以 CPU 224 为例）。

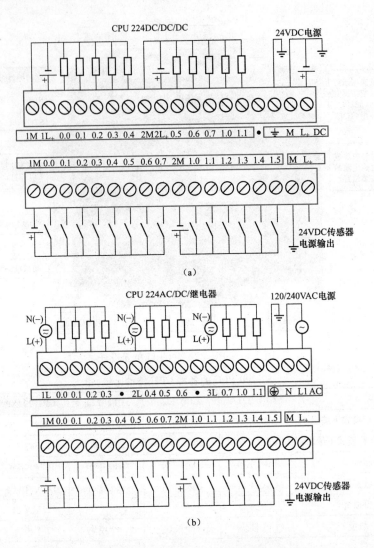

图 2-2　S7-200 PLC CPU 的接线图

（a）晶体管输出；（b）继电器输出

2.1.2　技能训练【JN2-1】：STEP 7-Micro/WIN 编程软件的安装

安装编程软件的计算机应使用 Windows 操作系统，为了实现 PLC 与计算机的通信，必须使用编程电缆，包括采用 COM 口的 PC/PPI 电缆［图 2-3（a）］或采用 USB 口的 USB-PPI 电缆［图 2-3（b）］。

西门子 S7-200 PLC 的编程软件为 STEP 7-Micro/WIN，它与第 5 章介绍的 S7-1200 系列 PLC 为不同的编程环境。STEP 7-Micro/WIN 可以从西门子官方网站下载（V4.0 版本以上），安装中文编程环境的步骤如下：

第一步：关闭所有应用程序，包括 Microsoft Office 快捷工具栏，在 Windows 资源管理器中打开安装文件所在区域（光盘、U 盘或硬盘），双击 Setup. exe 文件。

第二步：运行 Setup 程序，选择安装程序界面语言，并默认使用英语（见图 2-4），选择安装目的的文件夹。

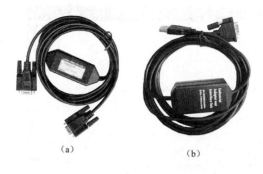

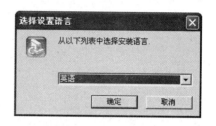

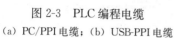

图 2-3　PLC 编程电缆

（a）PC/PPI 电缆；（b）USB-PPI 电缆

图 2-4　选择设置语言

　　第三步：安装过程中，会出现"设置 PG/PC 接口"窗口，按照编程电缆型号进行选择，一般选择 PC/PPI Cable（见图 2-5）。

　　第四步：安装完成后，单击对话框上的完成按钮重新启动计算机，重启后在 Windows 的"开始"菜单找到相应的快捷方式或在桌面双击图符 ，运行 STEP 7-Micro/WIN 软件。

　　第五步：在 STEP 7-Micro/WIN 编程环境中，选择菜单 Tools＞Options（见图 2-6）中，选择 General 选项卡，并设置为 Chinese（见图 2-7）。改变设置后，退出编程环境，再次启动后即进入全中文编程界面。

图 2-5　设置 PG/PC 接口

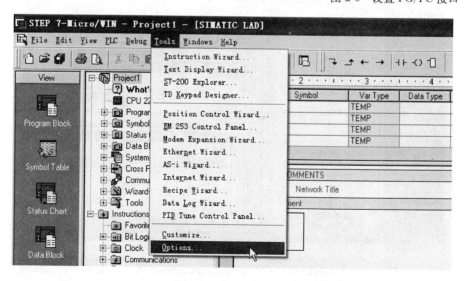

图 2-6　菜单 Tools＞Options 选项

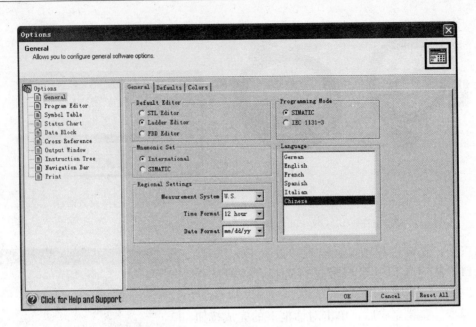

图 2-7　中文界面转换语言选择

2.1.3　编程环境的项目组成

图 2-8 所示为 V4.0 版本编程软件的界面。

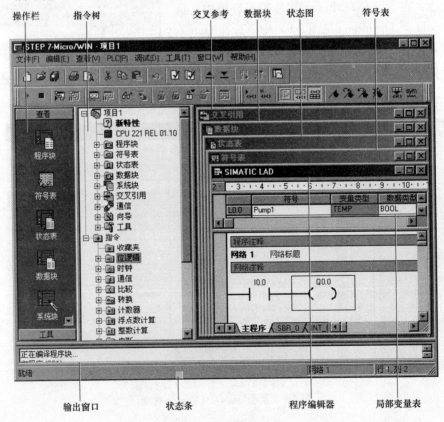

图 2-8　编程软件界面

1. 操作栏

操作栏显示编程特性的按钮控制群组：

（1）"视图"，选择该类别，为程序块、符号表、状态图、数据块、系统块、交叉参考及通信显示按钮控制。

（2）"工具"，选择该类别，显示指令向导、文本显示向导、位置控制向导、EM 253 控制面板和调制解调器扩展向导的按钮控制。

当操作栏包含的对象因为当前窗口大小无法显示时，操作栏显示滚动按钮，使用户能向上或向下移动至其他对象。

2. 指令树

指令树提供所有项目对象和为当前程序编辑器（LAD、FBD 或 STL）提供的所有指令的树型视图。

用户可以用鼠标右键点击树中"项目"部分的文件夹，插入附加程序组织单元（POU）；也可以用鼠标右键点击单个 POU，打开、删除、编辑其属性表，用密码保护或重命名子程序及中断例行程序。

用户还可以用鼠标右键点击树中"指令"部分的一个文件夹或单个指令，以便隐藏整个树。一旦打开指令文件夹，就可以拖放单个指令或双击，按照需要自动将所选指令插入程序编辑器窗口中的光标位置。当然用户还可以将指令拖放在"偏好"文件夹中，排列经常使用的指令。

3. 交叉参考

允许检视程序的交叉参考和组件使用信息。

4. 数据块

数据块允许显示和编辑数据块内容。

5. 状态图

该窗口允许将程序输入、输出或变量置入图表中，以便追踪其状态。用户可以建立多个状态图，以便从程序的不同部分检视组件。每个状态图在状态图窗口中有自己的标签。

6. 符号表/全局变量表窗口

该窗口允许分配和编辑全局符号（即可在任何 POU 中使用的符号值，不只是建立符号的 POU）。用户可以建立多个符号表，也可在项目中增加一个 S7-200 系统符号预定义表。

7. 输出窗口

该窗口在编译程序时提供信息。当输出窗口列出程序错误时，可双击错误信息，会在程序编辑器窗口中显示适当的网络。当编译程序或指令库时，提供信息。当输出窗口列出程序错误时，这时可以双击错误信息，会在程序编辑器窗口中显示适当的网络。

8. 状态条

状态条提供在 STEP 7-Micro/WIN 中操作时的操作状态信息。

9. 程序编辑器窗口

程序编辑器窗口包含用于该项目的编辑器（LAD、FBD 或 STL）的局部变量表和程序视图。如果需要，可以拖动分割条，扩展程序视图，并覆盖局部变量表。当在主程序一节（OB1）之外，建立子程序或中断例行程序时，标记出现在程序编辑器窗口的底部。可点击该标记，在子程序、中断和 OB1 之间移动。

10. 局部变量表

局部变量表包含对局部变量所作的赋值（即子程序和中断例行程序使用的变量）。在局部变量表中建立的变量使用暂时内存；地址赋值由系统处理；变量的使用仅限于建立此变量的 POU。

11. 菜单条

菜单条允许使用鼠标或键击执行操作。用户可以定制"工具"菜单，在该菜单中增加自己的工具。

12. 工具条

为最常用的 STEP 7-Micro/WIN 操作提供便利的鼠标访问。用户可以定制每个工具条的内容和外观。

2.1.4 S7-200 PLC 的数据类型

STEP 7-Micro/WIN 编程软件在运行过程中执行简单的数据类型检查，这意味着在编程时的变量必须指定为一种合适的数据类型。表 2-2 所列为 S7-200 PLC 的基本数据类型。

表 2-2   S7-200 PLC 的基本数据类型

基本数据类型	数据类型大小	说　明	范　围
位	1 位	布尔逻辑	$0\sim1$
字节	8 位	不带符号的字节	$0\sim255$
字节	8 位	带符号的字节 （SIMATIC 模式仅限用于 SHRB 指令）	$-128\sim+127$
字	16 位	不带符号的整数	$0\sim65,535$
整数	16 位	带符号的整数	$-32768\sim+32767$
双字	32 位	不带符号的双整数	$0\sim4294967295$
双整数	32 位	带符号的双整数	$-2147483648\sim+2147483647$
实数	32 位	IEEE 32 位浮点	$+1.175495E-38\sim+3.402823E+38$ $-1.175495E-38\sim3.402823E+38$
字符串	2 至 255 字节	ASCII 字符串照原样存储在 PLC 内存中，形式为 1 字符串长度接 ASCII 数据字节	ASCII 字符代码 $128\sim255$

根据基本数据类型，S7-200 PLC 的各数据存储区寻址见表 2-3。

表 2-3   数 据 存 储 区 寻 址

区域	说明	作为位存取	作为字节存取	作为字存取	作为双字存取
I	离散输入和映像寄存器	读取/写入	读取/写入	读取/写入	读取/写入
Q	离散输出和映像寄存器	读取/写入	读取/写入	读取/写入	读取/写入
M	内部内存位	读取/写入	读取/写入	读取/写入	读取/写入
SM	特殊内存位 （SM0~SM29 为只读内存区）	读取/写入	读取/写入	读取/写入	读取/写入
V	变量内存	读取/写入	读取/写入	读取/写入	读取/写入
T	定时器当前值和定时器位	T 位 读取/写入	否	T 当前 读取/写入	否

续表

区域	说明	作为位存取	作为字节存取	作为字存取	作为双字存取
C	计数器当前值和计数器位	C 位 读取/写入	否	C 当前 读取/写入	否
HC	高速计数器当前值	否	否	否	只读
AI	模拟输入	否	否	只读	否
AQ	模拟输出	否	否	只写	否
AC	累加器寄存器	否	读取/写入	读取/写入	读取/写入
L	局部变量内存	读取/写入	读取/写入	读取/写入	读取/写入
S	SCR	读取/写入	读取/写入	读取/写入	读取/写入

2.1.5　直接和间接编址

当用户编程时，可以使用直接编址和间接编址为指令操作数编址。

1. 直接编址

S7-200 PLC 在具有独特地址的不同内存位置存储信息。用户可以明确识别希望存取的内存地址，允许程序直接存取信息，并直接编址指定内存区、大小和位置。例如，VW790 指内存区中的字位置 790。欲存取内存区中的一个位，用户需要指定地址，包括内存区标识符、字节地址和前面带一个句号的位数。图 2-9 显示存取位（也称为"字节位"编址）的一个范例。在该范例中，内存区和字节地址（I＝输入，2＝字节 2）后面是一个点号（"."），用于分隔位址（位 6）。

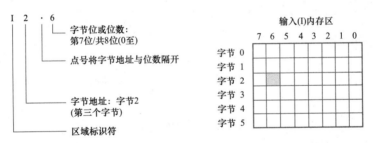

图 2-9　位直接编址

用户可以使用字节地址格式将大多数内存区（V、I、Q、M、S、L 和 SM）的数据存取为字节、字或双字。如果存取内存中数据的字节、字或双字，必须以与指定位址相似的方法指定地址。如图 2-10 所示，这包括区域标识符、数据大小指定和字节、字或双字的字节地址。

其他内存区中的数据（例如，T、C、HC 和累加器）可使用地址格式存取，地址格式包括区域标识符和设备号码。

2. 间接编址

间接编址使用指针存取内存中的数据。指针是包含另一个内存位置地址的双字内存位置。用户只能将 V 内存位置、L 内存位置或累加器寄存器（AC1、AC2、AC3）用作指针。如果要建立指针，用户必须使用"移动双字"指令，将间接编址内存位置移至指针位置。指针还可以作为参数传递至子程序。

S7-200 PLC 允许指针存取以下内存区：I、Q、V、M、S、T（仅限当前值）和 C（仅

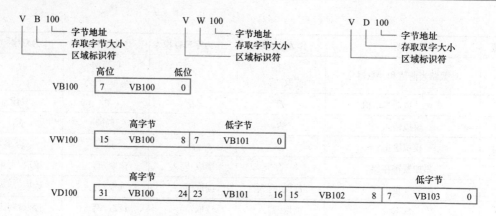

图 2-10　字节编址

限当前值）。用户不能使用间接编址存取单个位或存取 AI、AQ、HC、SM 或内存区。若要间接存取内存区数据，输入一个"和"符号（&）和需要编址的内存位置，建立一个该位置的指针。指令的输入操作数前必须有一个"和"符号（&），表示内存位置的地址（而并非内存位置的内容）将被移入在指令输出操作数中识别的位置（指针）。在指令操作数前面输入一个星号（*）指定该操作数是一个指针。

【例 2-1】　间接寻址来读取 VW200 和 VW202 的数值。

解　如图 2-11 所示，输入 * AC1 指定 AC1 是"移动字"（MOVW）指令引用的字长度数值的指针。在该范例中，在 VB200 和 VB201 中存储的数值被移至累加器 AC0。

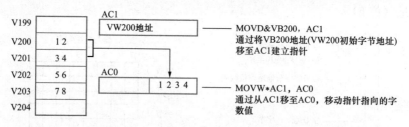

图 2-11　间接寻址

如图 2-12 所示，用户可以改动指针数值。由于指针是 32 位数值，使用双字指令修改指针数值。可使用简单算术操作（例如加或递增）修改指针数值。

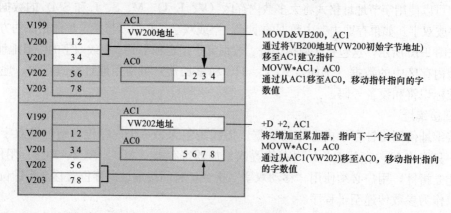

图 2-12　改动指针数值

关于 MOVW 和 MOVD 数据移动指令将在第 3 章详细介绍。

2.1.6　S7-200 PLC 内存地址范围

建立程序时，必须确保输入的 I/O 和内存范围对即将下载程序的 CPU 有效。如果用户尝试下载的程序存取的 I/O 或内存位置超出 S7-200 PLC CPU 的允许范围，就会收到一则错误信息。表 2-4 所列为以位为单位进行标识的 S7-200 PLC 内存地址范围，如果采用字节、字或双字则可以根据数据类型进行转换。

表 2-4　　　　　　　　　　　S7-200 PLC 内存地址范围

被存取	内存类型	CPU 221	CPU 222	CPU 224	CPU 226
位（字节或位）	V	0.0～2047.7	0.0～2047.7	0.0～5119.7 V1.22 0.0～8191.7 V2.00 0.0～10239.7 XP	0.0～5119.7 V1.23 0.0～10239.7 V2.00
	I	0.0～15.7	0.0～15.7	0.0～15.7	0.0～15.7
	Q	0.0～15.7	0.0～15.7	0.0～15.7	0.0～15.7
	M	0.0～31.7	0.0～31.7	0.0～31.7	0.0～31.7
	SM	0.0～179.7	0.0～299.7	0.0～549.7	0.0～549.7
	S	0.0～31.7	0.0～31.7	0.0～31.7	0.0～31.7
	T	0～255	0～255	0～255	0～255
	C	0～255	0～255	0～255	0～255
	L	0.0～59.7	0.0～59.7	0.0～59.7	0.0～59.7

注　XP 表示 CPU 224XP 型号；V1.22 等表示版本号。

2.2　梯形图的设计方法与 LAD 编辑、编译

2.2.1　技能训练【JN2-2】：根据继电器电路图设计 PLC 的梯形图

1. 根据经验设计法设计梯形图

继电器—接触器控制系统电路图与梯形图在表示方法和分析方法上有很多相似之处，因此可以根据继电器—接触器控制电路图来设计梯形图（即 LAD）。

PLC 的梯形图设计经验法，就是要依靠平时所积累的设计经验来设计梯形图。PLC 发展初期就沿用了设计继电器电路图的方法来设计梯形图，即在已有的典型继电器电路图的基础上，根据被控制对象对控制的要求，不断地修改完善成梯形图。这种方法没有普遍的规律可以遵循，一切都要靠设计者的经验来实现，就是将设计继电器电路图的思维转化为 PLC 梯形图设计思维。它一般用于逻辑关系较简单的梯形图设计。

经验设计法是沿用设计继电器—接触器控制电路图的方法来设计梯形图，即在一些典型电路的基础上，根据被控对象对控制系统的要求，不断地修改和完善梯形图。从实践来看，经验设计法可用于较简单的梯形图设计。

2. 电动机正转控制电路

（1）控制要求。按下启动按钮 SB1，电动机自锁正转；按下停止按钮 SB2，电动机停

转。其继电器控制如图 2-13 所示。

（2）PLC 输入/输出分配。根据"经验设计法"可以进行 I/O 资源分配，见表 2-5。

停止时：按下停止按钮 SB2→停止信号 I0.1 为"1"→I0.1 动断触点断开→线圈"失电"（低电平）→电动机停转。

表 2-5 电动机正转控制电路的 I/O 资源配置

输入	名称	输出	名称
I0.0	启动按钮 SB1	Q0.0	接触器 KM
I0.1	停止按钮 SB2 .		

PLC 外部接线如图 2-14 所示。

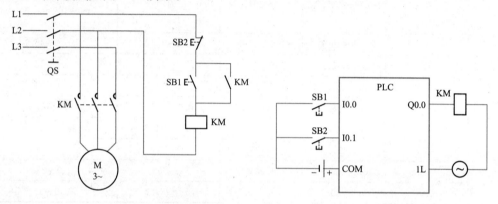

图 2-13　电动机正转控制电路　　　图 2-14　PLC 外部接线

根据电动机工作原理，可以按图 2-15 进行编程。启动时：按下启动按钮 SB1→启动信号 I0.0 为"1"（高电平）→I0.0 动合触点接通；不按停止按钮 SB2→停止信号 I0.1 为"0"（低电平）→I0.1 动断触点接通→Q0.0 线圈"有电"（高电平）→Q0.0 触点闭合"自锁"→电动机连续正转。如果按下停止按钮，则 Q0.0 不能自保而掉电，电机停止运行。具体的时序图如图 2-16 所示。

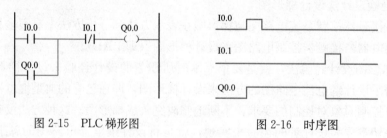

图 2-15　PLC 梯形图　　　图 2-16　时序图

3. 相同点与不同点

（1）相同点。继电器—接触器控制系统电路图与梯形图在表示方法和分析方法上有很多相似之处。例如，PLC 控制元件也称为继电器，有线圈、动合触点、动断触点，当某个继电器线圈有电时，其动合触点闭合，动断触点断开。

（2）不同点。梯形图是 PLC 的程序，是一种软件，继电器—接触器控制电路是由硬件组成的。

2.2.2 技能训练【JN2-3】：LAD 编辑与编译

1. 打开已有项目

对于已经建立的一个文件，如何去打开它呢？用户可以从 STEP 7-Micro/WIN 中，使用文件菜单，选择下列选项之一：

（1）打开。允许用户浏览至一个现有项目，并且打开该项目；

（2）文件名称。如果用户最近在一项目中工作过，该项目在"文件"菜单下列出，可直接选择，不必使用"打开"对话框。

当然也可以使用 Windows Explorer 浏览至适当的目录，无需将 STEP7-Micro/WIN 作为一个单独的步骤启动即可打开用户所在的项目。在 STEP7-Micro/WIN V4.0 版中，项目包含在带有".mwp"扩展名的文件中。

2. LAD 编辑图形组件和逻辑网络

当用户以 LAD（梯形图）方式写入程序时，其编辑手段就是使用图形组件，并将该组件排列成一个逻辑网络。

常用的图形组件包括以下三种：

（1）触点，代表电源可通过的开关。

电源仅在触点关闭时通过正常打开的触点（逻辑值 1）；电源仅在触点打开时通过正常关闭或负值（非）触点（逻辑值 0）。

（2）线圈，代表由使能位充电的继电器或输出。

（3）方框，代表当使能位到达方框时执行的一项功能（例如，定时器、计数器或数学运算）。

网络由以上图形组件组成并代表一个完整的梯形图线路，电源从左边的电源杆流过（在 LAD 编辑器中由窗口左边的一条垂直线代表）闭合触点，为线圈或方框充电。如图 2-17 所示为其中一个网络。

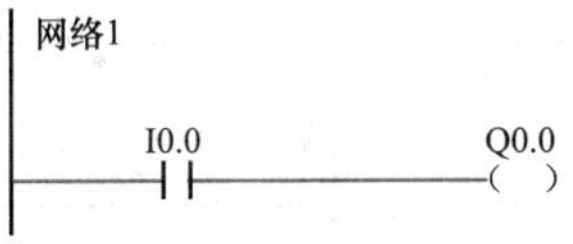

图 2-17　网络

在 LAD 编辑中，对于组件和网络都有一定的要求：

（1）放置触点的规则。每个网络必须以一个触点开始，网络不能以触点终止。

（2）放置线圈的规则。网络不能以线圈开始；线圈用于终止逻辑网络。一个网络可有若干个线圈，只要线圈位于该特定网络的并行分支上。不能在网络上串联一个以上线圈（即不能在一个网络的一条水平线上放置多个线圈）。

（3）放置方框的规则。如果方框有 ENO（即允许输出），使能位扩充至方框外；这意味着用户可以在方框后放置更多的指令。在网络的同级线路中，可以串联若干个带 ENO 的方框。如果方框没有 ENO，则不能在其后放置任何指令。

ENO 允许用户以串联（水平方向）方式连接方框，不允许以并联（垂直方向）方式连接方框。如果方框在输入位置有使能位，且方框执行无错误，则 ENO 输出将使能位传输至下一个元素。如果方框执行过程中检测到错误，则在生成错误的方框位置终止使能位。

（4）网络尺寸限制。用户可以将程序编辑器窗口视作划分为单元格的网格（单元格是可放置指令、为参数指定值或绘制线段的区域）。在网格中，一个单独的网络最多能垂直扩充

32 个单元格或水平扩充 32 个单元。用户可以用鼠标右键在程序编辑器中点击，并选择"选项"菜单项目，改变网格大小。

3. LAD 常见逻辑结构

LAD 编辑中常见的逻辑结构有如下几种：

（1）自保。图 2-18 所示网络使用一个正常的触点（"开始"）和一个负（非）触点（"停止"）。一旦继电器输出成功激活，则保持锁定，直至符合"停止"条件。

（2）中线输出。如果符合第一个条件，初步输出（输出二）在第二个条件评估之前显示。用户还可以建立有中线输出的多个级档，如图 2-19 所示。

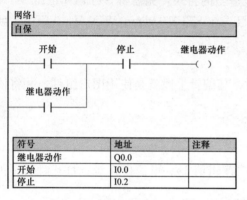

符号	地址	注释
继电器动作	Q0.0	
开始	I0.0	
停止	I0.2	

图 2-18 自保

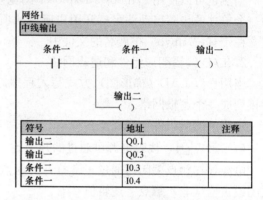

符号	地址	注释
输出二	Q0.1	
输出一	Q0.3	
条件二	I0.3	
条件一	I0.4	

图 2-19 中线输出

（3）串行方框指令。如果第一个方框指令评估成功，电源顺网络流至第二个方框指令。用户可以在网络的同一级上将多条 ENO 指令用串联方式级联。如果任何指令失败，剩余的串联指令不会执行；使能位停止（错误不通过该串联级联），如图 2-20 所示。

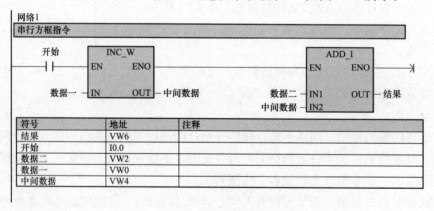

符号	地址	注释
结果	VW6	
开始	I0.0	
数据二	VW2	
数据一	VW0	
中间数据	VW4	

图 2-20 串行方框指令

（4）并行方框（线圈）输出。当符合起始条件时，所有的输出（方框和线圈）均被激活。如果一个输出未评估成功，电源仍然流至其他输出；不受失败指令的影响，如图 2-21 所示。

4. LAD 编译

LAD 编辑结束后，就可以选用下列一种方法启动 STEP 7-Micro/WIN 项目编译器：

（1）点击"编译"按钮☑或选择菜单命令 PLC（PLC）＞编译（Compile），编译当前

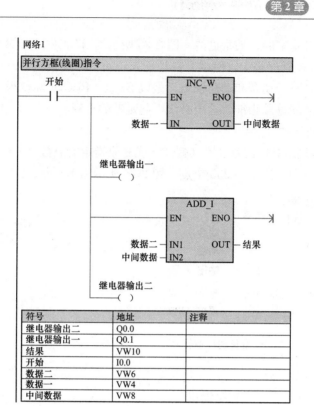

网络1

并行方框(线圈)指令

符号	地址	注释
继电器输出二	Q0.0	
继电器输出一	Q0.1	
结果	VW10	
开始	I0.0	
数据二	VW6	
数据一	VW4	
中间数据	VW8	

图 2-21　并行方框（线圈）输出

激活的窗口（程序块或数据块）。

（2）点击"全部编译"按钮🗹 或选择菜单命令 PLC（PLC）＞全部编译（Compile All），编译全部项目组件（程序块、数据块和系统块）。

（3）用鼠标右键点击指令树中的某个文件夹，然后由弹出菜单中选择编译命令（如图 2-22 所示）。项目、程序块文件夹、系统块文件夹及数据块文件夹都有编译命令。

图 2-22　编译命令

2.3　位逻辑、定时器与计数器

2.3.1　位逻辑指令

1. 概述

PLC 最初的设计是为了替代继电器而出现，因此，位逻辑指令类似于继电器控制电路的位逻辑指令，是最基本的、最常见的。图 2-23 所示为 S7-200 PLC 最常见的 5 种位逻辑。

在 S7-200 PLC 控制程序中，使用 I/O 地址来访问实际连接到 CPU 输入/输出端子的实际器件。也就是说，对于动合和动断触点，是以 S7-200 PLC 实际获得的信号为准，而不是以继电器的动合或动断符号为准，这个必须引起足够的重视。

2. 置位与复位指令的应用

置位（S）和复位（R）指令设置（打开）或复原指定的点数（N），从指定的地址（位）开始，用户可以置位和复位 1 至 255 个点。图 2-24 所示为 RS 指令。

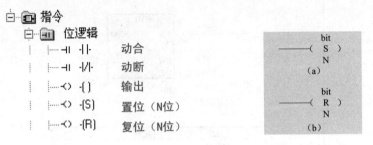

图 2-23　常见的位逻辑

图 2-24　RS 指令
（a）置位指令；（b）复位指令

【例 2-2】　应用 RS 指令来复位输出。

解　图 2-25 所示为应用 RS 指令的程序案例。

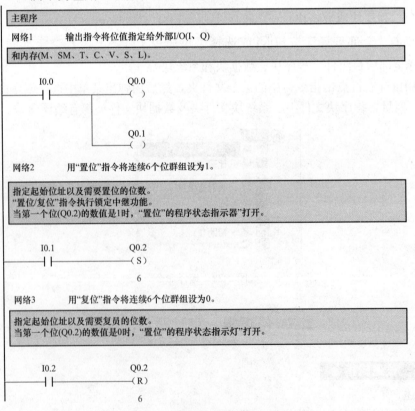

图 2-25　RS 指令程序案例（一）

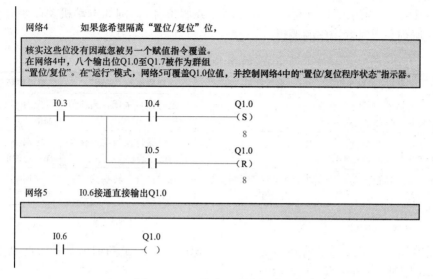

网络4　　如果您希望隔离"置位/复位"位，

核实这些位没有因疏忽被另一个赋值指令覆盖。
在网络4中，八个输出位Q1.0至Q1.7被作为群组
"置位/复位"。在"运行"模式，网络5可覆盖Q1.0位值，并控制网络4中的"置位/复位程序状态"指示器。

网络5　　I0.6接通直接输出Q1.0

图 2-25　RS 指令程序案例（二）

根据上述程序，可以进行时序图描述如图 2-26 所示。

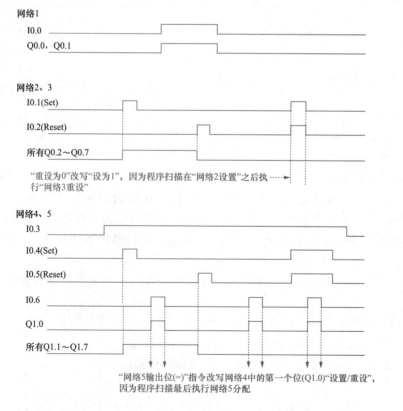

图 2-26　RS 程序的时序图

2.3.2　定时器

S7-200 PLC 指令集提供三种不同类型的定时器：①接通延时定时器（TON），用于单间隔计时；②保留性接通延时定时器（TONR），用于累计一定数量的定时间隔；③断开延

时定时器（TOF），用于延长时间以超过关闭（或假条件），例如电动机关闭后使电动机冷却。表 2-6 所列为定时器操作的逻辑。

表 2-6　　　　　　　　　　　　　　　定 时 器 操 作 逻 辑

定时器类型	当前值>＝预设值	启用输入"打开"	启用输入"关闭"	电源循环/首次扫描
TON	定时器位打开，当前值继续计数直至达到 32767	当前值记录时间	定时器位关闭，当前值＝0	定时器位关闭，当前值＝0
TONR	定时器位打开，当前值继续计数直至达到 32767	当前值记录时间	定时器位及当前值保持最后的状态	定时器位关闭，可保持当前值
TOF	定时器位关闭，当前值＝预设值，停止计数	定时器位打开，当前值＝0	从"打开"转换为"关闭"后定时器开始计数	定时器位关闭，当前值＝0

1. 定时器的分辨率

定时器的分辨率由表 2-7 所列的定时器号码决定，每一个当前值都是时间基准的倍数。例如，10ms 定时器中的数值 50 表示 500ms。

表 2-7　　　　　　　　　　　　　　　定 时 器 的 分 辨 率

定时器类型	分辨率（ms）	最大值（s）	定时器号码
TONR	1	32.767	T0，T64
	10	327.67	T1～T4，T65～T68
	100	3276.7	T5～T31，T69～T95
TON、TOF	1	32.767	T32，T96
	10	327.67	T33～T36，T97～T100
	100	3276.7	T37～T63，T101～T255

2. 接通延时定时器

如图 2-27 所示，接通延时定时器（TON）指令在启用输入为"打开"时，开始计时。当前值（Txxx）大于或等于预设时间（PT）时，定时器位为"打开"。启用输入为"关闭"时，接通延时定时器当前值被清除。达到预设值后，定时器仍继续计时，达到最大值 32767 时，停止计时。

可用复原（R）指令复原任何定时器。复原指令执行下列操作：定时器位＝关闭，定时器当前值＝0。

【例 2-3】　选择开关 I0.0 接通后，Q0.0 延时 1s 接通。

解　图 2-28 所示定时器案例 1 中，在 I0.0 信号接通 10 * 100ms 或 1s 之后，100ms 定时器 T37 动作，Q0.0

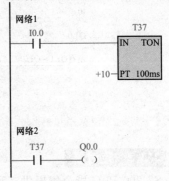

图 2-27　TON 定时器　　　　　　　　　图 2-28　定时器案例 1

闭合；当 I0.0 信号 OFF 时，则复原 T37 和 Q0.0。

其时序图如图 2-29 所示。

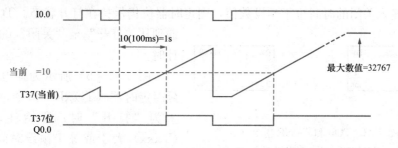

图 2-29　案例 1 时序图

【例 2-4】　利用定时器指令实现 Q0.0 的脉冲输出，其中 ON 为 0.6s、OFF 为 0.4s。

解　图 2-30 为定时器案例 2，它可以实现 Q0.0 的脉冲输出。该程序利用直接读取 T33 的数值并与常数进行比较（该 ⊢>=I⊢ 指令详细说明将在第 3 章进行介绍），当 T33 的值大于等于 40 时，则 Q0.0 为 ON。

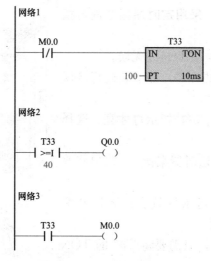

图 2-30　定时器案例 2

其时序图如图 2-31 所示。

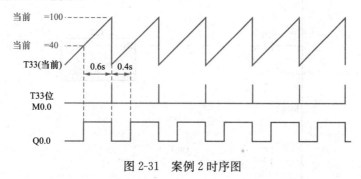

图 2-31　案例 2 时序图

3．TOF 和 TONR 指令

图 2-32（a）所示为断开延时定时器（TOF），用于在输入关闭后，延迟固定的一段时

间后再关闭输出。启用输入打开时，定时器位立即打开，当前值被设为 0；输入关闭时，定时器继续计时，直到消逝的时间达到预设时间；达到预设值后，定时器位关闭，当前值停止计时。如果输入关闭的时间短于预设数值，则定时器位仍保持在打开状态。TOF 指令必须

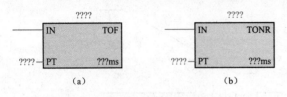

图 2-32　TOF 和 TONR 指令

(a) TOF 指令；(b) TONR 指令

遇到从"打开"至"关闭"的转换才开始计时。

图 2-32（b）所示为掉电保护性接通延时定时器（TONR）指令，它在启用输入为"打开"时，开始计时。当前值（Txxx）大于或等于预设时间（PT）时，计时位为"打开"；当输入为"关闭"时，

保持保留性延迟定时器当前值。用户可使用保留性接通延时定时器为多个输入"打开"阶段累计时间。使用复原指令（R）清除保留性延迟定时器的当前值。达到预设值后，定时器继续计时，达到最大值 32767 时，停止计时。

4. 技能训练【JN2-4】：采用定时器指令进行指示灯控制

（1）按图 2-33 进行接线，确保接线无误。

（2）根据要求编制不同的程序，并下载运行测试是否正确。

A）选择开关 ON 后延时 5s，指示灯才亮；选择开关 OFF 后，指示灯就灭。

参考程序见图 2-28 所示定时器案例 1，需要修改 T37 的 PT 值为 50。

B）选择开关 ON 后，指示灯就亮；选择开关 OFF 后，指示灯延时 5s 才灭。

参考程序如图 2-34 所示，只需要将 T37 的 TON 功能改为 TOF 即可。

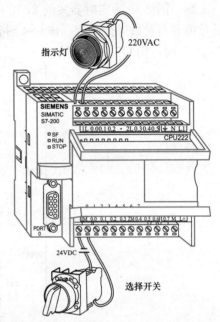

图 2-33　指示灯控制的硬件接线

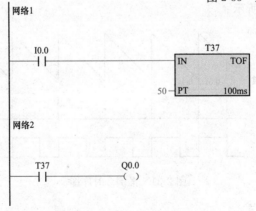

图 2-34　指示灯控制要求 B 的程序

C）选择开关 ON 后延时 5s，指示灯才亮；选择开关 OFF 后，指示灯也延时 5s 才灭。

参考程序如图 2-35 所示。

2.3.3 计数器

S7-200 PLC 共提供了 256 个计数器，计数器可以作为以下三种类型使用：

（1）CTU：增计数器；

（2）CTD：减计数器；

（3）CTUD：增/减计数器。

1. CTU 增计数器

CTU 增计数器的指令如图 2-36（a）所示。每次向上计数输入（CU）从关闭向打开转换时，向上计数（CTU）指令从当前值向上计数。当前值（Cxxx）大于或等于预设值（PV）时，计数器位（Cxxx）打开。复原（R）输入打开或执行复原指令时，计数器被复原。达到最大值（32，767）时，计数器停止计数。

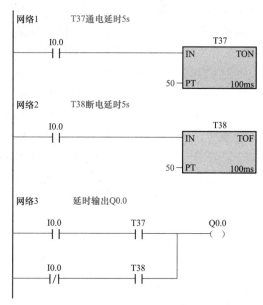

图 2-35　指示灯控制要求 C 的程序

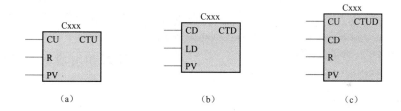

图 2-36　CTU 增计数器

（a）CTU 指令；（b）CTD 计数器；（c）CTUD 指令

CTU 计数器指令的操作数类型见表 2-8。

表 2-8　　　　　　　　　　　计数器指令的操作数类型

输入/输出	操　作　数	数据类型
Cxxx	常数（C0～C255）	字
CU	I，Q，M，SM，T，C，V，S，L，使能位	布尔
R	I，Q，M，SM，T，C，V，S，L，使能位	布尔
PV	VW，IW，QW，MW，SMW，LW，AIW，AC，T，C，常数，＊VD，＊AC，＊LD，SW	整数

2. CTD 减计数器

CTD 减计数器的指令如图 2-36（b）所示。每次向下计数输入（CU）从关闭向打开转换时，向下计数（CTD）指令从当前值向下计数。当前值 Cxxx 等于 0 时，计数器位

（Cxxx）打开。输入（LD）打开时，计数器复原计数器位（Cxxx）并用预设值（PV）载入当前值。达到零时，向下计数器停止计数，计数器位（Cxxx）打开。减计数器的范围也是C0～C255。CTD计数器指令的操作数类型与CTU类似，即CU与CD、R与LD类似。

3. CTUD 增/减计数器

CTUD 增/减计数器的指令如图 2-36（c）所示。每次向上计数输入（CU）从关闭向打开转换时，向上/向下计时（CTUD）指令向上计数；每次向下计数输入（CD）从关闭向打开转换时，向下计数。计数器的当前值 Cxxx 保持当前计数。每次执行计数器指令时，预设值 PV 与当前值进行比较。达到最大值（32767），位于向上计数输入位置的下一个上升沿使当前值返转为最小值（−32768）。在达到最小值（−32768）时，位于向下计数输入位置的

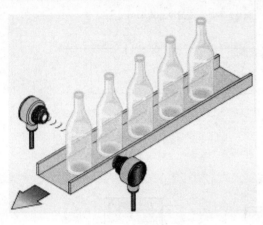

图 2-37　啤酒包装线

下一个上升沿使当前计数返转为最大值（32767）。当当前值 Cxxx 大于或等于预设值 PV 时，计数器位（Cxxx）打开。否则，计数器位关闭。当复原（R）输入打开或执行复原指令时，计数器被复原。达到 PV 时，CTUD 计数器停止计数。

4. 技能训练【JN2-5】： 计数器应用

（1）啤酒包装线计数。

图 2-37 所示为一啤酒包装线，原设定每三瓶要执行一个小分装动作，因此编写主程序如图 2-38 所示。

与啤酒包装线相对应的时序图如图 2-39所示。

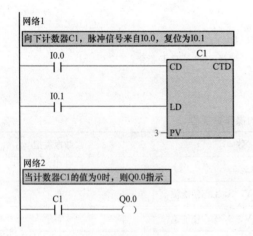

图 2-38　啤酒线主程序

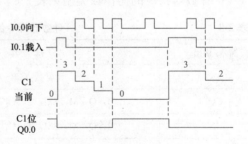

图 2-39　啤酒包装线时序图

（2）停车位计数。

某停车位要对外显示实际车位和空余车位，可以根据进来的车子数和出去的车子数进行加减。其加减信号采用进来或出去的车子光电探头信号。图 2-40 所示为该案例程序。

对应的时序图如图 2-41 所示。

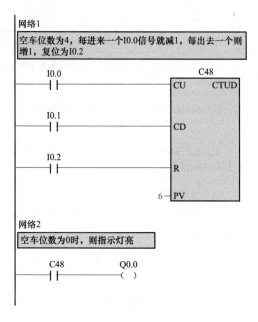

图 2-40　停车位计数程序

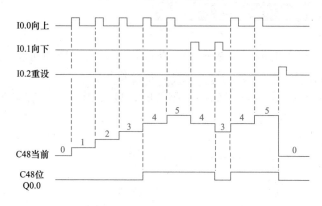

图 2-41　停车位计数的时序图

2.3.4　特殊存储器标志位 SMB0

特殊内存字节 0（SM0.0～SM0.7）提供八个位，在每次扫描周期结尾处由 S7-200PLC CPU 更新。程序可以读取这些位的状态，然后根据位值作出决定。表 2-9 所列为 SMB0 的具体含义，它在实际编程中非常有用。

表 2-9　　　　　　　　　　特殊存储器标志位 SMB0

符号名	SM 地址	用户程序读取 SMB0 状态数据
Always_On	SM0.0	该位总是为 ON
First_Scan_On	SM0.1	首次扫描周期时该位打开，一种用途是调用初始化子程序
Retentive_Lost	SM0.2	如果保留性数据丢失，该位为一次扫描周期打开。该位可用作错误内存位或激活特殊启动顺序的机制
RUN_Power_Up	SM0.3	从电源开启条件进入 RUN（运行）模式时，该位为一次扫描周期打开。该位可用于在启动操作之前提供机器预热时间

47

续表

符号名	SM 地址	用户程序读取 SMB0 状态数据
Clock_60s	SM0.4	该位提供时钟脉冲，该脉冲在 1min 的周期时间内 OFF（关闭）30s，ON（打开）30s。该位提供便于使用的延迟或 1min 时钟脉冲
Clock_1s	SM0.5	该位提供时钟脉冲，该脉冲在 1s 的周期时间内 OFF（关闭）0.5s，ON（打开）0.5s。该位提供便于使用的延迟或 1s 时钟脉冲
Clock_Scan	SM0.6	该位是扫描周期时钟，为一次扫描打开，然后为下一次扫描关闭。该位可用作扫描计数器输入
Mode_Switch	SM0.7	该位表示"模式"开关的当前位置（关闭＝"终止"位置，打开＝"运行"位置）。开关位于 RUN（运行）位置时，可以使用该位启用自由口模式，可使用转换至"终止"位置的方法重新启用带 PC/编程设备的正常通信

关于其他特殊寄存器 SM 的含义可以参考西门子 S7-200 PLC 编程手册。

2.4　简单电气控制电路的编程与运行

2.4.1　技能训练【JN2-6】：灯控电路应用

1. 编程任务

图 2-42 所示为一简单的电气控制图（灯控电路），其所实现的功能为：

（1）当选择开关 SA1 闭合时，HL1 就亮，反之则灭；

（2）当选择开关 SA2 或 SA3 任何一个闭合时，HL2 就亮，只有当 SA2 和 SA3 都断开时，HL1 才灭。

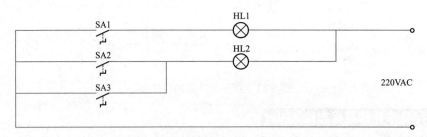

图 2-42　简单的灯控电路

既然 PLC 能够实现电气控制功能，则可以采用西门子 S7-200 PLC 来进行灯控电路改造，具体如图 2-43 所示。（注：为读者阅读方便起见，本书第 2～4 章中大多数案例均采用 CPU 224 来进行，具体包括 CPU 224 AC/DC/Relay 和 CPU 224 DC/DC/DC 两种。）

由图 2-43 可知，I0.0、I0.4 和 I0.5 接的是选择开关（简称"输入信号"），而 Q0.0 和 Q0.1 接的是指示灯（简称"输出信号"），两者在硬件接线上是分离，而 PLC 的编程就是将选择开关和指示灯进行"程序联系"。

2. 采用梯形图 LAD 进行编程

梯形图 LAD 是各种 PLC 的通用语言，根据图 2-44 输入简单逻辑的一段程序（见图 2-45）。

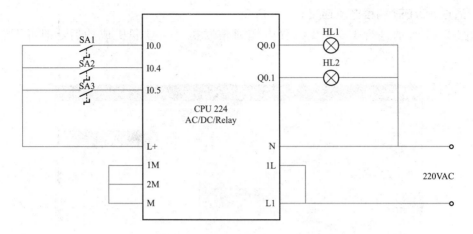

图 2-43　灯控电路的 PLC 接线

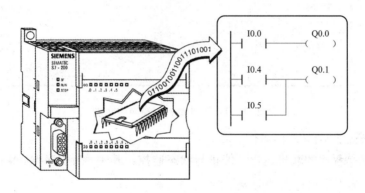

图 2-44　简单逻辑程序

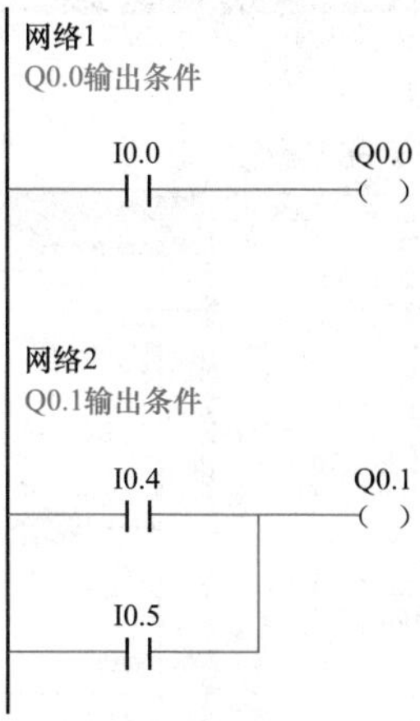

网络1
Q0.0输出条件

```
     I0.0              Q0.0
   ──┤├──────────────( )
```

网络2
Q0.1输出条件

```
     I0.4              Q0.1
   ──┤├──────────────( )
     I0.5
   ──┤├──
```

图 2-45　灯控电路的 PLC 程序输入

3. 对梯形图 LAD 程序进行编译

可以用工具条按钮或 PLC 菜单进行编译。当用户在编译时，"输出窗口"会列出发生的所有错误。错误根据位置（网络、行和列）以及错误类型识别。这时可以双击错误线，调出程序编辑器中包含错误的代码网络。

4. 通过 PC/PPI 编程电缆连接 PC 与 PLC

如图 2-46 所示进行 PC/PPI 编程电缆通信联机，一旦联机成功后，即可下载程序到 PLC。

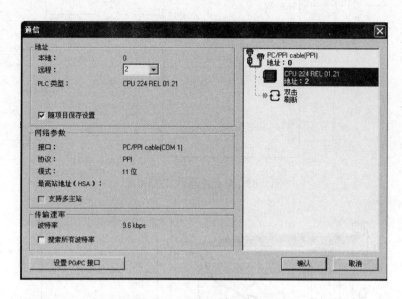

图 2-46　PC/PPI 编程电缆通信联机

5. 下载程序并使 CPU 处于运行状态

图 2-47 所示是程序的联机运行、停止与状态监控，其中 为程序 RUN 命令； 为程序 STOP 命令； 为程序状态监控命令。

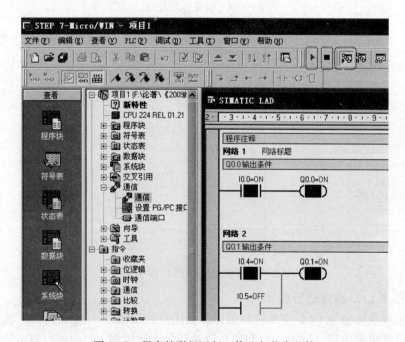

图 2-47　程序的联机运行、停止与状态监控

2.4.2　技能训练【JN2-7】：增氧泵控制应用

1. 编程任务

在水产养殖中，经常会需要给鱼类补充氧气，最好的办法就是使用"增氧泵"，如图 2-48所示。

以某养殖场的增氧泵控制要求为例：

（1）能在手动情况下，进行增氧泵的开机和关机。

（2）能在自动情况，按照设定的时间进行增氧泵时间控制，等时间设定过后，增氧泵中断停机。

2. 增氧泵控制的硬件设计

对于增氧泵控制来讲，其硬件设计相对

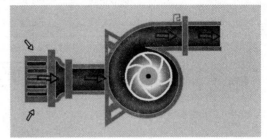

图 2-48　增氧泵示意

简单，如图 2-49 所示。需要注意的是，在 PLC 电路控制中，输入和输出基本一般是分离的。

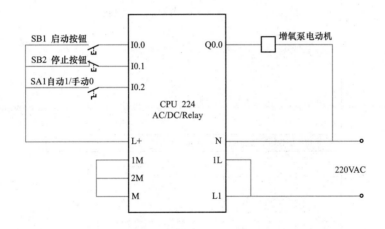

图 2-49　增氧泵控制的硬件设计

根据图 2-49 所示可以列出增氧泵控制的 I/O 分配表，见表 2-10。

表 2-10　　　　　　　　　　　　　增氧泵控制的 I/O 分配

输入	名称	输出	名称
I0.0	SB1：启动按钮	Q0.0	增氧泵电动机
I0.1	SB2：停止按钮		
I0.2	SA1：自动/手动		

3. 增氧泵控制的软件设计

增氧泵的软件设计，主要根据 SA1 选择开关来进行，分为手动和自动，具体见图 2-50所示。其中，定时器的时间可以根据实际要求进行调整。必须要说明的是：尽管 10.1 在硬件接线中是采用 NC 按钮，但是在实际编程中必须采用 NO 触点。

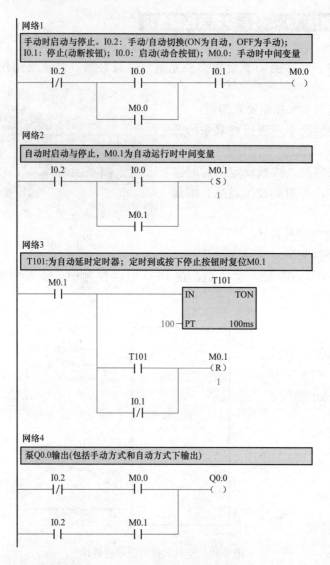

网络1

手动时启动与停止。I0.2: 手动/自动切换(ON为自动，OFF为手动);
I0.1: 停止(动断按钮); I0.0: 启动(动合按钮); M0.0: 手动时中间变量

网络2

自动时启动与停止，M0.1为自动运行时中间变量

网络3

T101:为自动延时定时器；定时到或按下停止按钮时复位M0.1

网络4

泵Q0.0输出(包括手动方式和自动方式下输出)

图 2-50　增氧泵的定时控制主程序

2.4.3　技能训练【JN2-8】：电动机正反转控制应用

1. 编程任务

图 2-51 所示为一台电动机正反转控制应用。在该控制电路中，KM1 为正转交流接触器，KM2 为反转交流接触器，SB1 为停止按钮、SB2 为正转控制按钮，SB3 为反转控制按钮。KM1、KM2 动断触点相互闭锁，当按下 SB2 正转按钮时，KM1 得电，电动机正转；KM1 的动断触点断开反转控制回路，此时当按下反转按钮，电动机运行方式不变；若要电动机反转，必须按下 SB1 停止按钮，正转交流接触器失电，电动机停止，然后再按下反转按钮，电动机反转。若要电动机正转，也必须先停下来，再来改变运行方式。这样的控制电路的好处在于避免误操作等引起的电源短路故障。

2. I/O 分配及硬件接线

如图 2-52 所示，按照控制电路的要求，将正转按纽、反转按纽和停止按纽接入 PLC 的输入

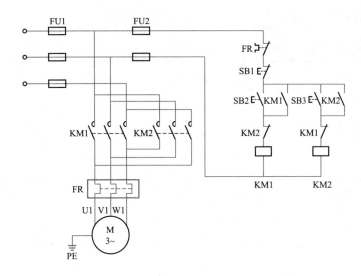

图 2-51 电动机正反转控制接线图

端，将正转继电器和反转继电器接入 PLC 的输出端。注意正转、反转控制继电器必须有互锁。

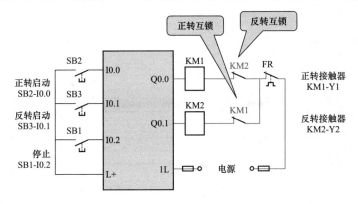

图 2-52 硬件接线

3. 编程和下载

运行编程软件，首先对电动机正反转控制程序的 I/O 及存储器进行分配和符号表的编辑，然后实现电动机正反转控制程序的编制，并通过编程电缆传送到 PLC 中。

在 STEP 7-Micro/WIN 中，单击"查看"视图中的"符号表"，弹出图 2-53 所示窗口，在符号栏中输入符号名称，中英文都可以，在地址栏中输入寄存器地址。

图 2-53 符号表

在符号表定义完符号地址后，在程序块中的主程序内输入图 2-54 所示程序。注意当菜单"查看"中"√符号寻址"选项选中时，输入地址程序中自动出现的是符号编址。若选中"查看"菜单的"符号信息表"选项，每一个网络中都有程序中相关符号信息。

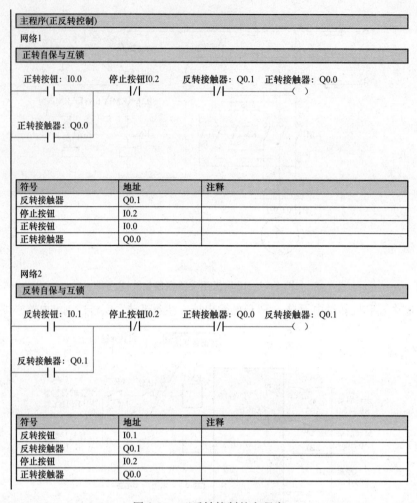

图 2-54　正反转控制的主程序

4. 应用拓展

有电动机的正反转控制项目的基础，可以进一步用 S7-200 PLC 实现小车往返的自动控制。

控制过程为：按下启动按钮，小车从左边往右边运动（右边往左边运动），当运动到右边（左边）碰到右边（左边）的行程开关后小车自动做返回运动，当碰到另一边的行程开关后又做返回运动。如此地往返运动，直到当按下停车按钮后小车停止运动。

设计思路：可以按照电气接线图中的思路来进行编写程序，即可以利用下一个状态来封闭前一个状态，使其两个线圈不会同时动作，同时将行程开关作为一个状态的转换条件。电气接线图如图 2-55 所示。

然后进行程序的编写。首先要进行 I/O 资源分配（见表 2-11）。

表 2-11　　　　　　　　　　　　　　　　　　I/O 资源分配

I/O	地址	功　能　说　明
I 区输入信号	I0.0	右行启动按钮
	I0.1	左行启动按钮
	I0.2	停车按钮

续表

I/O	地址	功 能 说 明
I区输入信号	I0.3	右边行程开关即右限位
	I0.4	左边行程开关即左限位
Q区输出信号	Q0.0	小车右行
	Q0.1	小车左行

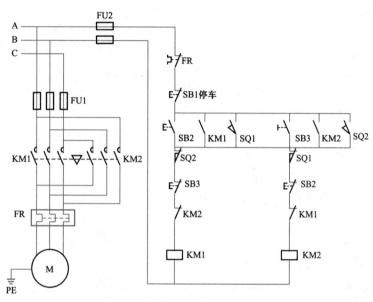

图 2-55　小车往返自动控制接线图

I/O 口分配好后可以根据图 2-55 所示接线图进行程序的编写，参考程序见图 2-56。

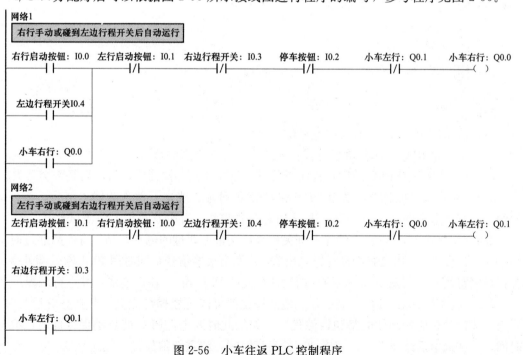

图 2-56　小车往返 PLC 控制程序

思考与练习

2.1 选择题

(1) S7-224 PLC 的本机输入点数有（　　）个，输出点数有（　　）个。

    A. 10，14　　　　　　　B. 14，10　　　　　　　C. 8，16　　　　　　　D. 16，8

(2) I0.0 外接一个按钮的动断触点，当按钮按下时，则程序中 I0.0 的动合触点为
（　　），动断触点为（　　）。

    A. ON，OFF　　　　　　　　　　　　　B. OFF，ON

    C. 不确定　　　　　　　　　　　　　　D. 由按钮按下的时间决定

(3) VD200 的值是 16#55AA44BB，则 VB203 的值是（　　）。

    A. 16#55　　　　　　　B. 16#AA　　　　　　　C. 16#44　　　　　　　D. 16#BB

(4) SM0.1 的值是（　　）。

    A. 程序首次运行为 ON　　　　　　　　B. 程序首次运行为 OFF

    C. 总为 ON　　　　　　　　　　　　　D. 总为 OFF

    E. 周期为 1s 的脉冲信号

(5) PLC 的用户程序存放在（　　）中。

    A. RAM　　　　　　　　　　　　　　　B. EEPROM

    C. ROM　　　　　　　　　　　　　　　D. 变量存储区 V 中

(6) 下列哪种方式属于双字寻址（　　）。

    A. QW1　　　　　　　　B. V10　　　　　　　C. IB0　　　　　　　D. MD28

(7) 只能使用字寻址方式来存取信息的寄存器是（　　）。

    A. S　　　　　　　　　　B. I　　　　　　　　C. HC　　　　　　　D. AI

(8) SM 是（　　）的标识符。

    A. 高速计数器　　　　　　　　　　　　B. 累加器

    C. 内部辅助寄存器　　　　　　　　　　D. 特殊辅助寄存器

(9) CPU224 型 PLC 有（　　）个通信口。

    A. 2个　　　　　　　　B. 1个　　　　　　　C. 3个　　　　　　　D. 4个

2.2 简答题

(1) S7-22X 系列 PLC 有哪些型号的 CPU？

(2) S7-200 PLC 有哪些输出方式？各适应于什么类型的负载？

(3) S7-22X 系列 PLC 的用户程序下载后存放在什么存储器中，掉电后是否会丢失？

2.3 在自动门控制中，采用 NPN 和 PNP 两种输入光电开关作为输入信号，请根据下面的光电开关原理图（见图 2-57）进行 PLC 硬件接线，并分别进行 I/O 测试。

2.4 用接在 I0.0 输入端的光电开关检测传送带上通过的电子产品，有产品通过时 I0.0 为 ON，如果在 10s 内没有产品通过，由 Q0.0 发出报警信号，同时用 I0.1 输入端外接的开关接触报警信号（如图 2-58 所示）。请设计相关的 PLC 输入/输出连线，并进行编程。

2.5 在某楼梯灯 PLC 控制中，三地的按钮都可以将楼梯灯点亮，并在亮灯后延时 30s 后灭，请设计相应的硬件电路和软件程序。如果此时断电，PLC 能自动保存此时已亮灯的时间，并在通电后继续下去，完成 30s 的亮灯时间，请重新编程。

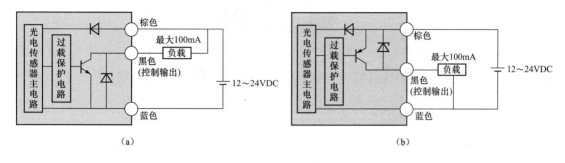

图 2-57　自动门控制所用的两种光电开关

（a）NPN 型光电开关；（b）PNP 型光电开关

2.6　使用置位、复位指令，编写两套双电动机组的控制程序，两套程序控制要求如下：

（1）启动时，电动机 M1 先启动，才能启动电动机 M2；停止时，电动机 M1、M2 同时停止。

（2）启动时，电动机 M1、M2 同时启动；停止时，只有在电动机 M2 停止时，电动机 M1 才能停止。

2.7　图 2-59 所示是用继电器—接触器设计 3 台交流电动机相隔 3s 顺序启动同时停止的控制电路。请用 PLC 电路改造该电气控制柜（见图 2-60），以取消 KT1 和 KT2 定时器。设计相应的 PLC 硬件电路，并进行软件编程。

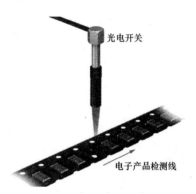

图 2-58　电子产品检测

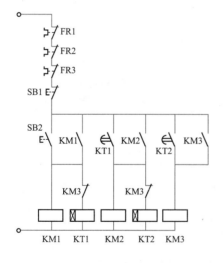

图 2-59　交流电动机继电器—
接触器控制电路

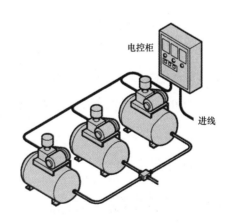

图 2-60　电控柜控制示意

第 3 章

S7-200 PLC 仿真与数据指令编程

西门子 S7-200 PLC 在编程后可以进行在线仿真，在实验条件尚不具备的情况下，完全可以作为学习 PLC 的一个辅助工具。该仿真程序提供了数字信号输入开关、两个模拟电位器和 LED 输出显示。本章介绍了仿真软件的基本界面、仿真步骤，以自动开关门控制为例进行了详细阐述。除此之外，扩展模块（包括数字量和模拟量模块等）也可以借助仿真软件来实现程序的模拟调试。S7-200 PLC 具有丰富的数据指令，可以进行复杂的数学运算和逻辑运算。

学 习 目 标

 知识目标

熟悉数字量扩展模块的特点；掌握模拟量扩展模块的寻址方式；掌握数据传送、字节交换、字节立即读写、移位、转换指令的应用；掌握算术运算、逻辑运算、递增/递减指令的应用。

 能力目标

能对 S7-200 PLC 仿真软件进行简单模拟；能用仿真软件实现数字量扩展模块的模拟；能用仿真软件实现模拟量扩展模块的寻址；能用数据指令进行编程。

 职业素养目标

养成自动化从业人员必须具备的虚拟化、仿真化的编程和调试方法。

3.1　S7-200 PLC 仿真软件的使用

3.1.1　PLC 仿真软件使用介绍

这里介绍的是 Juan Luis Villanueva 设计的 S7-200 PLC 仿真软件（V2.0），原版为西班牙语，目前已经进行了汉化（可以通过网络搜索后进行下载）。

该仿真软件可以仿真大量的 S7-200 PLC 指令，支持常用的位触点指令、定时器指令、计数器指令、比较指令、逻辑运算指令和大部分的数学运算指令等，但部分指令如顺序控制指令、循环指令、高速计数器指令和通信指令等尚无法支持。

仿真软件提供了数字信号输入开关、两个模拟电位器和 LED 输出显示，同时还支持对

TD 200 文本显示器的仿真。在实验条件尚不具备的情况下，仿真软件完全可以作为学习 S7-200 PLC 的一个辅助工具。

仿真软件界面如图 3-1 所示。与所有基于 Windows 的软件一样，仿真软件最上方是菜单，仿真软件的所有功能都有对应的菜单命令；在工件栏中列出了部分常用的命令，如 PLC 程序加载，启动程序，停止程序、AWL、KOP、DB1 和状态观察窗口等。

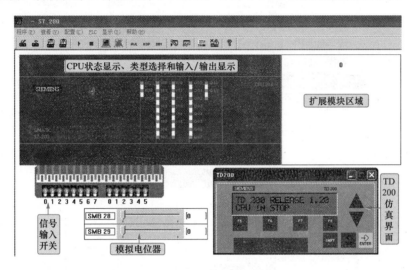

图 3-1 仿真软件界面

（1）输入位状态显示：对应的输入端子为 1 时，相应的 LED 变为绿色。

（2）输出位状态显示：对应的输出端子为 1 时，相应的 LED 变为绿色。

（3）CPU 类型选择：点击该区域可以选择仿真所用的 CPU 类型。

（4）模块扩展区：在空白区域点击，可以加载数字和模拟 I/O 模块。

（5）信号输入开关：用于提供仿真需要的外部数字量输入信号。

（6）模拟电位器：用于提供 0～255 连续变化的数字信号。

（7）TD 200 仿真界面：仿真 TD 200 文本显示器（该版本 TD 200 只具有文本显示功能，不支持数据编辑功能）。

3.1.2 菜单命令介绍

常用菜单命令为程序（P）、查看（V）、配置（C）、PLC、显示（D）、帮助（H）。

1. 程序

图 3-2 所示为所有程序菜单命令，包括删除程序、装载程序、粘贴程序块、粘贴数据块、保存配置、装载配置等。

需要注意的是，加载仿真程序是，仿真程序梯形图必须为 awl 文件（该文件为 STEP 7-Micro/WIN 环境中进行转换），数据块必须为 dbl 或 txt 文件。

2. 查看

图 3-3 所示为所有查看菜单命令，包括程序块代码 OB1、程序块图形 OB1、数据块 DB1、内存监视、TD 200 显示器等。

该命令对于不是以 I/O 开关量表示的状态非常有用，可以查看

图 3-2 程序菜单命令

59

几乎所有的变量，如 V 变量、C 变量、T 变量等。

3. 配置

图 3-4 所示为所有配置菜单命令，包括 CPU 型号、CPU 信息、当前时间、仿真速度等。图 3-5 所示为旧的 CPU 类型为 CPU 214，可以通过设置 CPU 类型来改变为新的 CPU 224 等，图 3-6 所示为更改 CPU 型号后的 PLC 外观。

图 3-3　查看菜单命令　　　　　　图 3-4　配置菜单命令

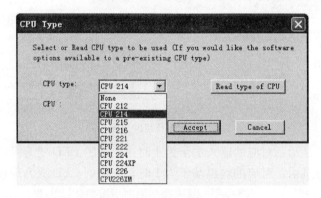

图 3-5　选择新的 CPU 类型

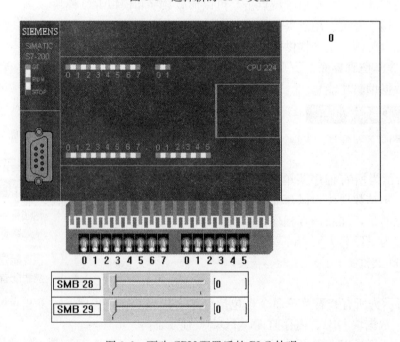

图 3-6　更改 CPU 配置后的 PLC 外观

4. PLC

图 3-7 所示为 PLC 菜单命令，包括运行、停止、单步、取消强制、输出 I/O，交换 I/O 等。

图 3-7　PLC 菜单命令

3.1.3　技能训练【JN3-1】：一个定时器的简单仿真

这里以"定时器的应用程序"为例进行仿真步骤说明。

1. 准备工作

由于 S7-200 PLC 的仿真软件不提供源程序的编辑功能，因此必须和 STEP 7-Micro/Win 程序编辑软件配合使用，即在 STEP 7 Micro/Win 中编辑好源程序后，然后加载到仿真程序中执行。

在 STEP 7 Micro/Win 中编辑好梯形图（见图 3-8），利用"文件｜导出"命令将梯形图程序导出为扩展名为 awl 的文件（见图 3-9）。如果程序中需要数据块，需要将数据块导出为 txt 文件。

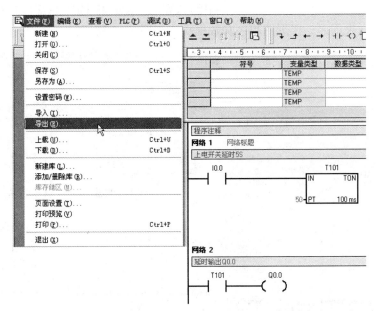

图 3-8　梯形图编程与选择"文件｜导出"命令

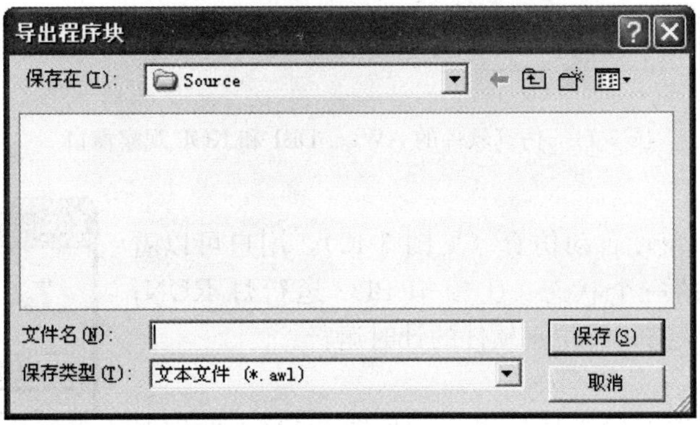

图 3-9　导出程序块

2. 程序仿真

打开仿真软件，利用"配置｜CPU 型号"选择合适的 CPU 类型。需要注意的是：仿真

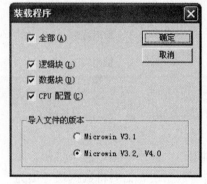

软件不同类型的 CPU 支持的指令略有不同，某些 CPU 214 不支持的仿真指令 CPU 226 可能支持。

3. 程序加载

选择仿真程序的"程序｜装载程序"命令，打开加载梯形图程序窗口如图 3-10 所示，可选择逻辑块、数据块、CPU 配置等，以及导入文件的版本是"Microwin V3.1"还是"Microwin V3.2，V4.0"。

点击"确定"按钮，从文件列表框分别选择 awl 文件和文本文件（数据块默认的文件格式为 dbl 文件，可在文件类型选择框中选择 txt 文件）。加载成功后，在仿真软件中的 AWL、KOP 和 DB1 观察窗口中就可以分别

图 3-10　装载程序

观察到加载的语句表程序、梯形图程序和数据块，如图 3-11 所示。

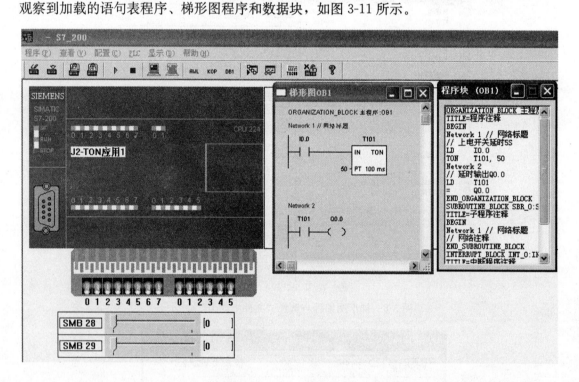

图 3-11　仿真软件的 AWL、DB1 和 KOP 观察窗口

4. 状态显示

点击工具栏 ▷ 按钮，启动仿真（见图 3-12），用户可以看到图 3-13 中所显示的三个状态：①模拟 PLC 运行灯 RUN；②仿真软件的 RUN 状态；③仿真软件的计时运行。

5. 输入操作

仿真启动后，可以对输入进行操作（见图 3-14），在定时时间到后发现输出灯亮。如果要观察定时器的实时数据，可以

图 3-12　启动 RUN

利用工具栏中的 按钮，启动状态观察窗口（见图 3-15）。

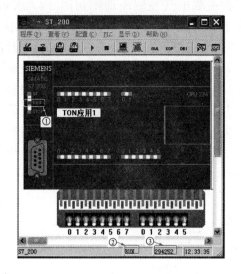

图 3-13　RUN 的三个状态

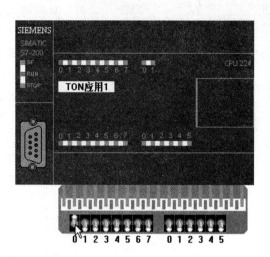

图 3-14　对输入进行操作

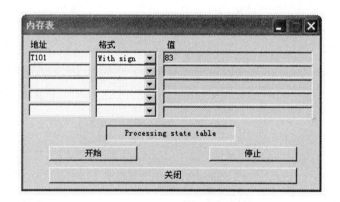

图 3-15　状态观察窗口

6. 监控 PLC 内部元件

图 3-15 中，在"地址"对应的对话框中，可以添加需要观察的编程元件的地址，在"格式"对应的对话框中选择数据显示模式。点击窗口中的"开始"按钮后，在"值"对应的对话框中可以观察按照指定格式显示的指定编程元件当前数值。在程序执行过程中，如果编程元件的数据发生变化，"值"中的数值将随之改变。利用状态观察窗口可以非常方便地监控程序的执行情况。

3.2　自动开关门控制 LAD 设计与仿真

3.2.1　自动开关门控制概述

在超级市场、银行、酒店、医院等公共建筑入口，经常会使用自动门控制系统。图 3-16

为某酒店前台自动门。

自动门的主要电气控制原理图如图 3-17 所示。其硬件组成主要包括门内光电探测开关 K1（图中未画出）、门外光电探测开关 K2（图中未画出）、开门到位限位开关 SQ1（图中未画出）、关门到限位开关 SQ2（图中未画出）、开门执行机构 KM1（使电动机正转）、关门执行机构 KM2（使电动机反转）等部件组成。在实际中，自动门电动机实现开关门的时候，考虑到电动机的惯性，通常当微动开关动作（关门到位或开门到位）时采用电磁抱闸来实行电动机的快速停止，以防止撞门现象出现。

图 3-16　酒店前台自动门

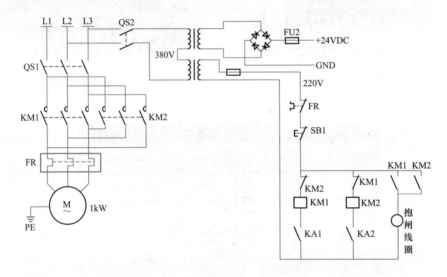

图 3-17　自动门电气原理图

以下是该酒店对自动门提出的控制要求：

（1）当有人由内到外或由外到内通过光电检测开关 K1 或 K2 时，开门执行机构 KM1 动作，电动机正转，到达开门限位开关 SQ1 位置时，电动机停止运行。

（2）自动门在开门位置停留 8s 后，自动进入关门过程，关门执行机构 KM2 被启动，电动机反转，当门移动到关门限位开关 SQ2 位置时，电动机停止运行。

（3）在关门过程中，当有人员由外到内或由内到外通过光电检测开关 K2 或 K1 时，应立即停止关门，并自动进入开门程序。

（4）在门打开后的 8s 等待时间内，若有人员由外至内或由内至外通过光电检测开关 K2 或 K1 时，必须重新开始等待 8s 后，再自动进入关门过程，以保证人员安全通过。

请设计合理的 PLC 电气控制系统方案。

3.2.2　自动门控制的硬件设计

对于自动门控制来讲，其硬件设计相对简单，如图 3-18 所示。需要注意的是，在 PLC 电路控制中，输入和输出基本是分离的，而且由于本线路输入是 24VDC 信号，而输出是

220VAC 信号，因此不能有任何短路现象发生。

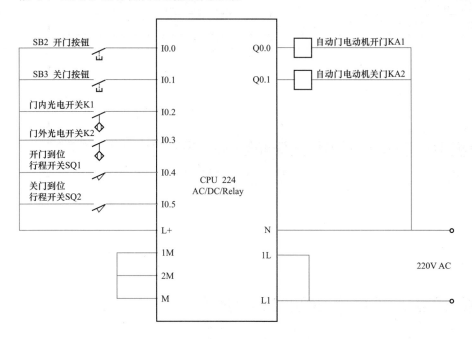

图 3-18 自动门控制的硬件设计

根据图 3-18 所示可以列出自动门控制的 I/O 分配表（见表 3-1）。

表 3-1　　　　　　　　　　　自动门控制的 I/O 分配

输入	名　　称	输出	名　　称
I0.0	开门按钮 SB2	Q0.0	自动门电动机开门 KA1
I0.1	关门按钮 SB3	Q0.1	自动门电动机关门 KA2
I0.2	门内光电开关 K1		
I0.3	门外光电开关 K2		
I0.4	开门到位行程开关 SQ1		
I0.5	关门到位行程开关 SQ2		

3.2.3　自动门控制的软件设计

自动门的软件设计，主要根据 SA1 选择开关来进行，分为手动和自动，具体如图 3-19 所示，其中定时器的时间可以根据实际要求进行调整。

3.2.4　自动门控制的软件仿真

将自动门开关控制的主程序导出 awl 文件后，进行仿真软件加载，并进行测试。图 3-20 所示为测试的界面，该状态为"自动情况下，门在关闭时，当门内光电开关动作时，自动门执行开门动作"。此时需要将 I0.2 和 I0.5 的开关均打到 ON 状态。其余状态测试可以类比进行，不再赘述。

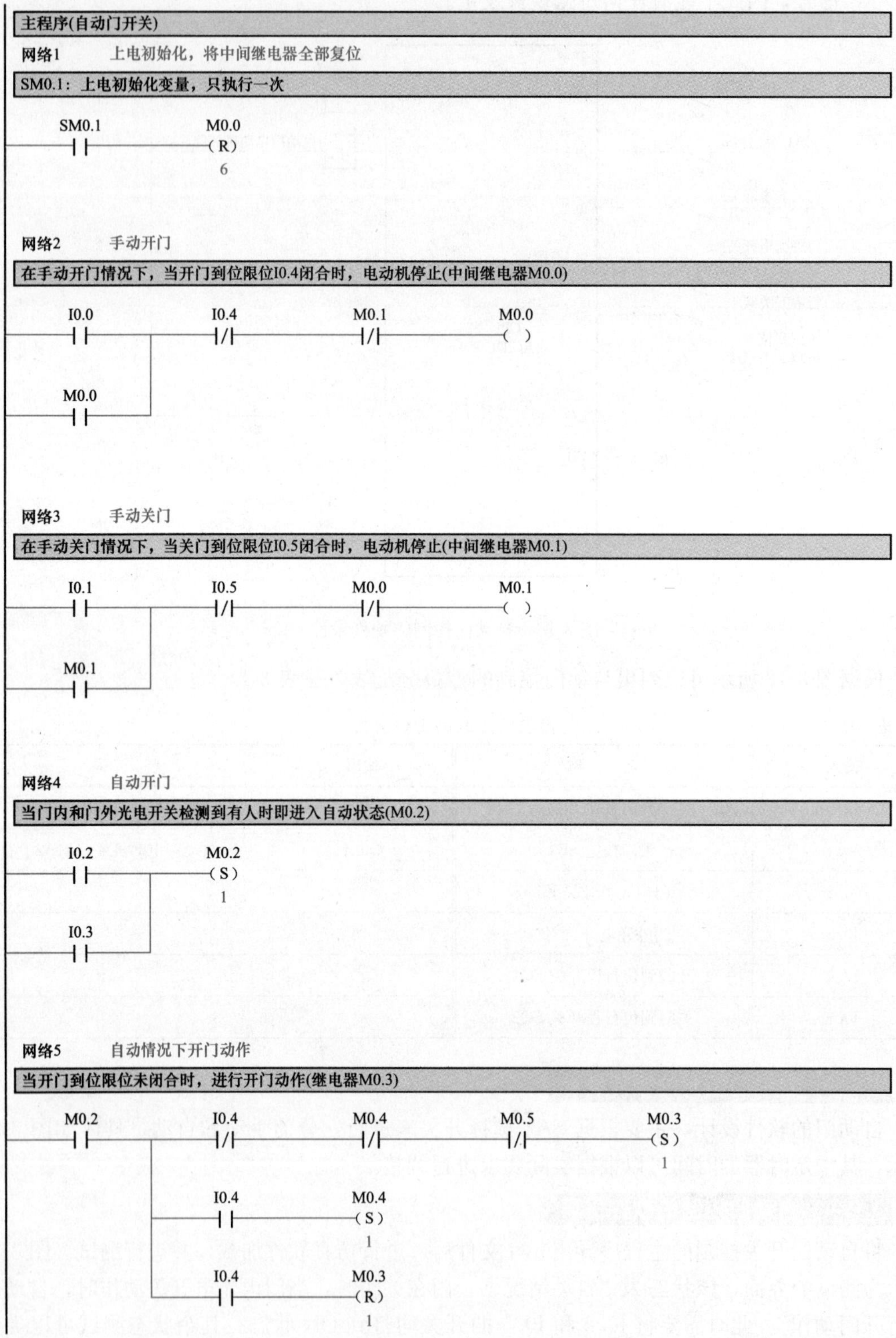

主程序(自动门开关)

网络1　　　上电初始化，将中间继电器全部复位

SM0.1: 上电初始化变量，只执行一次

```
   SM0.1              M0.0
────┤ ├──────────────( R )
                        6
```

网络2　　　手动开门

在手动开门情况下，当开门到位限位I0.4闭合时，电动机停止(中间继电器M0.0)

```
   I0.0        I0.4        M0.1        M0.0
────┤ ├───┬────┤/├─────────┤/├────────( )
          │
   M0.0   │
────┤ ├───┘
```

网络3　　　手动关门

在手动关门情况下，当关门到位限位I0.5闭合时，电动机停止(中间继电器M0.1)

```
   I0.1        I0.5        M0.0        M0.1
────┤ ├───┬────┤/├─────────┤/├────────( )
          │
   M0.1   │
────┤ ├───┘
```

网络4　　　自动开门

当门内和门外光电开关检测到有人时即进入自动状态(M0.2)

```
   I0.2        M0.2
────┤ ├───┬────( S )
          │       1
   I0.3   │
────┤ ├───┘
```

网络5　　　自动情况下开门动作

当开门到位限位未闭合时，进行开门动作(继电器M0.3)

```
   M0.2        I0.4        M0.4        M0.5        M0.3
────┤ ├───┬────┤/├─────────┤/├─────────┤/├────────( S )
          │                                           1
          │    I0.4        M0.4
          ├────┤ ├─────────( S )
          │                   1
          │    I0.4        M0.3
          └────┤ ├─────────( R )
                              1
```

图 3-19　自动门开关控制主程序（一）

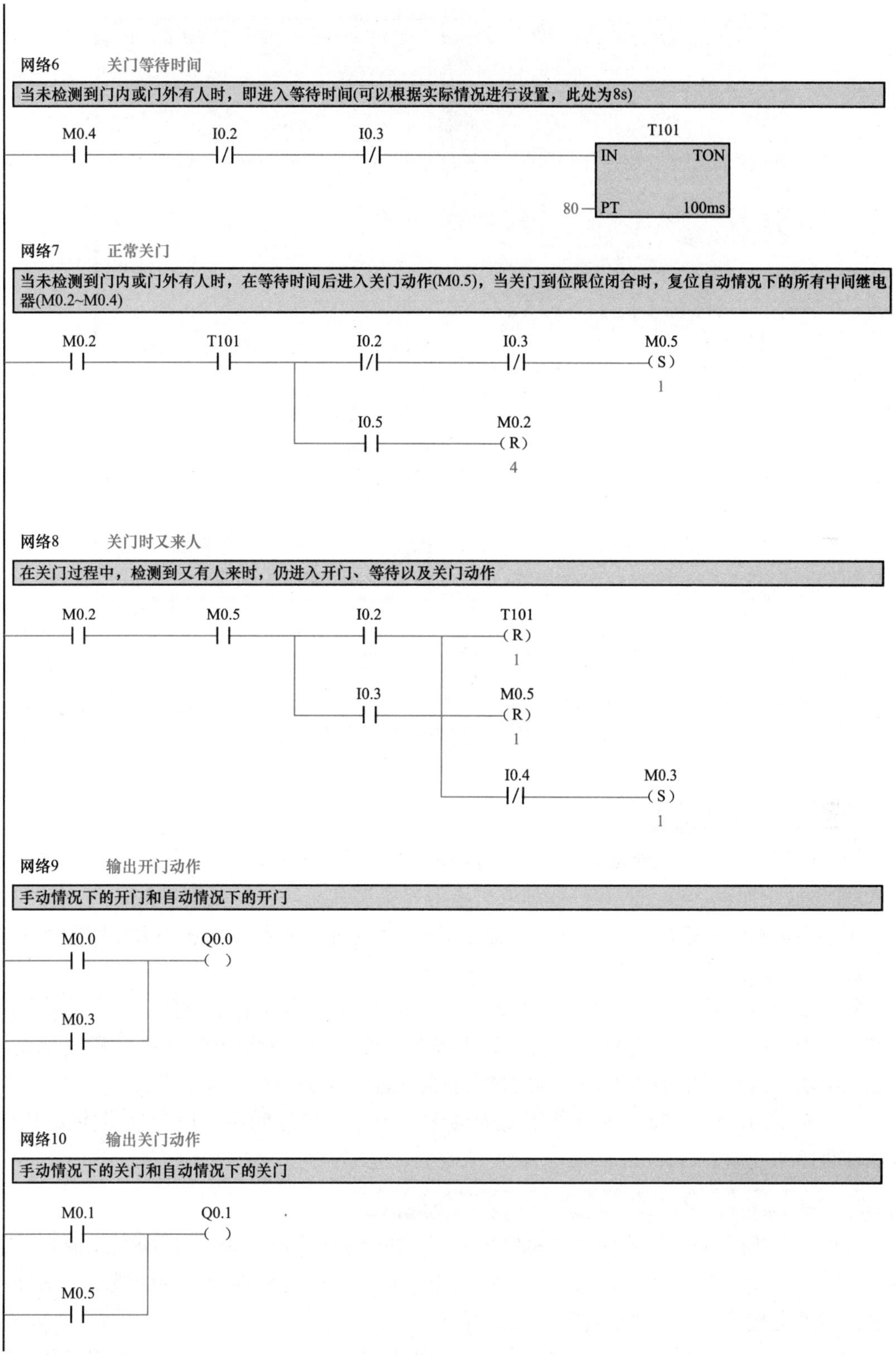

网络6　　关门等待时间

当未检测到门内或门外有人时，即进入等待时间(可以根据实际情况进行设置，此处为8s)

```
   M0.4          I0.2          I0.3                      T101
───┤├──────────┤/├──────────┤/├────────────────────┌──────────┐
                                                    │ IN    TON│
                                                    │          │
                                               80 ──┤ PT  100ms│
                                                    └──────────┘
```

网络7　　正常关门

当未检测到门内或门外有人时，在等待时间后进入关门动作(M0.5)，当关门到位限位闭合时，复位自动情况下的所有中间继电器(M0.2~M0.4)

```
   M0.2          T101          I0.2          I0.3          M0.5
───┤├──────────┤├───────┬────┤/├──────────┤/├──────────( S )
                        │                                  1
                        │  I0.5          M0.2
                        └──┤├──────────( R )
                                          4
```

网络8　　关门时又来人

在关门过程中，检测到又有人来时，仍进入开门、等待以及关门动作

```
   M0.2          M0.5          I0.2          T101
───┤├──────────┤├───────┬────┤├───────┬──( R )
                        │              │    1
                        │  I0.3        │  M0.5
                        ├──┤├──────────┼──( R )
                        │              │    1
                        │  I0.4        │  M0.3
                        └──┤/├─────────┴──( S )
                                            1
```

网络9　　输出开门动作

手动情况下的开门和自动情况下的开门

```
   M0.0          Q0.0
───┤├───────┬──(   )
            │
   M0.3     │
───┤├───────┘
```

网络10　　输出关门动作

手动情况下的关门和自动情况下的关门

```
   M0.1          Q0.1
───┤├───────┬──(   )
            │
   M0.5     │
───┤├───────┘
```

图 3-19　自动门开关控制主程序（二）

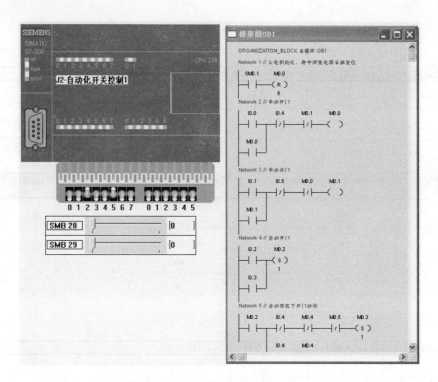

图 3-20　自动门开关控制仿真

3.3　扩展模块寻址与仿真

3.3.1　扩展模块的寻址

用户可以将扩展模块连接到 CPU 的右侧来增加 I/O 点，形成 I/O 链。对于同种类型的输入/输出模块而言，模块的 I/O 地址取决于 I/O 类型和模块在 I/O 链中的位置。例如，输出模块不会影响输入模块上的点地址，反之亦然。类似地，模拟量模块不会影响数字量模块的寻址，反之亦然。

数字量模块总是保留以 8 位（1 个字节）增加的过程映像寄存器空间。如果模块没有给保留字节中每一位提供相应的物理点，则那些未用位不能分配给 I/O 链中的后续模块。对于输入模块，这些保留字节中未使用的位会在每个输入刷新周期中被清零。

图 3-21 所示为一个特定的硬件配置中的 I/O 地址。地址间隙（用灰色斜体文字表示）无法在程序中使用。

3.3.2　利用仿真软件进行扩展模块的增加与删除

在图 3-22 所示的仿真软件中"模块扩展区"的空白处点击，弹出模块组态窗口，如图 3-23 所示。在图 3-23 扩展模块选项窗口中列出了可以在仿真软件中扩展的模块。选择需要扩展的模块类型后，点击"确定"按钮即可。

例如，选择 EM223（4I/4Q），选中后，即可看到图 3-24 所示的画面。显然，仿真软件已经自动将地址 IB2/QB2 显示出来。

需要注意的是，不同类型 CPU 可扩展的模块数量是不同的，每一处空白只能添加一种模块。

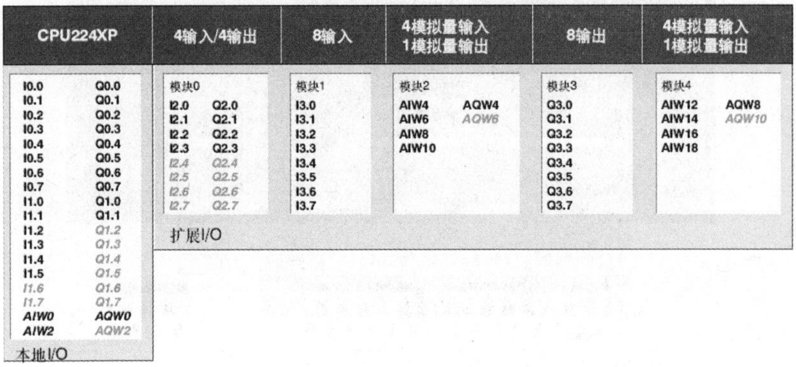

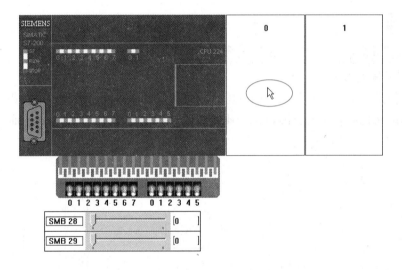

图 3-21　CPU 224XP 的本地和扩展 I/O 地址举例

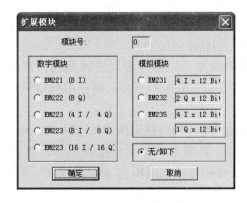

图 3-22　仿真软件的扩展模块区

图 3-23　扩展模块选项

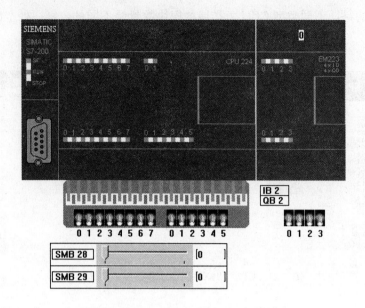

图 3-24　添加 EM223 模块

3.3.3　模拟量输入和输出扩展模块

1. 模拟量输入概述

模拟量值是一个连续变化值，如电压、电流、温度、速度、压力、流量等。例如，压力是随着时间的变化而变化的。因为这个压力值不是直接作为 PLC 的输入，而是必须通过变换器将同压力值相对应的电压值（0～10V）或电流值（4～20mA）输入到 PLC 中，如图 3-25所示。

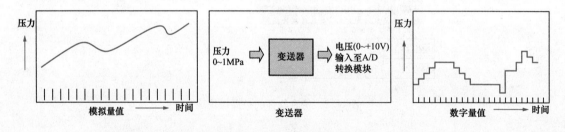

图 3-25　模拟量与数字量

PLC 的模拟量输入信号包括 0～10VDC、0～20mA 或者 4～20mA 三种。对于不同的输入，尤其是电流输入和电压输入，都应该设置硬跳线（拨码开关）或者软跳线（参数设定）。PLC 的模拟量输入模块负责 A/D 转换，将模拟量信号转换为 PLC 可以认识的数字量信号。

图 3-26 所示为模拟量输入电压的转换实例。每一种 PLC 输入 10V 都会对应一个最大数值，这里以最大值 4000 为例，即输入 10V 对应数值 4000，则其输入特性的曲线为 $y=400x$（y 代表数字输出值，x 代表模拟量输入电压）。输入 2.5mV 等同数字值 1，小于 2.5mV 的值不能转换。

用软件实现的工程化反变换，如图 3-27 所示。

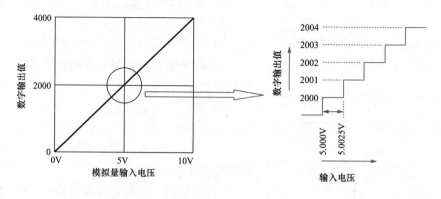

图 3-26 模拟量输入电压的转换实例

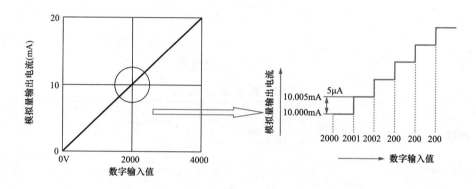

图 3-27 工程化反变换

2. 模拟量与数字量的关系

模拟量其实也是数字量，因为在 PLC 或是计算机里面只有 0 和 1，所以模拟量也就是由 1 和 0 组合起来的。其中有个分辨率的概念。

12 位的分辨率就是表示 2^{12}，$2^{12}=4096$。这个满量程能分成 4096 等份，为了计算方便取 4000，意思是 PLC 的输出可以把它分成 4000 等份。PLC 的输出量是 0～10V，那么 1 等份等于 2.5mV，所以理论上它的模拟量输出值只能是 0mV，2.5mV，5mV，7.5mV……依次递增，而不可能出现 3mV、4mV。

3. EM231 模拟量输入模块

图 3-28 为 EM231 模拟量输入接线示意图。

（1）输入校准。

校准调节影响模拟量多路转换器运算的放大器，因此校准影响到所有的同一个模块的输入通道。即使在校准以后，如果模拟量多路转换器之前的输入电路的部件值发生变化，那么从不同通道读入同一个输入信号，其信号值也会有微小的不同。

为了达到产品的标准技术参数，应启动用于模块所有输入的模拟输入滤波器，计算平均值时选择 64 次或更多的采样次数。

校准输入时，其步骤如下：

1）切断模块电源，选择需要的输入范围。

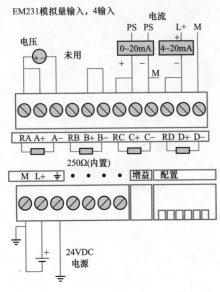

图 3-28　EM231 模拟量输入接线示意图

2）接通 CPU 和模块电源，使模块稳定 15min。

3）用一个传感器。

4）在 CPU 的程序中读出测量值。

5）调节偏置电位器，直到读数为零，或所需要的数字数据值。

6）将一个满刻度值信号 10VDC 或 10mA 信号接到输入端子中的一个，读出 CPU 中的数值。

7）调节增益电位器，直到读数为 32000，或所需要的数字数据值。

8）必要时，重复偏置和增益校正过程。

注意：EM231 模块只有增益电位器，因此可以略去偏置调节部分。

（2）配置组态。

EM231 模块的输入需要通过配置开关进行单极性或双极性组态，见表 3-2。

表 3-2　　　　　　　　　　　　　EM231 模块组态配置

单　极　性			满量程输入	分辨率
SW1	SW2	SW3		
ON	OFF	ON	0～10V	2.5mV
	ON	OFF	0～5V	1.25mV
			0～20mA	5 μA
双　极　性			满量程输入	分辨率
SW1	SW2	SW3		
OFF	OFF	ON	±5V	2.5mV
	ON	OFF	±2.5V	1.25mV

（3）输入数据字格式。

模拟量到数字量的转换器称为 ADC。其输入为 12 位数据值，数据格式是左端对齐的（见图 3-29）。最高有效位是符号位，0 表示是正值数据字。对于单极性格式，每变化一个单位则数据字的变化是以 8 为单位变化的。对于双极性格式，数据字的变化是以 16 为单位变化的。

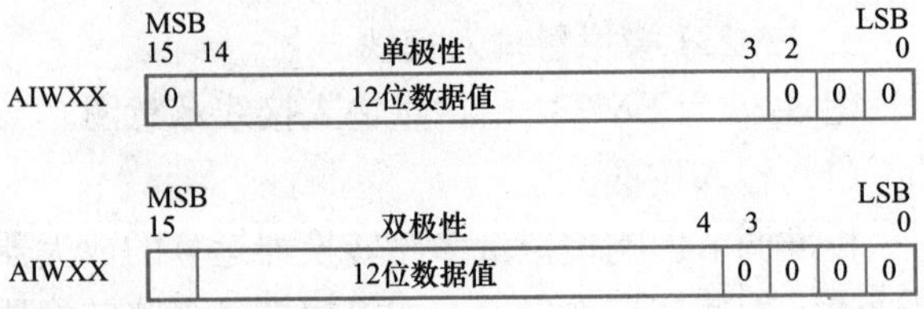

4．EM232 模拟量输出模块

S7-200 PLC 的模拟量输出模块 EM232 接线示意如图 3-30 所示。

数字量到模拟量的转换器称为 DAC，分电流和电压两种输出格式，电流为 11 位读数，电压为 12 位读数，如图 3-31 所示。

图 3-29　模拟量输入格式

3.3.4　西门子模拟量输入/输出模块的仿真

如图 3-32 所示，在扩展模块区域点击即可选择要添加的模拟量输入模块，即 EM231、

EM232 和 EM235。这里以 EM231 为例进行添加，添加后的结果如图 3-33 所示。

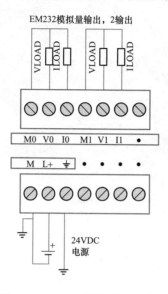

图 3-30　EM232 输出接线示意图

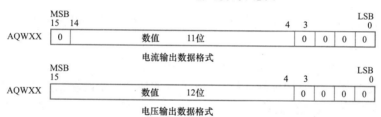

图 3-31　数字量到模拟量的转换格式

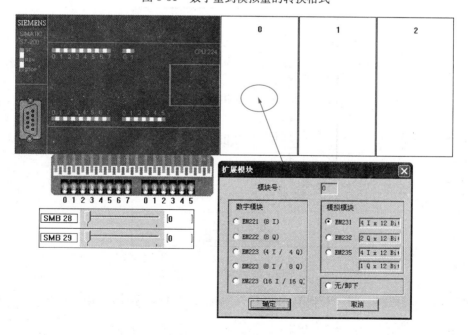

图 3-32　增加扩展模块 EM231

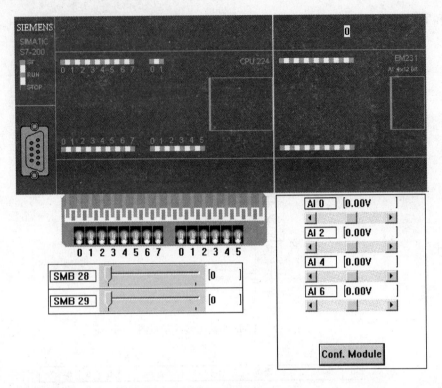

图 3-33　添加 EM231 后的 S7-200 PLC

在图 3-34 中，用户可以用鼠标选择 AI0～AI6 的任意一个滑块，即可获得不同的电压输入值。需要注意的是，在内存监视中，输入 10V 对应的值是 32760，这与 S7-200 PLC 手册中的值 32000 略有不同（见图 3-35），请读者注意。

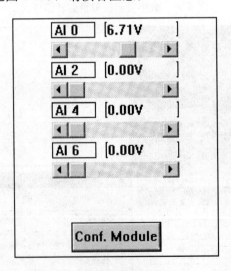

图 3-34　输入不同的模拟量值

点击 Conf. Module 按键，即可看到图 3-36 所示的配置 EM231 界面，用户可以选择不同的模拟量输入方式，即 0～5V、0～20mA、0～10V。

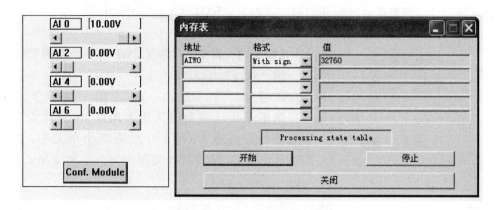

图 3-35　10V 的内存监视值

图 3-36　配置 EM231

3.4　数据指令及编程

3.4.1　数据传送指令

1. 字节、字、双字、实数单个数据传送指令 MOV

数据传送指令 MOV，用来传送单个的字节、字、双字、实数。指令格式及功能见表 3-3。

表 3-3　　　　　　　　　　　　单个数据传送指令 MOV 指令格式

LAD	MOV_B EN　　ENO ????—IN　OUT—????	MOV_W EN　　ENO ????—IN　OUT—????	MOV_DW EN　　ENO ????—IN　OUT—????	MOV_R EN　　ENO ????—IN　OUT—????
操作数 及数据 类型	IN：VB，IB，QB，MB，SB，SMB，LB，AC，常量 OUT：VB，IB，QB，MB，SB，SMB，LB，AC	IN：VW，IW，QW，MW，SW，SMW，LW，T，C，AIW，常量，AC OUT：VW，T，C，IW，QW，SW，MW，SMW，LW，AC，AQW	IN：VD，ID，QD，MD，SD，SMD，LD，HC，AC，常量 OUT：VD，ID，QD，MD，SD，SMD，LD，AC	IN：VD，ID，QD，MD，SD，SMD，LD，AC，常量 OUT：VD，ID，QD，MD，SD，SMD，LD，AC
	字节	字、整数	双字、双整数	实数
功能	使能输入有效时，即 EN＝1 时，将一个输入 IN 的字节、字/整数、双字/双整数或实数送到 OUT 指定的存储器输出。在传送过程中不改变数据的大小。传送后，输入存储器 IN 中的内容不变			

使 ENO＝0，即使能输出断开的错误条件是：SM4.3（运行时间），0006（间接寻址错误）。下文中如果未特别指明，均为此条件。

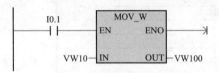

图 3-37 ［例 3-1］题图

【例 3-1】 将变量存储器 VW10 中内容送到 VW100 中。

解 程序如图 3-37 所示。

2. 字节、字、双字、实数数据块传送指令 BLKMOV

数据块传送指令将从输入地址 IN 开始的 N 个数据传送到输出地址 OUT 开始的 N 个单元中，N 的范围为 1～255，N 的数据类型为字节。指令格式及功能见表 3-4。

表 3-4　　　　　　　　　　　数据传送指令 BLKMOV 指令格式

LAD	BLKMOV_B![LAD]	BLKMOV_W![LAD]	BLKMOV_D![LAD]
操作数及数据类型	IN：VB, IB, QB, MB, SB, SMB, LB OUT：VB, IB, QB, MB, SB, SMB, LB 数据类型：字节	IN：VW, IW, QW, MW, SW, SMW, LW, T, C, AIW OUT：VW, IW, QW, MW, SW, SMW, LW, T, C, AQW 数据类型：字	IN/OUT：VD, ID, QD, MD, SD, SMD, LD 数据类型：双字
	N：VB, IB, QB, MB, SB, SMB, LB, AC, 常量；数据类型：字节；数据范围：1～255		
功能	使能输入有效，即 EN＝1 时，将从输入 IN 开始的 N 个字节（字、双字）传送到以输出 OUT 开始的 N 个字节（字、双字）中		

使 ENO＝0 的错误条件：0006（间接寻址错误），0091（操作数超出范围）。

【例 3-2】 程序举例：将变量存储器 VB20 开始的 4 个字节（VB20～VB23）中的数据，移至 VB100 开始的 4 个字节中（VB100～VB103）。

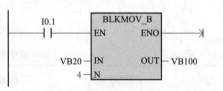

图 3-38 ［例 3-2］题图

解 程序如图 3-38 所示。

程序执行后，将 VB20～VB23 中的数据 30、31、32、33 送到 VB100～VB103。

执行结果如下：　数组 1 数据　　30　　　31　　　32　　　33

　　　　　　　　数据地址　　VB20　VB21　VB22　VB23

块移动执行后：数组 2 数据　　30　　　31　　　32　　　33

　　　　　　　　数据地址　　VB100　VB101　VB102　VB103

3.4.2　字节交换、字节立即读写指令

1. 字节交换指令

字节交换指令用来交换输入字 IN 的最高位字节和最低位字节。指令格式见表 3-5。

表 3-5　　　　　　　　　　　　字节交换指令使用格式及功能

LAD	功能及说明
SWAP EN　ENO ????—IN	功能：使能输入 EN 有效时，将输入字 IN 的高字节与低字节交换，结果仍放在 IN 中 IN：VW, IW, QW, MW, SW, SMW, T, C, LW, AC。数据类型：字

【例 3-3】　字节交换指令应用举例。

解　程序如图 3-39 所示。

程序执行结果：

指令执行之前 VW50 中的字为：D6 C3

指令执行之后 VW50 中的字为：C3 D6

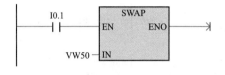

图 3-39　［例 3-3］题图

2. 字节立即读写指令

字节立即读指令（MOV_BIR）读取实际输入端 IN 给出的 1 个字节的数值，并将结果写入 OUT 所指定的存储单元，但输入映像寄存器未更新。

字节立即写指令从输入 IN 所指定的存储单元中读取 1 个字节的数值并写入（以字节为单位）实际输出 OUT 端的物理输出点，同时刷新对应的输出映像寄存器。指令格式及功能见表 3-6。

表 3-6　　　　　　　　　　　　字节立即读写指令格式

LAD	功能及说明
MOV_BIR EN　ENO ????—IN　OUT—????	功能：字节立即读 IN：IB OUT：VB, IB, QB, MB, SB, SMB, LB, AC 数据类型：字节
MOV_BIW EN　ENO ????—IN　OUT—????	功能：字节立即写 IN：VB, IB, QB, MB, SB, SMB, LB, AC, 常量 OUT：QB 数据类型：字节

3.4.3　移位指令

移位指令分为左、右移位，循环左、右移位及移位寄存器指令三大类。前两类移位指令按移位数据的长度又分字节型、字型、双字型三种。

1. 左、右移位指令

左、右移位数据存储单元与 SM1.1（溢出）端相连，移出位被放到特殊标志存储器 SM1.1 位。移位数据存储单元的另一端补 0。移位指令格式见表 3-7。

（1）左移位指令（SHL）。使能输入有效时，将输入 IN 的无符号数字节、字或双字中的各位向左移 N 位后（右端补 0），将结果输出到 OUT 所指定的存储单元中。如果移位次数大于 0，最后一次移出位保存在"溢出"存储器位 SM1.1。如果移位结果为 0，零标志位 SM1.0 置 1。

（2）右移位指令（SHR）。使能输入有效时，将输入 IN 的无符号数字节、字或双字中的各位向右移 N 位后，将结果输出到 OUT 所指定的存储单元中，移出位补 0，最后一移出位保存在 SM1.1。如果移位结果为 0，零标志位 SM1.0 置 1。

表 3-7　　　　　　　　　　　　　　　移位指令格式及功能

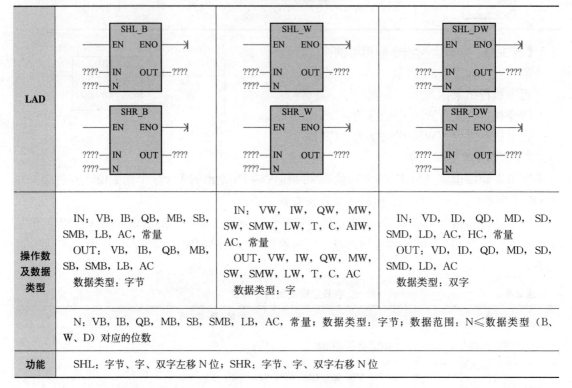

LAD		
操作数及数据类型	IN：VB, IB, QB, MB, SB, SMB, LB, AC, 常量 OUT：VB, IB, QB, MB, SB, SMB, LB, AC 数据类型：字节	IN：VW, IW, QW, MW, SW, SMW, LW, T, C, AIW, AC, 常量 OUT：VW, IW, QW, MW, SW, SMW, LW, T, C, AC 数据类型：字	IN：VD, ID, QD, MD, SD, SMD, LD, AC, HC, 常量 OUT：VD, ID, QD, MD, SD, SMD, LD, AC 数据类型：双字
	N：VB, IB, QB, MB, SB, SMB, LB, AC, 常量；数据类型：字节；数据范围：N≤数据类型（B、W、D）对应的位数		
功能	SHL：字节、字、双字左移 N 位；SHR：字节、字、双字右移 N 位		

2. 循环左、右移位指令

循环移位指令将移位数据存储单元的首尾相连，同时又与溢出标志 SM1.1 连接，SM1.1 用来存放被移出的位。指令格式见表 3-8。

（1）循环左移位指令（ROL）。使能输入有效时，将 IN 输入无符号数（字节、字或双字）循环左移 N 位后，将结果输出到 OUT 所指定的存储单元中，移出的最后一位的数值送溢出标志位 SM1.1。当需要移位的数值是零时，零标志位 SM1.0 为 1。

（2）循环右移位指令（ROR）。使能输入有效时，将 IN 输入无符号数（字节、字或双字）循环右移 N 位后，将结果输出到 OUT 所指定的存储单元中，移出的最后一位的数值送溢出标志位 SM1.1。当需要移位的数值是零时，零标志位 SM1.0 为 1。

（3）移位次数 N≥数据类型（B、W、D）时的移位位数的处理。如果操作数是字节，当移位次数 N≥8 时，则在执行循环移位前，先对 N 进行模 8 操作（N 除以 8 后取余数），其结果 0~7 为实际移动位数。

如果操作数是字，当移位次数 N≥16 时，则在执行循环移位前，先对 N 进行模 16 操作（N 除以 16 后取余数），其结果 0~15 为实际移动位数。

如果操作数是双字，当移位次数 N≥32 时，则在执行循环移位前，先对 N 进行模 32 操作（N 除以 32 后取余数），其结果 0~31 为实际移动位数。

表 3-8　　　　　　　　　　　循环左、右移位指令格式及功能

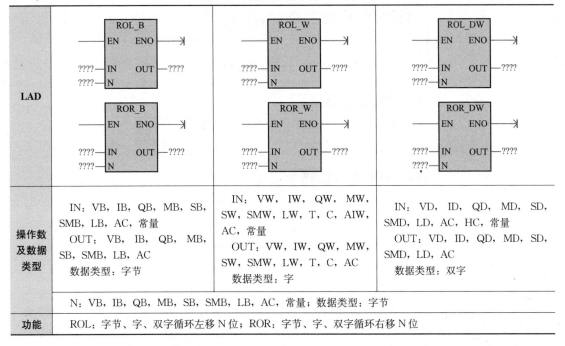

LAD	
操作数及数据类型	IN：VB、IB、QB、MB、SB、SMB、LB、AC、常量 OUT：VB、IB、QB、MB、SB、SMB、LB、AC 数据类型：字节 〔中〕IN：VW、IW、QW、MW、SW、SMW、LW、T、C、AIW、AC、常量 OUT：VW、IW、QW、MW、SW、SMW、LW、T、C、AC 数据类型：字 〔右〕IN：VD、ID、QD、MD、SD、SMD、LD、AC、HC、常量 OUT：VD、ID、QD、MD、SD、SMD、LD、AC 数据类型：双字
	N：VB、IB、QB、MB、SB、SMB、LB、AC、常量；数据类型：字节
功能	ROL：字节、字、双字循环左移 N 位；ROR：字节、字、双字循环右移 N 位

【例 3-4】　将 AC0 中的字循环右移 2 位，将 VW200 中的字左移 3 位。

解　程序及运行结果如图 3-40 所示。

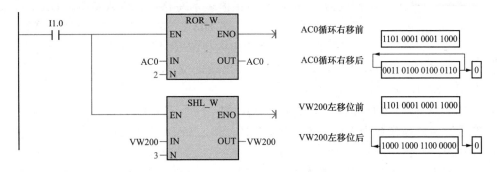

图 3-40　［例 3-4〕题图

【例 3-5】　用 I0.0 控制接在 Q0.0～Q0.7 上的 8 个彩灯循环移位，从左到右以 0.5s 的速度依次点亮，保持任意时刻只有一个指示灯亮，到达最右端后，再从左到右依次点亮。

解　8 个彩灯循环移位控制，可以用字节的循环移位指令。根据控制要求，首先应置彩灯的初始状态为 QB0＝1，即左边第一盏灯亮；接着灯从左到右以 0.5s 的速度依次点亮，即要求字节 QB0 中的"1"用循环左移位指令每 0.5s 移动一位，因此须在 ROL_B 指令的 EN 端接一个 0.5s 的移位脉冲（可用定时器指令实现）。梯形图程序如图 3-41 所示。

3. 移位寄存器指令 （SHRB）

移位寄存器指令可以指定移位寄存器的长度和移位方向。其指令格式如图 3-42 所示。

说明：

（1）移位寄存器指令将 DATA 数值移入移位寄存器。梯形图中，EN 为使能输入端，

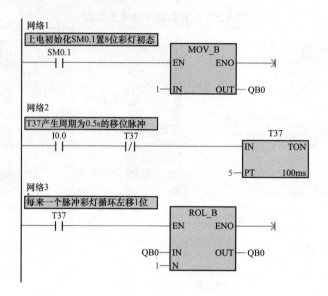

图 3-41 ［例 3-5］题图

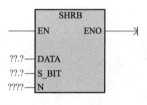

图 3-42 SHRB 指令

连接移位脉冲信号。每次使能有效时，整个移位寄存器移动 1 位。DATA 为数据输入端，连接移入移位寄存器的二进制数值，执行指令时将该位的值移入寄存器。S_BIT 指定移位寄存器的最低位。N 指定移位寄存器的长度和移位方向，移位寄存器的最大长度为 64 位，N 为正值表示左移位，输入数据（DATA）移入移位寄存器的最低位（S_BIT），并移出移位寄存器的最高位。移出的数据被放置在溢出内存位（SM1.1）中。N 为负值表示右移位，输入数据移入移位寄存器的最高位中，并移出最低位（S_BIT）。移出的数据被放置在溢出内存位（SM1.1）中。

（2）DATA 和 S_BIT 的操作数为 I，Q，M，SM，T，C，V，S，L。数据类型为 BOOL 变量。N 的操作数为 VB，IB，QB，MB，SB，SMB，LB，AC，常量。数据类型为字节。

（3）使 ENO=0 的错误条件是 0006（间接地址），0091（操作数超出范围），0092（计数区错误）。

（4）移位指令影响特殊内部标志位为 SM1.1（为移出的位值设置溢出位）。

【例 3-6】 移位寄存器应用举例。

解 程序及运行结果如图 3-43 所示。

【例 3-7】 用 PLC 构成喷泉的控制。

解 用灯 L1～L12 分别代表喷泉的 12 个喷水注。

（1）控制要求。按下启动按钮后，隔灯闪烁，L1 亮 0.5s 后灭，接着 L2 亮 0.5s 后灭，接着 L3 亮 0.5s 后灭，接着 L4 亮 0.5s 后灭，接着 L5、L9 亮 0.5s 后灭，接着 L6、L10 亮 0.5s 后灭，接着 L7、L11 亮 0.5s 后灭，接着 L8、L12 亮 0.5s 后灭，L1 亮 0.5s 后灭，如此循环下去，直至按下停止按钮。喷泉控制示意如图 3-44 所示。

（2）I/O 分配（表 3-9）。

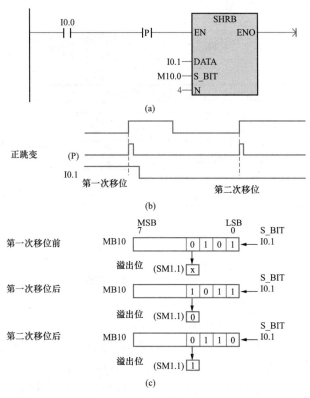

图 3-43　〔例 3-6〕梯形图、时序图及运行结果

（a）梯形图；（b）时序图；（c）运行结果

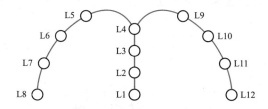

图 3-44　喷泉控制示意图

表 3-9　　　　　　　　　　　　喷泉控制的 I/O 分配

输入	输	出
（动合）启动按钮：I0.0	L1：Q0.0	L5、L9：Q0.4
（动断）停止按钮：I0.1	L2：Q0.1	L6、L10：Q0.5
	L3：Q0.2	L7、L11：Q0.6
	L4：Q0.3	L8、L12：Q0.7

（3）喷泉控制梯形图。分析：应用移位寄存器控制，根据喷泉模拟控制的 8 位输出（Q0.0～Q0.7），须指定一个 8 位的移位寄存器（M10.1～M11.0），移位寄存器的 S-BIT 位为 M10.1，并且移位寄存器的每一位对应一个输出，如图 3-45 所示。

在移位寄存器指令中，EN 连接移位脉冲，每来一个脉冲的上升沿，移位寄存器移动一位。移位寄存器应 0.5s 移一位，因此需要设计一个 0.5s 产生一个脉冲的脉冲发生器（由

81

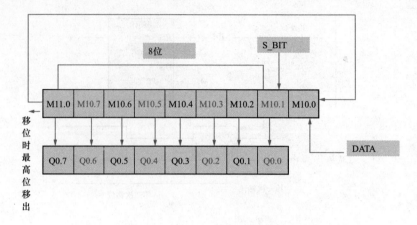

图 3-45　移位寄存器的位与输出对应关系图

T38 构成）。

喷泉控制梯形图程序如图 3-46 所示。M10.0 为数据输入端 DATA，根据控制要求，每次只有一个输出，因此只需要在第一个移位脉冲到来时由 M10.0 送入移位寄存器 S_BIT 位（M10.1）一个 "1"，第二个脉冲至第八个脉冲到来时由 M10.0 送入 M10.1 的值均为 "0"，这在程序中由定时器 T37 延时 0.5s 导通一个扫描周期实现，第八个脉冲到来时 M11.0 置位为 1，同时通过与 T37 并联的 M11.0 动合触点使 M10.0 置位为 1，在第九个脉冲到来时由 M10.0 送入 M10.1 的值又为 1，如此循环下去，直至按下停止按钮。按下动断停止按钮（I0.1），其对应的动断触点接通，触发复位指令，使 M10.1～M11.0 的 8 位全部复位。

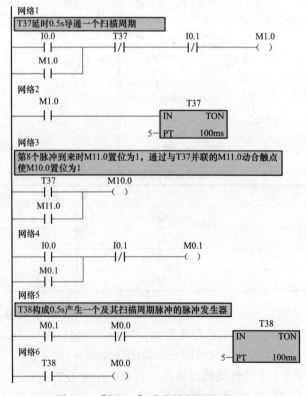

图 3-46　[例 3-7] 喷泉控制梯形图（一）

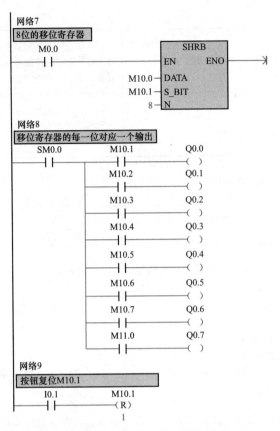

图 3-46 〔例 3-7〕喷泉控制梯形图（二）

3.4.4 转换指令

转换指令是对操作数的类型进行转换，并输出到指定目标地址中去。转换指令包括数据的类型转换、数据的编码和译码指令以及字符串类型转换指令。

不同功能的指令对操作数要求不同。类型转换指令可将固定的一个数据用到不同类型要求的指令中，包括字节与字整数之间的转换、字整数与双字整数的转换、双字整数与实数之间的转换、BCD 码与整数之间的转换等。

1. 字节与字整数之间的转换

字节型数据与字整数之间转换的指令格式，见表 3-10。

表 3-10　　　　　　　　　　字节型数据与字整数之间转换指令

LAD	B_I EN ENO ????—IN OUT—????	I_B EN ENO ????—IN OUT—????
操作数 及数据 类型	IN：VB, IB, QB, MB, SB, SMB, LB, AC, 常量 数据类型：字节 OUT：VW, IW, QW, MW, SW, SMW, LW, T, C, AC 数据类型：字整数	IN：VW, IW, QW, MW, SW, SMW, LW, T, C, AIW, AC, 常量 数据类型：字整数 OUT：VB, IB, QB, MB, SB, SMB, LB, AC 数据类型：字节

续表

功能及说明	BTI指令将字节数值（IN）转换成整数值，并将结果置入 OUT 指定的存储单元。因为字节不带符号，所以无符号扩展	ITB指令将字整数（IN）转换成字节，并将结果置入 OUT 指定的存储单元。输入的字整数 0 至 255 被转换。超出部分导致溢出，SM1.1＝1。输出不受影响
ENO＝0 的错误条件	0006 间接地址 SM4.3 运行时间	0006 间接地址 SM1.1 溢出或非法数值 SM4.3 运行时间

2. 字整数与双字整数之间的转换

字整数与双字整数之间的转换格式、功能及说明，见表 3-11。

3. 双字整数与实数之间的转换

双字整数与实数之间的转换的转换格式、功能及说明，见表 3-12。

表 3-11　　　　　　　　　　　　字整数与双字整数之间的转换指令

LAD	I_DI EN ENO ????—IN OUT—????	DI_I EN ENO ????—IN OUT—????
操作数及数据类型	IN：VW, IW, QW, MW, SW, SMW, LW, T, C, AIW, AC, 常量 数据类型：字整数 OUT：VD, ID, QD, MD, SD, SMD, LD, AC 数据类型：双字整数	IN：VD, ID, QD, MD, SD, SMD, LD, HC, AC, 常量 数据类型：双字整数 OUT：VW, IW, QW, MW, SW, SMW, LW, T, C, AC 数据类型：字整数
功能及说明	ITD指令将字整数值（IN）转换成双字整数值，并将结果置入 OUT 指定的存储单元。符号被扩展	DTI指令将双字整数值（IN）转换成字整数值，并将结果置入 OUT 指定的存储单元。如果转换的数值过大，则无法在输出中表示，产生溢出 SM1.1＝1，输出不受影响
ENO＝0 的错误条件	0006 间接地址 SM4.3 运行时间	0006 间接地址 SM1.1 溢出或非法数值 SM4.3 运行时间

表 3-12　　　　　　　　　　　　双字整数与实数之间的转换指令

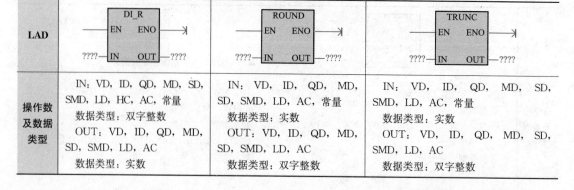

LAD	DI_R EN ENO ????—IN OUT—????	ROUND EN ENO ????—IN OUT—????	TRUNC EN ENO ????—IN OUT—????
操作数及数据类型	IN：VD, ID, QD, MD, SD, SMD, LD, HC, AC, 常量 数据类型：双字整数 OUT：VD, ID, QD, MD, SD, SMD, LD, AC 数据类型：实数	IN：VD, ID, QD, MD, SD, SMD, LD, AC, 常量 数据类型：实数 OUT：VD, ID, QD, MD, SD, SMD, LD, AC 数据类型：双字整数	IN：VD, ID, QD, MD, SD, SMD, LD, AC, 常量 数据类型：实数 OUT：VD, ID, QD, MD, SD, SMD, LD, AC 数据类型：双字整数

续表

功能及说明	DTR 指令将 32 位带符号字整数 IN 转换成 32 位实数，并将结果置入 OUT 指定的存储单元	ROUND 指令按小数部分四舍五入的原则，将实数（IN）转换成双字整数值，并将结果置入 OUT 指定的存储单元	TRUNC（截位取整）指令按将小数部分直接舍去的原则，将 32 位实数（IN）转换成 32 位双字整数，并将结果置入 OUT 指定存储单元
ENO＝0 的错误条件	0006 间接地址 SM4.3 运行时间	0006 间接地址 SM1.1 溢出或非法数值 SM4.3 运行时间	0006 间接地址 SM1.1 溢出或非法数值 SM4.3 运行时间

值得注意的是：不论是四舍五入取整，还是截位取整，如果转换的实数数值过大，无法在输出中表示，则产生溢出，即影响溢出标志位，使 SM1.1＝1，输出不受影响。

4. BCD 码与整数的转换

BCD 码与整数之间的转换的指令格式、功能及说明，见表 3-13。

表 3-13　　　　　　　　BCD 码与整数之间的转换的指令

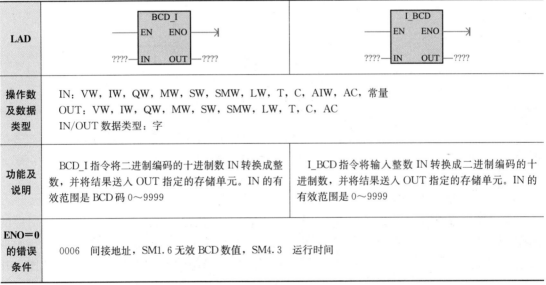

LAD	BCD_I EN　　ENO ????－IN　OUT－????	I_BCD EN　　ENO ????－IN　OUT－????
操作数及数据类型	IN：VW，IW，QW，MW，SW，SMW，LW，T，C，AIW，AC，常量 OUT：VW，IW，QW，MW，SW，SMW，LW，T，C，AC IN/OUT 数据类型：字	
功能及说明	BCD_I 指令将二进制编码的十进制数 IN 转换成整数，并将结果送入 OUT 指定的存储单元。IN 的有效范围是 BCD 码 0～9999	I_BCD 指令将输入整数 IN 转换成二进制编码的十进制数，并将结果送入 OUT 指定的存储单元。IN 的有效范围是 0～9999
ENO＝0 的错误条件	0006 间接地址，SM1.6 无效 BCD 数值，SM4.3 运行时间	

注意：（1）数据长度为字的 BCD 格式的有效范围：0～9999（十进制），0000～9999（十六进制），0000 0000 0000 0000～1001 1001 1001 1001（BCD 码）。

（2）指令影响特殊标志位 SM1.6（无效 BCD）。

5. 译码和编码指令

译码和编码指令的格式和功能见表 3-14。

表 3-14　　　　　　　　译码和编码指令的格式和功能

LAD	DECO EN　　ENO ????－IN　OUT－????	ENCO EN　　ENO ????－IN　OUT－????

续表

操作数及数据类型	IN：VB, IB, QB, MB, SMB, LB, SB, AC, 常量　数据类型：字节　OUT：VW, IW, QW, MW, SMW, LW, SW, AQW, T, C, AC　数据类型：字	IN：VW, IW, QW, MW, SMW, LW, SW, AIW, T, C, AC, 常量　数据类型：字　OUT：VB, IB, QB, MB, SMB, LB, SB, AC　数据类型：字节
功能及说明	译码指令根据输入字节（IN）的低 4 位表示的输出字的位号，将输出字的相对应的位置为 1，输出字的其他位均置为 0	编码指令将输入字（IN）最低有效位（其值为 1）的位号写入输出字节（OUT）的低 4 位中

【例 3-8】 译码编码指令应用举例。

解　程序如图 3-47 所示。

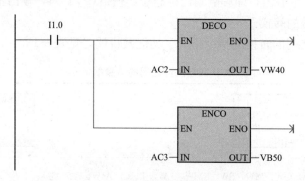

图 3-47 ［例 3-8］程序图

若（AC2）＝2，执行译码指令，则将输出字 VW40 的第 2 位置 1，VW40 中的二进制数为 2#0000 0000 0000 0100；若（AC3）＝2#0000 0000 0000 0100，执行编码指令，则输出字节 VB50 中的错误码为 2。

6. 七段显示译码指令

七段显示器的 abcdefg 段分别对应于字节的第 0～6 位，字节的某位为 1 时，其对应的段亮；输出字节的某位为 0 时，其对应的段暗。将字节的第 7 位补 0，则构成与七段显示器相对应的 8 位编码，称为七段显示码。数字 0～9、字母 A～F 与七段显示码的对应如图 3-48 所示。

七段显示译码指令（SEG）将输入字节 16#0～F 转换成七段显示码。其指令格式见表 3-15。

表 3-15　　　　　　　　　　　　　七 段 显 示 译 码 指 令

LAD	功 能 及 操 作 数
SEG EN　ENO ????—IN　OUT—????	功能：将输入字节（IN）的低 4 位确定的 16 进制数（16#0～F），产生相应的七段显示码，送入输出字节 OUT IN：VB, IB, QB, MB, SB, SMB, LB, AC, 常量 OUT：VB, IB, QB, MB, SMB, LB, AC。IN/OUT 的数据类型：字节

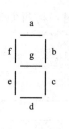

IN	段显示	(OUT) – g f e d c b a	IN	段显示	(OUT) – g f e d c b a
0		0 0 1 1 1 1 1 1	8		0 1 1 1 1 1 1 1
1		0 0 0 0 0 1 1 0	9		0 1 1 0 0 1 1 1
2		0 1 0 1 1 0 1 1	A		0 1 1 1 0 1 1 1
3		0 1 0 0 1 1 1 1	B		0 1 1 1 1 1 0 0
4		0 1 1 0 0 1 1 0	C		0 0 1 1 1 0 0 1
5		0 1 1 0 1 1 0 1	D		0 1 0 1 1 1 1 0
6		0 1 1 1 1 1 0 1	E		0 1 1 1 1 0 0 1
7		0 0 0 0 0 1 1 1	F		0 1 1 1 0 0 0 1

图 3-48　与七段显示码对应的代码

7. ASCII 码与十六进制数之间的转换指令

ASCII 码与十六进制数之间的转换指令的格式和功能见表 3-16。

表 3-16　　　　　　　　ASCII 码与十六进制数之间转换指令的格式和功能

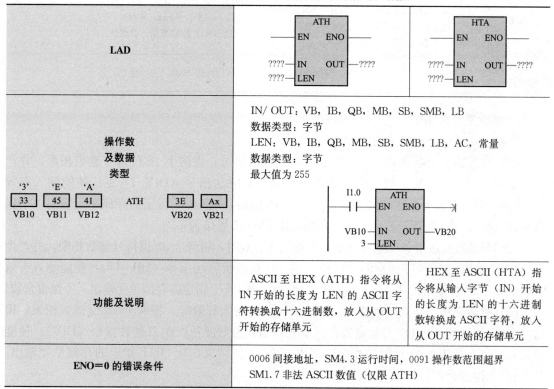

LAD	ATH / HTA 指令框
操作数 及数据 类型	IN/ OUT：VB, IB, QB, MB, SB, SMB, LB 数据类型：字节 LEN：VB, IB, QB, MB, SB, SMB, LB, AC，常量 数据类型：字节 最大值为 255
功能及说明	ASCII 至 HEX（ATH）指令将从 IN 开始的长度为 LEN 的 ASCII 字符转换成十六进制数，放入从 OUT 开始的存储单元 / HEX 至 ASCII（HTA）指令将从输入字节（IN）开始的长度为 LEN 的十六进制数转换成 ASCII 字符，放入从 OUT 开始的存储单元
ENO＝0 的错误条件	0006 间接地址，SM4.3 运行时间，0091 操作数范围超界 SM1.7 非法 ASCII 数值（仅限 ATH）

注意： 合法的 ASCII 码对应的十六进制数包括 30H～39H，41H～46H。如果在 ATH 指令的输入中包含非法的 ASCII 码，则终止转换操作，特殊内部标志位 SM1.7 置位为 1。

3.4.5　算术运算指令

算术运算指令包括加、减、乘、除运算和数学函数变换。

1. 字整数（简称整字）与双字整数（简称双整数）加减法指令

（1）整数加法（ADD_I）和减法（SUB_I）指令是：使能输入有效时，将两个 16 位符号整数相加或相减，并产生一个 16 位的结果输出到 OUT。

（2）双整数加法（ADD_D）和减法（SUB_D）指令是：使能输入有效时，将两个 32 位符号整数相加或相减，并产生一个 32 位结果输出到 OUT。

整数与双整数加减法指令格式见表 3-17。

表 3-17　　　　　　　　　　　　整数与双整数加减法指令格式

LAD	ADD_I EN　ENO IN1　OUT IN2	SUB_I EN　ENO IN1　OUT IN2	ADD_DI EN　ENO IN1　OUT IN2	SUB_DI EN　ENO IN1　OUT IN2
功能	IN1＋IN2＝OUT	IN1－IN2＝OUT	IN1＋IN2＝OUT	IN1－IN2＝OUT
操作数及数据类型	IN1/IN2：VW，IW，QW，MW，SW，SMW，T，C，AC，LW，AIW，常量，＊VD，＊LD，＊AC OUT：VW，IW，QW，MW，SW，SMW，T，C，LW，AC，＊VD，＊LD，＊AC IN/OUT 数据类型：整数		IN1/IN2：VD，ID，QD，MD，SMD，SD，LD，AC，HC，常量，＊VD，＊LD，＊AC OUT：VD，ID，QD，MD，SMD，SD，LD，AC，＊VD，＊LD，＊AC IN/OUT 数据类型：双整数	
ENO＝0 的错误条件	0006　　间接地址，SM4.3　运行时间，SM1.1　　溢出			

2. 整数乘除法指令

整数乘除法指令格式见表 3-18。

（1）整数乘法指令（MUL_I）是：使能输入有效时，将两个 16 位符号整数相乘，并产生一个 16 位积，从 OUT 指定的存储单元输出整数除法指令（DIV_I）是：使能输入有效时，将两个 16 位符号整数相除，并产生一个 16 位商，从 OUT 指定的存储单元输出，不保留余数。如果输出结果大于一个字，则溢出位 SM1.1 置位为 1。

（2）双整数乘法指令（MUL_DI）：使能输入有效时，将两个 32 位符号整数相乘，并产生一个 32 位乘积，从 OUT 指定的存储单元输出；双整数除法指令（DIV_DI）：使能输入有效时，将两个 32 位整数相除，并产生一个 32 位商，从 OUT 指定的存储单元输出，不保留余数。

（3）整数乘法产生双整数指令（MUL）：使能输入有效时，将两个 16 位整数相乘，得出一个 32 位乘积，从 OUT 指定的存储单元输出；整数除法产生双整数指令（DIV）：使能输入有效时，将两个 16 位整数相除，得出一个 32 位结果，从 OUT 指定的存储单元输出。其中高 16 位放余数，低 16 位放商。

表 3-18　　　　　　　　　　　　整数乘除法指令格式

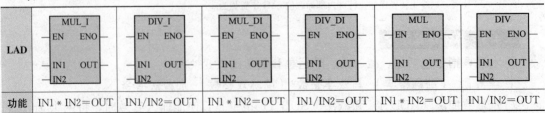

LAD	MUL_I EN　ENO IN1　OUT IN2	DIV_I EN　ENO IN1　OUT IN2	MUL_DI EN　ENO IN1　OUT IN2	DIV_DI EN　ENO IN1　OUT IN2	MUL EN　ENO IN1　OUT IN2	DIV EN　ENO IN1　OUT IN2
功能	IN1＊IN2＝OUT	IN1/IN2＝OUT	IN1＊IN2＝OUT	IN1/IN2＝OUT	IN1＊IN2＝OUT	IN1/IN2＝OUT

3. 实数加减乘除指令

实数加减乘除指令格式见表 3-19。

（1）实数加法（ADD_R）、减法（SUB_R）指令：将两个 32 位实数相加或相减，并产生一个 32 位实数结果，从 OUT 指定的存储单元输出。

（2）实数乘法（MUL_R）、除法（DIV_R）指令：使能输入有效时，将两个 32 位实数相乘（除），并产生一个 32 位积（商），从 OUT 指定的存储单元输出。

表 3-19 　实数加减乘除指令

LAD	ADD_R EN ENO IN1 OUT IN2	SUB_R EN ENO IN1 OUT IN2	MUL_R EN ENO IN1 OUT IN2	DIV_R EN ENO IN1 OUT IN2
功能	IN1+IN2=OUT	IN1−IN2=OUT	IN1 * IN2=OUT	IN1/IN2=OUT
ENO=0 的错误条件	0006 间接地址，SM4.3 运行时间，SM1.1 溢出		0006 间接地址，SM1.1 溢出，SM4.3 运行时间，SM1.3 除数为 0	
对标志位的影响	SM1.0（零），SM1.1（溢出），SM1.2（负数），SM1.3（被 0 除）			

4. 数学函数变换指令

数学函数变换指令包括平方根、自然对数、自然指数、三角函数等。

（1）平方根（SQRT）指令：对 32 位实数（IN）取平方根，并产生一个 32 位实数结果，从 OUT 指定的存储单元输出。

（2）自然对数（LN）指令：对 IN 中的数值进行自然对数计算，并将结果置于 OUT 指定的存储单元中。

求以 10 为底数的对数时，用自然对数除以 2.302585（约等于 10 的自然对数）。

（3）自然指数（EXP）指令：将 IN 取以 e 为底的指数，并将结果置于 OUT 指定的存储单元中。

将"自然指数"指令与"自然对数"指令相结合，可以实现以任意数为底，任意数为指数的计算。求 y^x，输入以下指令：EXP（x * LN（y））。

例如：求 2^3=EXP（3 * LN（2））=8；27 的 3 次方根=$27^{1/3}$=EXP（1/3 * LN（27））=3。

（4）三角函数指令：将一个实数的弧度值 IN 分别求 SIN、COS、TAN，得到实数运算结果，从 OUT 指定的存储单元输出。

函数变换指令格式及功能见表 3-20。

表 3-20 　函数变换指令格式及功能

LAD	SQRT EN ENO IN OUT	LN EN ENO IN OUT	EXP EN ENO IN OUT	SIN EN ENO IN OUT	COS EN ENO IN OUT	TAN EN ENO IN OUT
功能	SQRT（IN） =OUT	LN（IN） =OUT	EXP（IN） =OUT	SIN（IN） =OUT	COS（IN） =OUT	TAN（IN） =OUT

操作数及 数据类型	IN：VD, ID, QD, MD, SMD, SD, LD, AC, 常量，＊VD，＊LD，＊AC OUT：VD, ID, QD, MD, SMD, SD, LD, AC，＊VD，＊LD，＊AC 数据类型：实数

3.4.6 逻辑运算指令

逻辑运算指令是指对无符号数按位进行与、或、异或和取反等操作的指令。操作数的长度有 B、W、DW。指令格式见表 3-21。

（1）逻辑与（WAND）指令：将输入 IN1、IN2 按位相与，得到的逻辑运算结果，放入 OUT 指定的存储单元。

（2）逻辑或（WOR）指令：将输入 IN1、IN2 按位相或，得到的逻辑运算结果，放入 OUT 指定的存储单元。

（3）逻辑异或（WXOR）指令：将输入 IN1、IN2 按位相异或，得到的逻辑运算结果，放入 OUT 指定的存储单元。

（4）取反（INV）指令：将输入 IN 按位取反，将结果放入 OUT 指定的存储单元。

表 3-21　　　　　　　　　　　　逻辑运算指令格式

LAD	WAND_B / WAND_W / WAND_DW EN ENO IN1 OUT IN2	WOR_B / WOR_W / WOR_DW EN ENO IN1 OUT IN2	WXOR_B / WXOR_W / WXOR_DW EN ENO IN1 OUT IN2	INV_B / INV_W / INV_DW EN ENO IN OUT
功能	IN1、IN2 按位相与	IN1、IN2 按位相或	IN1、IN2 按位异或	对 IN 取反

操作数	B	IN1/IN2：VB, IB, QB, MB, SB, SMB, LB, AC, 常量，＊VD，＊AC，＊LD OUT：VB, IB, QB, MB, SB, SMB, LB, AC，＊VD，＊AC，＊LD
	W	IN1/IN2：VW, IW, QW, MW, SW, SMW, T, C, AC, LW, AIW, 常量，＊VD，＊AC，＊LD OUT：VW, IW, QW, MW, SW, SMW, T, C, LW, AC，＊VD，＊AC，＊LD
	DW	IN1/IN2：VD, ID, QD, MD, SMD, AC, LD, HC, 常量，＊VD，＊AC, SD，＊LD OUT：VD, ID, QD, MD, SMD, LD, AC，＊VD，＊AC, SD，＊LD

3.4.7 递增、递减指令

递增、递减指令是用于对输入无符号数字节、符号数字、符号数双字进行加 1 或减 1 操作的指令。指令格式见表 3-22。

（1）递增字节（INC_B）/递减字节（DEC_B）指令。递增字节和递减字节指令是在输入字节（IN）上加 1 或减 1，并将结果置入 OUT 指定的变量中。递增和递减字节运算不带符号。

（2）递增字（INC_W）/递减字（DEC_W）指令。递增字和递减字指令是在输入字（IN）上加 1 或减 1，并将结果置入 OUT。递增和递减字运算带符号（16♯7FFF ＞ 16♯8000）。

（3）递增双字（INC_DW）/递减双字（DEC_DW）指令。递增双字和递减双字指令是在输入双字（IN）上加 1 或减 1，并将结果置入 OUT。递增和递减双字运算带符号（16♯7FFFFFFF ＞ 16♯80000000）。

表 3-22　　　　　　　　　　　　　　**递增、递减指令格式**

LAD	INC_B EN ENO IN OUT / DEC_B EN ENO IN OUT		INC_W EN ENO IN OUT / DEC_W EN ENO IN OUT		INC_DW EN ENO IN OUT / DEC_DW EN ENO IN OUT	
功能	字节加 1	字节减 1	字加 1	字减 1	双字加 1	双字减 1
操作及数据类型	IN：VB, IB, QB, MB, SB, SMB, LB, AC, 常量，＊VD，＊LD，＊AC OUT：VB, IB, QB, MB, SB, SMB, LB, AC，＊VD，＊LD，＊AC IN/OUT 数据类型：字节		IN：VW, IW, QW, MW, SW, SMW, AC, AIW, LW, T, C, 常量，＊VD，＊LD，＊AC OUT：VW, IW, QW, MW, SW, SMW, LW, AC, T, C, ＊VD，＊LD，＊AC 数据类型：整数		IN：VD, ID, QD, MD, SD, SMD, LD, AC, HC, 常量，＊VD，＊LD，＊AC OUT：VD, ID, QD, MD, SD, SMD, LD, AC, ＊VD，＊LD，＊AC 数据类型：双整数	

3.4.8　时钟指令

时钟指令是指调用系统实时时钟或根据需要设定时钟的指令。该指令对控制系统运行的监视、运行记录及和实时时间有关的控制等十分方便。时钟指令有两条：读实时时钟（READ_RTC）和设定实时时钟（SET_RTC）。指令格式见表 3-23。

表 3-23　　　　　　　　　　　　**读实时时钟和设定实时时钟指令格式**

LAD	功　能　说　明
READ_RTC EN ENO T ????-	读取实时时钟指令：系统读取实时时钟当前时间和日期，并将其载入以地址 T 起始的 8 个字节的缓冲区
SET_RTC EN ENO T ????-	设定实时时钟指令：系统将包含当前时间和日期以地址 T 起始的 8 个字节的缓冲区装入 PLC 的时钟

输入/输出 T 的操作数：VB, IB, QB, MB, SMB, SB, LB, ＊VD, ＊AC, ＊LD；数据类型：字节

指令使用说明：

（1）8 个字节缓冲区（T）的格式见表 3-24。所有日期和时间值必须采用 BCD 码表示。例如：对于年仅使用年份最低的两个数字，16♯05 代表 2005 年；对于星期，1 代表星期日，2 代表星期一，7 代表星期六，0 表示禁用星期。

表 3-24   8 字节缓冲区的格式

地址	T	T+1	T+2	T+3	T+4	T+5	T+6	T+7
含义	年	月	日	小时	分钟	秒	0	星期
范围	00～99	01～12	01～31	00～23	00～59	00～59		0～7

（2）S7-200 CPU 不根据日期核实星期是否正确，不检查无效日期。例如 2 月 31 日为无效日期，但可以被系统接受。所以必须确保输入正确的日期。

（3）不能同时在主程序和中断程序中使用 READ_RTC/SET_RTC 指令，否则，将产生非致命错误（0007），SM4.3 置 1。

（4）对于没有使用过时钟指令或长时间断电或内存丢失后的 PLC，在使用时钟指令前，要通过图 3-49 所示的 STEP 7-Micro/WIN 软件 "PLC" 菜单对 PLC 时钟进行设定，然后才能开始使用时钟指令。如图 3-50 所示，时钟可以设定成与 PC 系统时间一致，也可用 SET_RTC 指令自由设定。

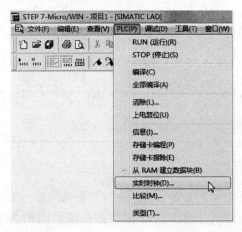

图 3-49   "实时时钟"菜单

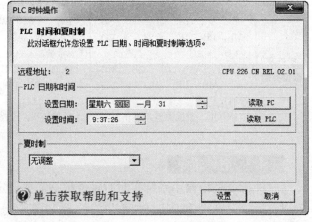

图 3-50   PLC 时钟操作

【例 3-9】 编写程序，要求读时钟并以 BCD 码显示秒钟。

解   程序如图 3-51 所示。说明：时钟缓冲区从 VB0 开始，VB5 中存放着秒钟，第一次用 SEG 指令将字节 VB100 的秒钟低四位转换成七段显示码由 QB0 输出，接着用右移位指令将 VB100 右移四位，将其高四位变为低四位，再次使用 SEG 指令，将秒钟的高四位转换成七段显示码由 QB1 输出。

【例 3-10】 编写程序，要求控制灯的定时接通和断开。要求 18：00 时开灯，06：00 时关灯。

解   时钟缓冲区从 VB0 开始。程序如图 3-52 所示。

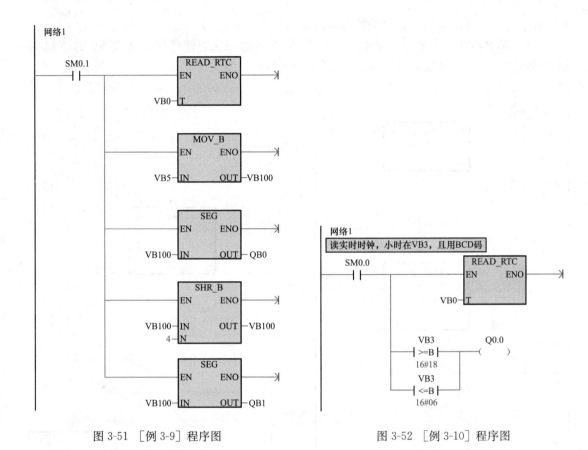

图 3-51　[例 3-9] 程序图　　　　　图 3-52　[例 3-10] 程序图

思考与练习

3.1　改错题。请指出图 3-53、图 3-54 所示 PLC 程序是否错误，并且指出错误的原因。

（1）共有 5 处错误（图 3-53）。

（2）共有 6 处错误（图 3-54）。

3.2　简答题

（1）什么是模拟量信号？它与数字量信号相比，有何不同？

（2）什么是模拟量信号的分辨率？

（3）简述 S7-200 PLC 模拟量模块的基本功能？

（4）以 EM235 模块为例，解释模拟量模块整定的要点？

（5）数据块的一般规则有哪些？

3.3　设计一个由 5 个灯组成的彩灯组。按下启动按钮之后，相邻的两个彩灯两两同时点亮和熄灭，不断循环。每组点亮的时间为 5s。按下停止按钮之后，所有彩灯立刻熄灭。

要求：用 S7-200 PLC 仿真软件进行模拟。

3.4　已知 VB10＝18，VB20＝30，VB21＝33，VB32＝98。将 VB10，VB30，VB31，VB32 中的数据分别送到 AC1，VB200，VB201，VB202 中。写出梯形图程序。

3.5　用传送指令控制输出的变化，要求控制 Q0.0～Q0.7 对应的 8 个指示灯。在 I0.0 接通时，使输出隔位接通；在 I0.1 接通时，输出取反后隔位接通。上机调试程序，记录结果。如果改变传送的数值，输出的状态如何变化？

3.6 编制检测上升沿变化的程序。每当 I0.0 接通一次，使存储单元 VW0 的值加 1，如果计数达到 5，输出 Q0.0 接通显示，用 I0.1 使 Q0.0 复位。

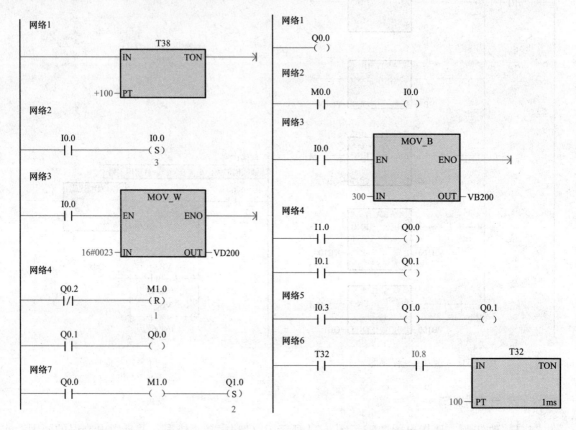

图 3-53　题 3.1 图（1）　　　　　　图 3-54　题 3.1 图（2）

3.7 用数据类型转换指令实现将厘米转换为英寸。已知 $1in=2.54cm$。

3.8 编程实现下列控制功能。假设有 8 个指示灯，从右到左以 0.5s 的速度依次点亮，任意时刻只有一个指示灯亮，到达最左端，再从右到左依次点亮。

3.9 用算术运算指令完成下列的运算：

（1）5^3；（2）求 $\cos 30°$。

3.10 将 VW100 开始的 20 个字的数据送到 VW200 开始的存储区。

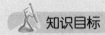

第 4 章

S7-200 PLC 高级编程指令及应用

S7-200 PLC 在应用中经常会碰到一些生产流程控制等实际工程问题，既要对生产过程中工艺参数进行监视、调节与控制，也要对工艺现场参数或指令参数进行数据处理、保存和传送，这就需要对 S7-200 PLC 进行高级编程。本章主要介绍了 SCR 顺序控制指令、CALL子程序指令、ATCH 中断子程序指令、PID 闭环控制指令等编程方式和方法。

学 习 目 标

知识目标

了解顺序控制的概念与 SCR 指令；了解子程序、中断子程序的概念；理解 PID 的应用环境和参数含义。

能力目标

能用顺序控制 SCR 指令进行编程；能编写子程序并在主程序中进行调用；能编写中断子程序并在主程序中进行调用；能用 PID 等来解决综合自动化系统。

职业素养目标

能更新自身的知识库，掌握先进的编程理念。

4.1 SCR 指令与顺序控制

4.1.1 状态流程图与顺序控制设计法

状态流程（转移）图是描述控制系统的控制过程、功能和特性，又称状态图、流程图、功能图。它具有直观、简单的特点，是设计 PLC 顺序控制程序的一种有力工具。

在顺序控制中，一个很重要的概念就是步。步是根据系统输出量的变化，将系统的一个工作循环过程分解成若干个顺序相连的阶段。编程时，一般用 PLC 内部的软继电器表示各步。

需要注意，步是根据 PLC 的输出量是否发生变化来划分的，只要系统的输出量状态发生变化，系统就从原来的步进入新的步。

现在以某液压工作台的工作过程来进行分步，如图 4-1 所示。

液压工作台的整个工作过程可划分为原位、快进、工进和快退四步；各步电磁阀

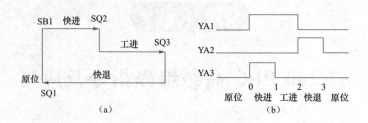

图 4-1　液压工作台的工作过程

(a) 工作过程示意图；(b) 工作过程时序图

YA1、YA2、YA3的状态见表 4-1。

（1）液压工作台初始状态：停在原位（压合 SQ1）—YA1−、YA2−、YA3−（输出）。

（2）按 SB：快进—YA1＋、YA2−、YA3＋（输出）。

（3）压合 SQ2：工进—YA1＋、YA2−、YA3−（输出）。

（4）压合 SQ3：快退，快退回原位停止—YA1−、YA2＋、YA3−（输出）。

表 4-1　　　　　　　　　　　**各步电磁阀 YA1、YA2、YA3 的状态**

	YA1	**YA2**	**YA3**	**转换指令**
快进	＋	－	＋	SB1
工进	＋	－	－	SQ2
快退	－	＋	－	SQ3
停止	－	－	－	SQ1

从以上分析可以得出结论，PLC 输出量发生变化时产生新的一步。

（1）初始步：刚开始阶段所处的步，每个功能表图必须有一个。在状态转移图中，初始步用双线框表示，如 $\boxed{\text{S0.0}}$ 。

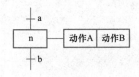

图 4-2　动作示意

（2）活动步：当前正在执行的步。

除了步之外，还有步与步之间的连线，叫做有向连线，以表示步的活动状态的进展方向；从当前步进入下一步叫做转移，它是用与有向连线垂直的短划线表示。

动作（输出）是指某步活动时，PLC 向被控系统发出的命令，它是系统应执行的动作。动作用矩形框，中间加文字或符号表示。如果某一步有几个动作，则可如图 4-2 所示方法表示。

4.1.2　SCR、SCRT 和 SCRE 指令

西门子的 SCR 指令为用户提供一种顺序控制的编程方法。每当应用程序包含一系列必须重复执行的操作时，SCR 可用于为程序安排结构，以便使之直接与应用程序相对应。因而用户能够更快速、更方便地编程和调试应用程序。

图 4-3 所示为 SCR、SCRT 和 SCRE 三个指令。在梯形图中，使用 SCR 有三种限制：①不能在一个以上例行程序中使用相同的 S 位。例如，如果在主程序中使用 S0.1，则不能在子程序中再使用。②不

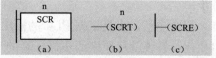

图 4-3　SCR 指令

能在 SCR 段中使用 JMP 和 LBL 指令。这表示不允许跳转入或跳转出 SCR 段，亦不允许在 SCR 段内跳转。可以使用跳转和标签指令在 SCR 段周围跳转。③不能在 SCR 段中使用"结束"指令。

4.1.3 西门子 SCR 指令应用例举

具有良好定义步骤顺序的进程很容易用 SCR 段作为示范。例如，考虑一个有三个步骤的循环进程，当第三个步骤完成时，应当返回第一个步骤，如图 4-4 所示。

但是，在很多应用程序中，一个顺序状态流必须分为两个或多个不同的状态流。如图 4-5 所示，当控制流分为多个时，所有的输出流必须同时激活。

如图 4-6 所示，可使用由相同的转换条件启用的多条 SCRT 指令，在 SCR 程序中实施控制流分散。

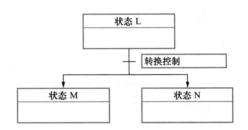

图 4-4 顺序控制   图 4-5 分散控制

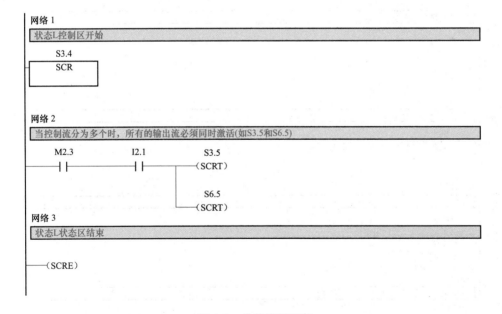

图 4-6 分散控制程序

当两个或多个连续状态流必须汇合成一个状态流时，出现一种与分散控制相似的状况。当多个状态流汇合成一条状态流时，则称为汇合。当状态流汇合时，在执行下一个状态之前，所有的输入流必须完成。图 4-7 显示汇合的状况。

可采用从状态 L 转换至 L′和从状态 M 转换至 M′的方式，在 SCR 程序中实施控制流汇合。如图 4-8 所示，当代表 L′和 M′的两个 SCR 位均为真时，可启用状态 N。

状态 L
状态 M
转换条件
状态 N

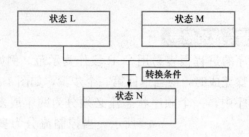

图 4-7　汇合控制

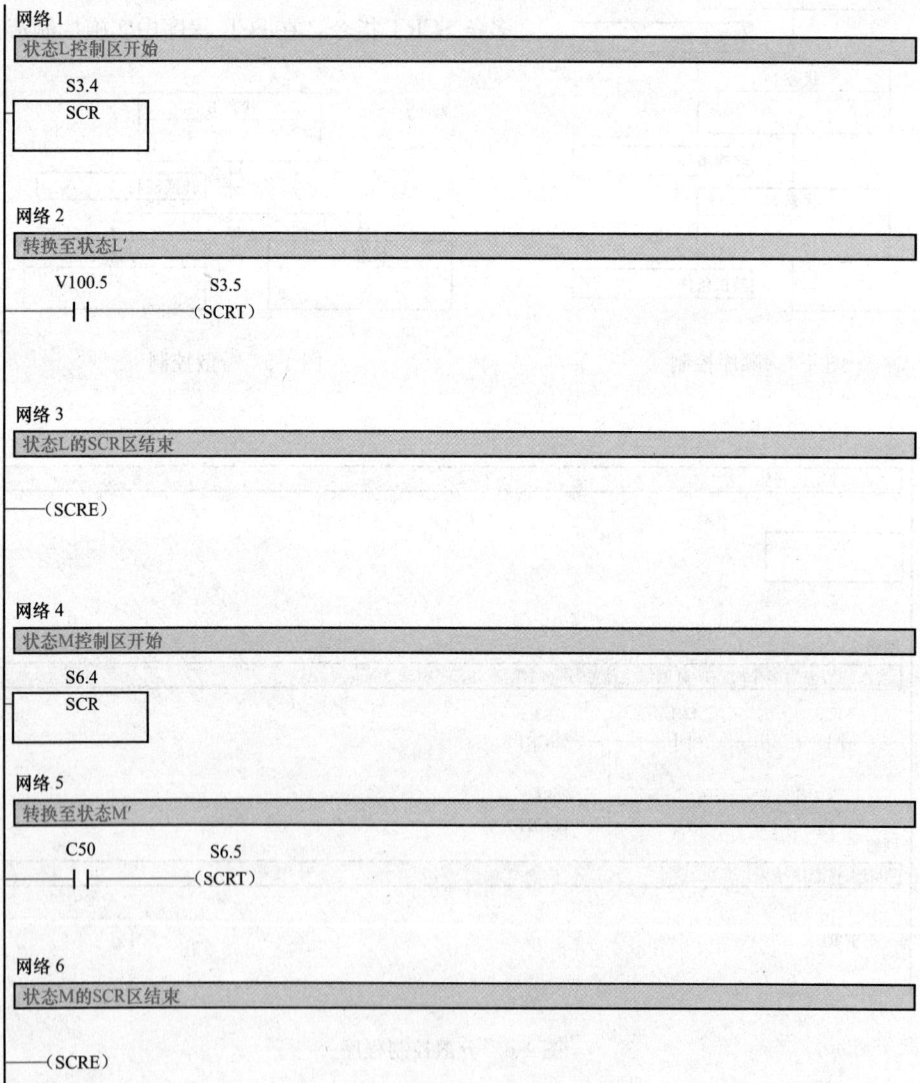

网络 1
状态L控制区开始
S3.4
SCR
网络 2
转换至状态L′
V100.5
S3.5
(SCRT)
网络 3
状态L的SCR区结束
(SCRE)
网络 4
状态M控制区开始
S6.4
SCR
网络 5
转换至状态M′
C50
S6.5
(SCRT)
网络 6
状态M的SCR区结束
(SCRE)

图 4-8　汇合控制（一）

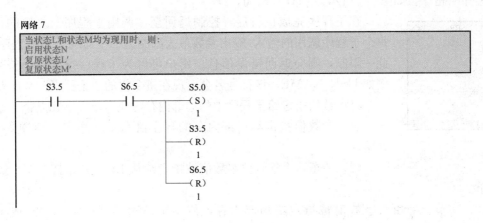

图 4-8 汇合控制（二）

4.2 子程序与 CALL 指令

4.2.1 子程序

1. 子程序的定义

子程序可以帮助用户对程序进行分块。主程序中使用的指令决定具体子程序的执行状况。当主程序调用子程序并执行时，子程序执行全部指令直至结束。然后，系统将控制返回至调用子程序网络中的主程序。

子程序用于为程序分段和分块，使其成为较小的、更易管理的块。在程序中调试和维护时，用户可以利用这项优势。通过使用较小的程序块，对这些区域和整个程序简单地进行调试和排除故障。只在需要时才调用程序块，可以更有效地使用 PLC，因为所有的程序块可能无需执行每次扫描。

2. 子程序的建立

欲在程序中使用子程序，必须执行下列三项任务：

（1）建立子程序。

（2）在子程序局部变量表中定义参数（如果有）。

（3）从适当的 POU（从主程序或另一个子程序）调用子程序。

当子程序被调用时，整个逻辑堆栈被保存，堆栈顶端被设为一，所有其他堆栈位置被设为零，控制被传送至调用子程序。当该子程序完成时，堆栈恢复为在调用点时保留的数值，控制返回调用子程序。

子程序和调用子程序共用累加器。由于子程序的使用，对累加器不执行保存或恢复操作。

4.2.2 CALL 指令

1. 子程序 CALL 指令

西门子 S7-200 PLC 为了解决主程序语句过多的问题，通常可以采用"调用子程序（CALL）指令"，将控制转换给子程序（SBR_n）。用户可以使用带参数或不带参数的"调用子程序"指令。如图 4-9 所示为 CALL 语句。

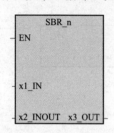

图 4-9　CALL 语句

在子程序完成执行后，控制返回至"调用子程序"之后的指令。每个子程序调用的输入/输出参数最大限制为 16。如果下载的程序超过此一限制，则会返回错误信息。用户可以为子程序指定一个符号名，例如 USR_NAME，该符号名会出现在指令树的"子程序"文件夹中。

将参数值指定给子程序中的局部内存时应遵循以下几点：

（1）参数值指定给局部内存的顺序由 CALL 指定，参数从 Lx.0 开始。

（2）一至八个连续位参数值被指定给从 Lx.0 开始持续至 Lx.7 的单字节。

（3）字节、字和双字数值被指定给局部内存，位于字节边界（LBx、LWx 或 LDx）位置。

（4）在带参数的"调用子程序"指令中，参数必须与子程序局部变量表中定义的变量完全匹配。

（5）参数顺序必须以输入参数开始，其次是输入/输出参数，然后是输出参数。

2．CALL 调用示例

需要注意，在西门子 S7-200 PLC 程序中，不使用 RET 指令终止子程序，也不得在子程序中使用 END（结束）指令。

图 4-10 所示为子程序的调用，其中箭头所指语句不用编程，由 STEP 7-Micro/WIN 自动处理。

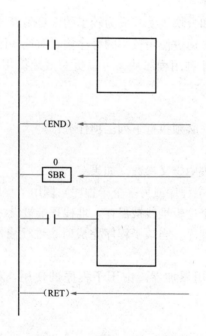

图 4-10　子程序调用说明

图 4-11 所示为子程序调用示例。

用于SBR_0的局部变量表			
	符号	变量类型	数据类型	注释
	EN	IN	BOOL	
L0.0	IN1	IN	BOOL	
LB1	IN2	IN	BYTE	
L2.0	IN3	IN	BOOL	
LD3	IN4	IN	DWORD	
LD7	INOUT	IN_OUT	REAL	
LD11	OUT	OUT	REAL	
		TEMP		

（a）

LAD主程序

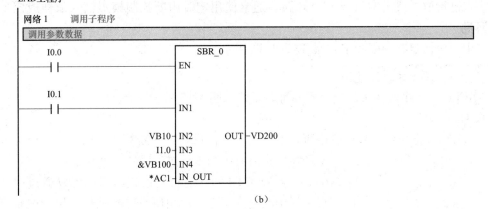

（b）

图 4-11　子程序调用示例

（a）变量定义；（b）主程序

图 4-11 中可以调用参数类型见表 4-2。

表 4-2　　　　　　　　　　　　　　调 用 参 数 类 型

调用参数类型	说　　明
IN	参数被交接至子程序。如果参数是直接地址（例如 VB10），在指定位置的数值被交接至子程序。如果参数是间接地址（例如 * AC1），位于指向位置的数值被交接至子程序。如果参数是数据常数（16♯1234）或地址（&VB100），常数或地址数值被交接至子程序
IN_OUT	位于指定参数位置的数值被交接至子程序，来自子程序的结果数值被返回至相同的位置。输入/输出参数不允许使用常数（例如 16♯1234）和地址（例如 &VB100）
OUT	来自子程序的结果数值被返回至指定的参数位置。常数（例如 16♯1234）和地址（例如 &VB100）不允许用作输出
TEMP	未用作交接参数的任何本地内存，不得用于子程序中的临时存储

4.3　中断子程序的使用

4.3.1　中断子程序的类型

中断程序可以为 PLC 内部或外部的特殊事件提供快速反应，通常中断子程序都较为短小和简明扼要，这样可以加快中断子程序执行的速度，使其他程序不会受到长时间的延误。

S7-200 PLC 支持以下中断子程序类型：

（1）通信端口中断。S7-200 PLC 生成允许程序控制通信端口的事件。此类操作通信端口的模式被称作自由端口模式。在自由端口模式中，程序定义波特率、每个字符的位、校验和协议；同时，可提供"接收"和"传送"中断，协助进行程序控制的通信。

（2）I/O 中断。S7-200 PLC 生成用于各种 I/O 状态不同变化的事件。这些事件允许程序对高速计数器、脉冲输出或输入的升高或降低状态作出应答。一般情况下，I/O 中断包括上升/下降边缘中断、高速计数器中断和脉冲链输出中断。S7-200 PLC 可生成输入（I0.0、I0.1、I0.2 或 I0.3）上升和/或下降边缘中断。

（3）时间基准中断。S7-200 PLC 生成允许按照具体间隔作出应答事件的中断子程序，以便对模拟输入进行取样或定期执行 PID 环路。通常使用定时中断控制模拟输入取样或定期执行 PID 环路。

时间基准中断包括定时中断和定时器 T32/T96 中断。

4.3.2　中断子程序的相关指令

在 S7-200 PLC 中，中断相关的指令有 6 种，具体如图 4-12 所示。

1. ENI 和 DISI 指令

中断允许（ENI）指令可全局性启用所有附加中断事件进程。中断禁止（DISI）指令可全局性禁止所有中断事件进程。

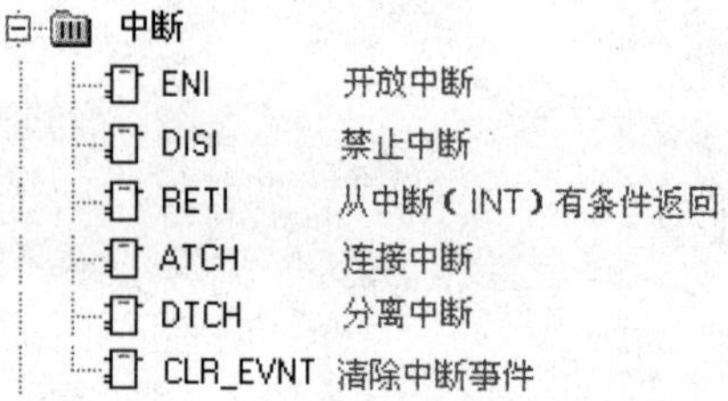

一旦进入 RUN（运行）模式，用户可以通过执行全局中断允许指令，启用所有中断进程。执行中断禁止指令会禁止处理中断；但是现用中断事件将继续入队等候。

图 4-13 所示为 ENI 和 DISI 指令。

2. ATCH 指令

中断连接（ATCH）指令可将中断事件（EVNT）与中断子程序号码（INT）相联系，并启用中断事件。ATCH 指令如图 4-14 所示。

白－中断
- ENI　　开放中断
- DISI　　禁止中断
- RETI　　从中断（INT）有条件返回
- ATCH　　连接中断
- DTCH　　分离中断
- CLR_EVNT　清除中断事件

图 4-12　中断相关的指令

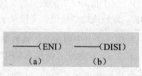

图 4-13　ENI 和 DISI 指令

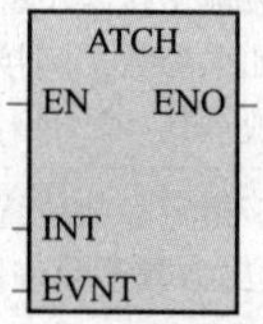

图 4-14　ATCH 指令

常见的 S7-200 PLC 中断事件见表 4-3。

表 4-3　　　　　　　　　　常见的 S7-200 PLC 中断事件

事件号码	中断说明	优先级别/组别	CPU 221	CPU 222	CPU 224	CPU 224XP 226 226XM
8	端口 0：接收字符	0	√	√	√	√
9	端口 0：传输完成	0	√	√	√	√
23	端口 0：接收信息完成	0	√	√	√	√

事件号码	中断说明	优先级别/组别	CPU 221	CPU 222	CPU 224	CPU 224XP 226 226XM
24	端口 1：接收信息完成	1				√
25	端口 1：接收字符	1				√
26	端口 1：传输完成	1				√
19	PTO 0 完全中断	0	√	√	√	√
20	PTO 1 完全中断	1	√	√	√	√
0	上升边缘，I0.0	2	√	√	√	√
2	上升边缘，I0.1	3	√	√	√	√
4	上升边缘，I0.2	4	√	√	√	√
6	下降边缘，I0.3	5	√	√	√	√
1	下降边缘，I0.0	6	√	√	√	√
3	下降边缘，I0.1	7	√	√	√	√
5	下降边缘，I0.2	8	√	√	√	√
7	下降边缘，I0.3	9	√	√	√	√
12	HSC0 CV=PV	10	√	√	√	√
27	HSC0 方向改变	11	√	√	√	√
28	HSC0 外部复原/Zphase	12	√	√	√	√
13	HSC1 CV=PV	13			√	√
14	HSC1 方向改变	14			√	√
15	HSC1 外部复原	15			√	√
16	HSC2 CV=PV	16			√	√
17	HSC2 方向改变	17			√	√
18	HSC2 外部复原	18			√	√
32	HSC3 CV=PV	19	√	√	√	√
29	HSC4 CV=PV	20	√	√	√	√
30	HSC1 方向改变	21	√	√	√	√
31	HSC1 外部复原/Zphase	22	√	√	√	√
33	HSC2 CV=PV	23	√	√	√	√
10	定时中断 0	0	√	√	√	√
11	定时中断 1	1	√	√	√	√
21	定时器 T32 CT=PT 中断	2	√	√	√	√
22	定时器 T96 CT=PT 中断	3	√	√	√	√

3．DTCH 指令

中断分离（DTCH）指令可取消中断事件（EVNT）与所有中断子程序之间的关联，并禁用中断事件，如图 4-15 所示。

图 4-15　DTCH 指令

在激活中断子程序之前，必须在中断事件和希望在事件发生时执行的程序段之间建立联系。使用"中断连接"指令将中断事件（由中断事件号码指定）与程序段（由中断子程序号码指定）联系在一起。用户可以将多个中断事件附加在一个中断子程序上，但一个事件不能同时附加在多个中断子程序上。当将一个中断事件附加在一个中断子程序上时，会自动启用中断。

如果用全局禁用中断指令禁用所有的中断，则每次出现的中断事件均入队等候，直至使用全局启用中断指令或中断队列溢出重新启用中断。用户可以使用"中断分离"指令断开中断事件与中断子程序之间的联系，从而禁用单个中断事件。"中断分离"指令可使中断返回至非现用或忽略状态。

4.3.3　技能训练【JN4-1】：处理 I/O 中断

现有一应用要求：根据 I0.0 的状态进行计数，如果输入 I0.0 为 1，则程序减计数；输入 I0.0 为 0，则程序加计数。

对于该类问题，可以采用 I/O 中断（即事件 0～7）来进行，即利用 I0.0 的上升沿和下降沿。当 I0.0 输入的状态发生改变，则将激活 I/O 中断，其中 INT_0 负责将存储器位 M0.0 置 1，INT_1 负责将存储器位 M0.1 置 0。

程序清单及注释如图 4-16～图 4-18 所示。

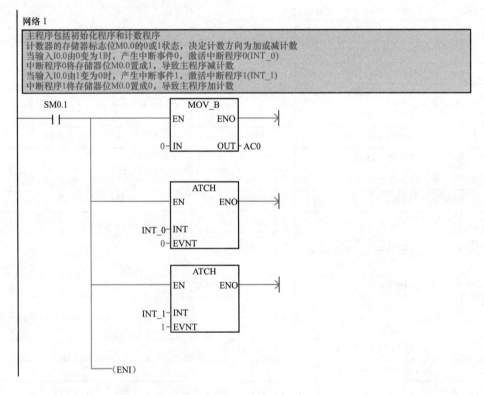

图 4-16　处理 I/O 中断主程序（一）

网络 2
程序加计数
M0.0
16#FE
>=B
AC0
SM0.5
P
INC_W
EN
ENO
AC0
IN
OUT
AC0
网络 3
程序减计数
M0.0
16#1
<=B
AC0
SM0.5
P
DEC_W
EN
ENO
AC0
IN
OUT
AC0
网络 4
当前计数值送出显示
SM0.0
MOV_B
EN
ENO
AC0
IN
OUT
QB0

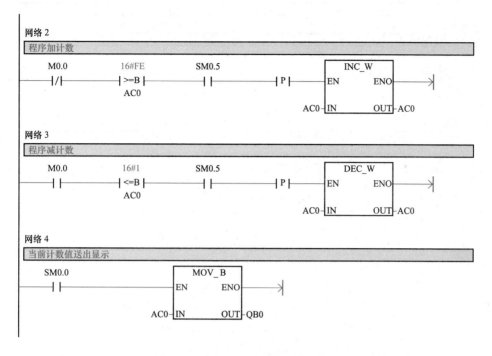

图 4-16 处理 I/O 中断主程序（二）

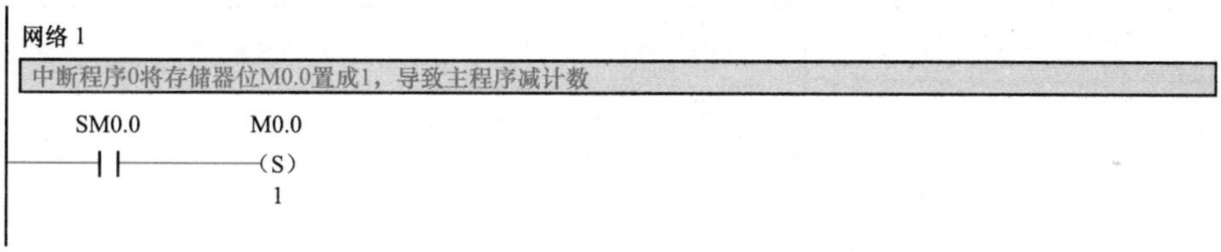

网络 1
中断程序0将存储器位M0.0置成1，导致主程序减计数
SM0.0
M0.0
S
1

图 4-17 中断子程序 INT_0

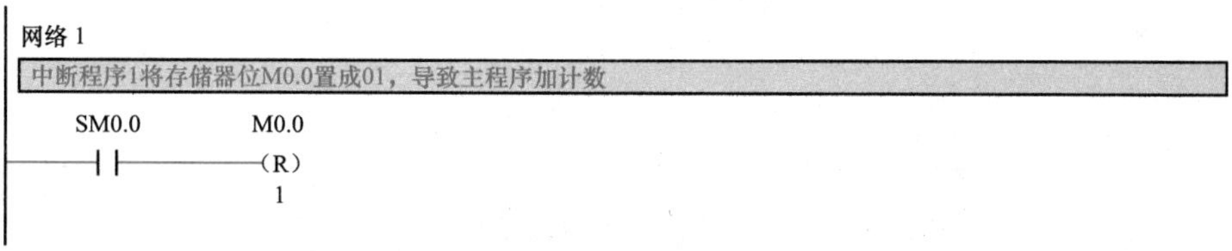

网络 1
中断程序1将存储器位M0.0置成01，导致主程序加计数
SM0.0
M0.0
R
1

图 4-18 中断子程序 INT_1

4.3.4 技能训练【JN4-2】：T32 中断控制 LED 灯

现有一应用要求：8 盏 LED 灯分别接在 PLC 的输出 Q0.0～Q0.7，要求能利用中断实现 8 盏灯循环左移。

对于该类问题，可以采用 T32 定时中断（即事件 21）来进行，最长定时间为 32767s。

该中断应用程序清单及注释如图 4-19～图 4-21 所示，其中应用到了 RLB 左移指令可以参考 S7-200 PLC 用户手册。

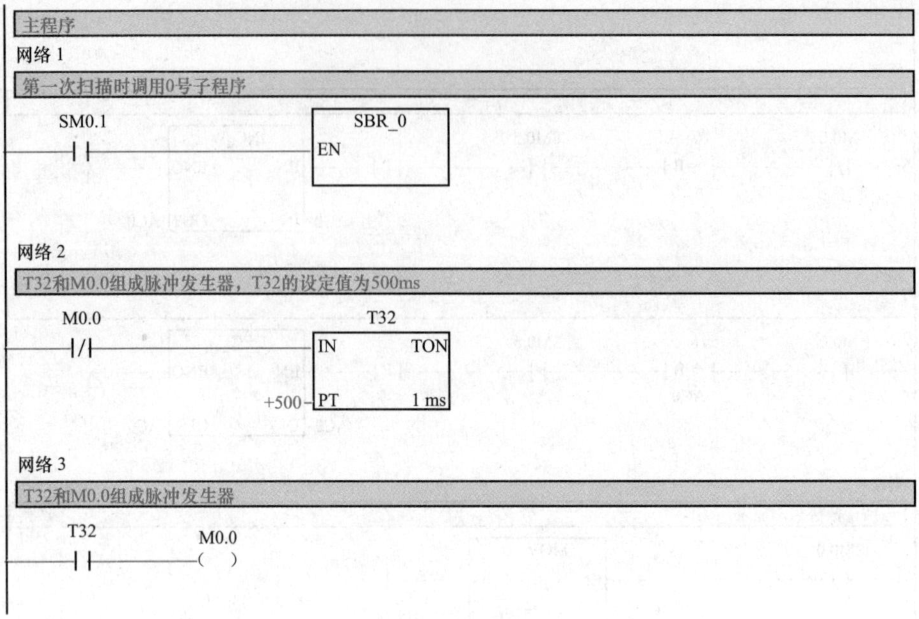

主程序

网络1

第一次扫描时调用0号子程序

```
SM0.1                        ┌─────────┐
─┤ ├──────────────────────────┤EN SBR_0 │
                              └─────────┘
```

网络2

T32和M0.0组成脉冲发生器，T32的设定值为500ms

```
M0.0                         ┌─────────────┐
─┤/├──────────────────────────┤IN    T32   │
                              │         TON │
                     +500─────┤PT    1 ms   │
                              └─────────────┘
```

网络3

T32和M0.0组成脉冲发生器

```
T32         M0.0
─┤ ├─────────( )
```

图 4-19   T32 中断控制 LED 灯主程序

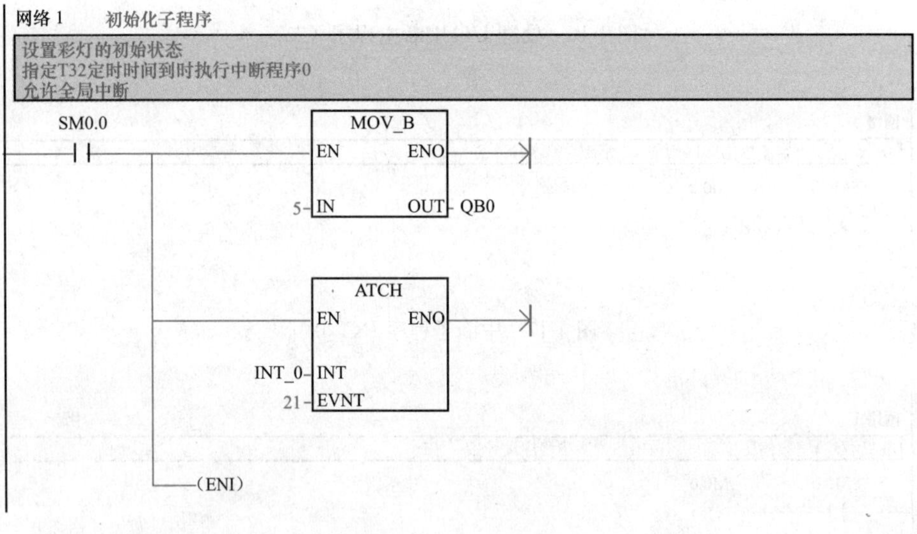

网络1   初始化子程序

设置彩灯的初始状态
指定T32定时时间到时执行中断程序0
允许全局中断

```
SM0.0                ┌──────────┐
─┤ ├──────┬───────────┤EN MOV_B  │
          │          │      ENO ├──┤►
          │       5──┤IN        │
          │          │      OUT ├─ QB0
          │          └──────────┘
          │
          │          ┌──────────┐
          ├───────────┤EN  ATCH  │
          │          │      ENO ├──┤►
          │    INT_0─┤INT       │
          │      21──┤EVNT      │
          │          └──────────┘
          │
          └──(ENI)
```

图 4-20   子程序 SBR_0

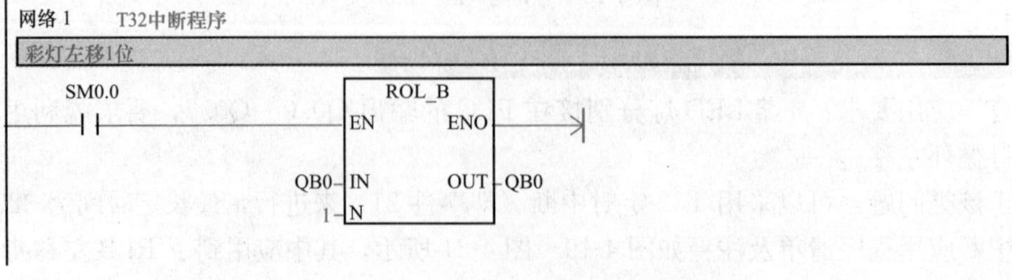

网络1   T32中断程序

彩灯左移1位

```
SM0.0                ┌──────────┐
─┤ ├──────────────────┤EN  ROL_B │
                     │      ENO ├──┤►
               QB0──┤IN        │
                     │      OUT ├─ QB0
                 1──┤N         │
                     └──────────┘
```

图 4-21   中断子程序 INT_0

4.4 PID 指令与向导

西门子 S7-200 PLC 具有标准的 PID 回路指令来实现各种温度控制。PID 回路（PID）指令（见图 4-22）根据表格（TBL）中的输入和配置信息对引用 LOOP 执行 PID 回路计算。PID 回路指令操作数见表 4-4。同时，逻辑堆栈（TOS）顶值必须是"打开"（使能位）状态，才能启用 PID 计算。

图 4-22　PID 回路指令

表 4-4　　　　　　　　　　　　　PID 回路指令操作数

输入	操作数	数据类型	备注
TBL	VB	字节	标准 80 个字节
LOOP	常数（0～7）	字节	最多 8 个回路

S7-200 PLC 程序中可使用 8 条 PID 指令，如果 2 条或多条 PID 指令使用相同的回路号码（即使它们的表格地址不同），PID 计算会互相干扰，结果难以预料。因此，必须在程序设计之初为每一个 PID 控制指定不同的回路号。

LOOP 回路表存储用于控制和监控回路运算的参数，包括程序变量、设置点、输出、增益、采样时间、整数时间（重设）、导出时间（速率）等数值。PID 指令框中输入的表格（TBL）起始地址为回路表分配 80 个字节（见表 4-5）。

表 4-5　　　　　　　　　　　　　PID 语句 LOOP 回路表

偏移量	域	格式	类型	说　　明
0	PV_n 进程变量	双字—实数	入	包含进程变量，必须在 0.0 至 1.0 范围内
4	SP_n 设定值	双字—实数	入	包含设定值，必须在 0.0 至 1.0 范围内
8	M_n 输出	双字—实数	入/出	包含计算输出，在 0.0 至 1.0 范围内
12	K_c 增益	双字—实数	入	包含增益，此为比例常数，可为正数或负数
16	T_s 采样时间	双字—实数	入	包含采样时间，以秒为单位，必须为正数
20	T_I 积分时间或复原	双字—实数	入	包含积分时间或复原，以分钟为单位，必须为正数
24	T_D 微分时间或速率	双字—实数	入	包含微分时间或速率，以分钟为单位，必须为正数
28	MX 偏差	双字—实数	入/出	包含 0.0 和 1.0 之间的偏差或积分和数值
32	PV_{n-1} 以前的进程变量	双字—实数	入/出	包含最后一次执行 PID 指令存储的进程变量以前的数值
36	PID 扩展表标识	ASCII	常数	'PIDA'（PID 扩展表 A 版）：ASCII 常数
40	AT 控制（ACNTL）	字节	入	
41	AT 状态（ASTAT）	字节	出	
42	AT 结果（ARES）	字节	入/出	
43	AT 配置（ACNFG）	字节	入	
44	偏差（DEV）	实数	入	最大 PV 振荡幅度的归一值
48	滞后（HYS）	实数	入	用于确定过零的 PV 滞后之归一值

偏移量	域	格式	类型	说　明
52	初始输出步长（STEP）	实数	入	用于在 PV 中诱发振荡的输出值中的步长改变的归一值
56	看门狗时间（WDOG）	实数	入	在两个过零之间以秒为单位的最大允许时间
60	建议增益（AT_KC）	实数	出	由自动调谐过程确定的建议回路增益
64	建议积分时间（AT_TI）	实数	出	由自动调谐过程确定的建议积分时间
68	建议微分时间（AT_TD）	实数	出	由自动调谐过程确定的建议微分时间
72	实际步长（ASTEP）	实数	出	由自动调谐过程确定的归一输出步长值
76	实际滞后（AHYS）	实数	出	由自动调谐过程确定的归一 PV 滞后值

由表 4-5 可以看出，偏移量 0 为实际检测值（或称反馈值），偏移量 4 为设定值（或称目标值），偏移量 8 为输出值。需要注意的是：此表起初的长度为 36 个字节，但在西门子新版本软件 V4.0 增加了 PID 自动调谐后，回路表现已扩展到 80 个字节。

4.4.2　PID 语句的使用

在工业控制系统中，可能有必要仅采用一种或两种回路控制方法。例如，可能只要求比例控制或比例和积分控制。这时可以通过设置常数参数值对所需的回路控制类型进行选择。

如果不需要积分运算（即在 PID 计算中无 "I"），则应将积分时间（复原）指定为 "INF"（无限大）。由于积分和 MX 的初始值，即使没有积分运算，积分项的数值也可能不为零；如果不需要求导数运算（即在 PID 计算中无 "D"），则应将求微分时间（速率）指定为 0.0；如果不需要比例运算（即在 PID 计算中无 "P"），但需要 I 或 ID 控制，则应将增益值指定为 0.0；在实际应用中，设定值、反馈值和输出值均为实际数值，其大小、范围和工程单位可能不同。

（1）设定值和反馈值的转换。将这些数值用于 PID 指令操作之前，必须将其转换成标准化小数表示法，其方法如下

$$PID 标准值 ＝ 原值 ÷ 值域 ＋ 偏置值$$

偏置值如果单极性数值时取 0.0，如果是双极性数值时取 0.5。

单极性数值例子如图 4-23 所示。

（2）输出值的转换。该数值在 PID 操作之后，必须将 PID 标准化小数转换成实际值（0～32000），其方法如下

$$实际输出值 ＝（PID 标准输出值 － 偏置值）× 值域$$

偏置值的选择同（1）。单极性数值输出的例子如图 4-24 所示。

4.4.3　PID 向导的使用

除了使用标准 PID 指令外，还可以使用 PID 向导。

选择菜单命令工具（T）＞指令向导；或点击浏览条中的指令向导图标，然后选择 PID；或打开指令树中的 "向导" 文件夹并随后打开此向导或某现有配置，如图 4-25 所示。

PID 向导使用的步骤主要包括七方面：指定回路号码、设置回路参数、回路输入和输出选项、回路报警选项、为计算指定存储区、指定初始化子程序和中断程序、生成代码。

S7-200 PLC 指令向导的 PID 功能可用于简化 PID 操作配置。向导向用户询问初始化选项，然后为指定配置生成程序代码和数据块代码。

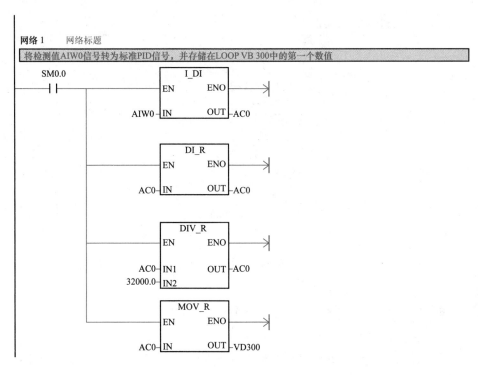

图 4-23 单极性数值转换为 PID 标准信号

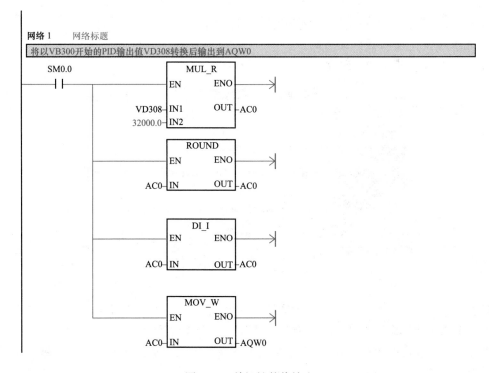

图 4-24 单极性数值输出

在使用 PID 向导之前，程序必须被编译并位于符号编址模式。如果尚未编译，向导会

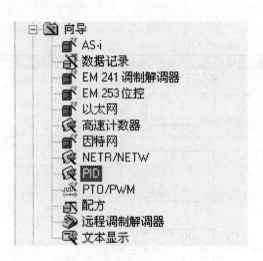

图 4-25　指令树中的"向导"文件夹

在 PID 配置过程开始提示进行编译。

4.4.4　技能训练【JN4-3】：PID 向导的使用

某化工厂的恒液位 PID 控制要求如下：

（1）过程反馈值（即实际值）的输入地址为 AIW0。

（2）PID 模拟量输出值地址为 AQW0。

（3）可以通过 I0.0 输入开关信号进行手动（I0.0＝OFF）/自动（I0.0＝ON）切换。

（4）高限报警输出为 Q0.0，低限报警输出为 Q0.1。

1. 进入向导，并指定回路号码

如图 4-26 所示进入 PID 向导。

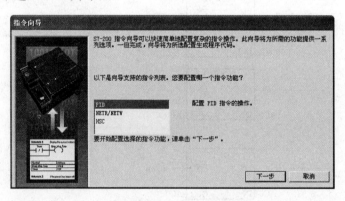

图 4-26　进入 PID 向导

如果项目包含使用 STEP 7 Micro/WIN 3.2 版建立的现有 PID 配置，用户必须在继续执行步骤 1 之前选择编辑其中一个现有配置或建立一个新配置。

然后，用户指定配置哪一个 PID 回路（见图 4-27）。一般情况下，如果只是一个 PID，可以采用默认参数，即 PID 回路 0。

2. 设置回路参数

如图 4-28 所示设置回路参数。参数表地址的符号名已经由向导指定。PID 向导生成的

图 4-27　指定配置哪一个 PID 回路

代码使用相对于参数表中的地址的偏移量建立操作数。如果用户为参数表地址建立了符号名，然后又改变为该符号指定的地址，由 PID 向导生成的代码则不再能够正确执行。

回路给定是为向导生成的子程序提供的一个参数，本例选择默认参数。

（1）回路给定值标定。为"范围低限"和"范围高限"选择任何实数。默认值是 0.0 和 100.0 之间的一个实数。

（2）回路参数。回路参数包括比例增益、采样时间、积分时间、微分时间。

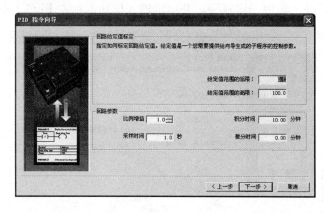

图 4-28　设置回路参数

3. 设置回路输入和输出选项

回路过程变量是用户为向导生成的子程序指定的一个参数。向导会询问以下回路输入和输出选项（见图 4-29）。

（1）指定回路过程变量（PV）应当如何标定，可以选择：

1）单极性（可编辑，默认范围 0～32000）。

2）双极性（可编辑，默认范围 −32000～32000）。

3）20％偏移量（设置范围 6400～32000，不可变更）。

（2）指定回路输出应当如何标定，可以选择：

1）输出类型（模拟量或数字量）。

如果选择配置数字量输出类型，则必须以秒为单位输入"占空比周期"。

2）标定（单极、双击或 20％偏移量）。

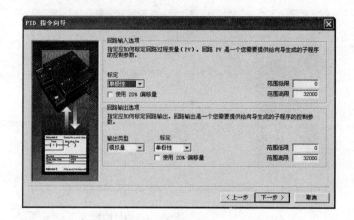

图 4-29　回路输入和输出选项

4. 设置回路报警选项

该向导为各种回路条件提供输出（见图 4-30）。当达到报警条件时，输出被置位。
指定希望使用报警输入的条件：

（1）使能低限报警（PV），并在 0.0 到报警高限之间设置标准化的报警低限。

（2）使能高限报警（PV），并在报警低限和 1.0 之间设置标准化的报警高限。

（3）使能模拟量输入模块错误报警，并指定输入模块附加在 PLC 上的位置。

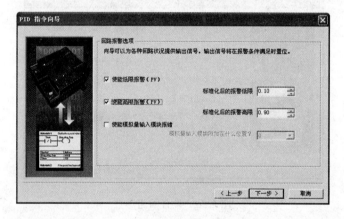

图 4-30　设置回路报警选项

5. 为计算指定存储区

PID 指令使用 V 存储区中的一个 36 个字节的参数表，存储用于控制回路操作的参数。
PID 计算还要求一个"暂存区"，用于存储临时结果。用户需要指定该计算区开始的 V 存储
区字节地址（如图 4-31 所示中的从 VB0 到 VB119）。

用户还可以选择增加 PID 的手动控制（见图 4-32）。位于手动模式时，PID 计算不执
行，回路输出不改变。

当 PID 位于手动模式时，输出应当通过向"手动输出"参数写入一个标准化数值
（0.00 至 1.00）的方法控制输出，而不是用直接改变输出的方法控制输出。这样会在 PID
返回自动模式时提供无扰动转换。

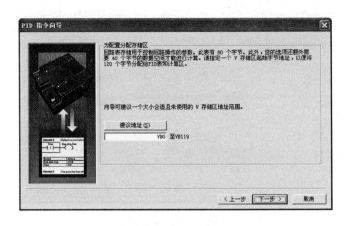

图 4-31　为计算指定存储区

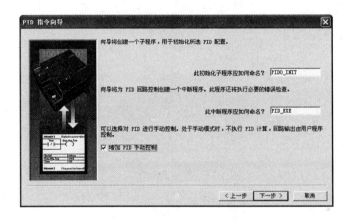

图 4-32　增加 PID 手动控制

6. 指定子程序和中断程序

如果项目包含一个激活 PID 配置，已经建立的中断程序名被设为只读。因为项目中的所有配置共享一个公用中断程序，项目中增加的任何新配置不得改变公用中断程序的名称。

向导为初始化子程序和中断程序指定了默认名称（见图 4-33）。当然也可以编辑默认名称。

7. 生成 PID 代码

回答以上所有询问后，点击"完成"，S7-200 PLC 指令向导将为用户指定的配置生成程序代码和数据块代码。

由向导建立的子程序和中断程序成为项目的一部分。要在程序中使能该配置，每次扫描周期时，使用 SM0.0 从主程序块调用该子程序。该代码配置 PID0。该子程序初始化 PID 控制逻辑使用的变量，并启动 PID 中断"PID_EXE"程序。根据 PID 采样时间循环调用 PID 中断程序。

如图 4-35～图 4-38 所示为 PID 向导生成的 PID 符号表、符号表具体内容、所有程序、数据块、PID0_INIT 程序的变量定义和主程序。

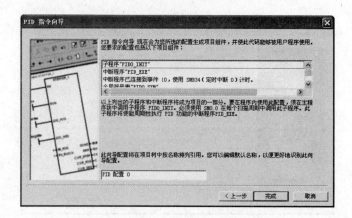

图 4-33　指定子程序和中断程序

			符号	地址	注释
1			PID0_Low_Alarm	VD116	报警低限
2			PID0_High_Alarm	VD112	报警高限
3			PID0_Mode	V82.0	
4			PID0_WS	VB82	
5			PID0_D_Counter	VW80	
6			PID0_D_Time	VD24	微分时间
7			PID0_I_Time	VD20	积分时间
8			PID0_SampleTime	VD16	采样时间（要修改请重新运行 PID 向导）
9			PID0_Gain	VD12	回路增益
10			PID0_Output	VD8	标准化的回路输出计算值
11			PID0_SP	VD4	标准化的过程给定值
12			PID0_PV	VD0	标准化的过程变量
13			PID0_Table	VB0	PID 0 的回路表起始地址

图 4-34　符号表具体内容

			符号	地址	注释
1			SBR_0	SBR0	子程序注释
2			PID0_INIT	SBR1	此 POU 由 S7-200 指令向导的 PID 功能创建。
3			INT_0	INT0	中断程序注释
4			PID_EXE	INT1	此 POU 由 S7-200 指令向导的 PID 功能创建。
5			主程序	OB1	程序注释

图 4-35　PID 向导生成的所有程序

```
//下列内容由 S7-200 的 PID 指令向导生成。
//PID 0 的参数表。
VD0      0.0                    //过程变量
VD4      0.0                    //回路给定值
VD8      0.0                    //回路输出计算值
VD12     1.0                    //回路增益
VD16     1.0                    //采样时间
VD20     10.0                   //积分时间
VD24     0.0                    //微分时间
VD28     0.0                    //积分项前值
VD32     0.0                    //上次运算时存储的过程变量前值。
VB36     'PIDA'                 //扩展回路表标志
VB40     16#00                  //算法控制字节
VB41     16#00                  //算法状态字节
VB42     16#00                  //算法结果字节
VB43     16#03                  //算法配置字节
VD44     0.08                   //从"高级"按钮或默认设置的偏差值
VD48     0.02                   //从"高级"按钮或默认设置的滞后死区值
VD52     0.1                    //从"高级"按钮或默认设置的起始输出步长值
VD56     7200.0                 //从"高级"按钮或默认设置的看门狗超时值
VD60     0.0                    //由自动调节算法决定的增益值
VD64     0.0                    //由自动调节算法决定的积分时间值
VD68     0.0                    //由自动调节算法决定的微分时间值
VD72     0.0                    //选择自动计算选项时由算法计算的偏差值
VD76     0.0                    //选择自动计算选项时由算法计算的滞后死区值
VD112    0.9                    //报警高限
VD116    0.1                    //报警低限
```

图 4-36　数据块

		符号	变量类型	数据类型	注释
		EN	IN	BOOL	
LW0		PV_I	IN	INT	过程变量输入：范围从 0 至 32000
LD2		Setpoint_R	IN	REAL	给定值输入：范围从 0.0 至 100.0
L6.0		Auto_Manual	IN	BOOL	自动/手动模式（0 = 手动模式，1 = 自动模式）
LD7		ManualOutput	IN	REAL	手动模式时回路输出期望值：范围从 0.0 至 1.0
			IN		
			IN_OUT		
LW11		Output	OUT	INT	PID 输出：范围从 0 至 32000
L13.0		HighAlarm	OUT	BOOL	过程变量（PV）>报警高限（0.90）
L13.1		LowAlarm	OUT	BOOL	过程变量（PV）<报警低限（0.10）
			OUT		
LD14		Tmp_DI	TEMP	DWORD	
LD18		Tmp_R	TEMP	REAL	
			TEMP		

此 POU 由 S7-200 指令向导的 PID 功能创建。
要在用户程序中使用此配置，请在每个扫描周期内使用 SM0.0 在主程序块中调用此子程序。此代码配置 PID 0。
在 DB1 中可以找到从 VB0 开始的 PID 回路变量表。此子程序初始化 PID 控制逻辑使用的变量，并启动 PID 中断程序 "PID_EXE"。PID 中断程序会根据 PID 采样时间被周期性调用。如需 PID 指令的完整说明，请参见《S7-200系统手册》。注意：当 PID 位于手动模式时，输出应该通过写入一个标准化的数值（0.00 至 1.00）至手动输出参数来控制，而不是直接改动输出。这将使 PID 返回至自动模式时保持输出无扰动。

图 4-37 PID0_INIT 程序的变量定义

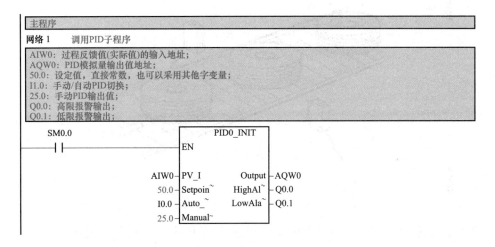

图 4-38 主程序

思考与练习

4.1 选择题

(1) 顺序控制段开始指令的操作码是（ ）。

　　A. SCR　　　　　　B. SCRP　　　　　　C. SCRE　　　　　D. SCRT

(2) PID 回路指令操作数 TBL 可寻址的寄存器为（ ）。

　　A. I　　　　　　　B. M　　　　　　　　C. V　　　　　　　D. Q

(3) 顺序控制段转移指令的操作码是（ ）。

　　A. SCR　　　　　　B. SCRP　　　　　　C. SCRE　　　　　D. SCRT

(4) 顺序控制段结束指令的操作码是（ ）。

　　A. SCR　　　　　　B. SCRP　　　　　　C. SCRE　　　　　D. SCRT

　　E. END

（5）中断分离指令的操作码是（　　）。

    A. DISI   B. ENI   C. ATCH   D. DTCH

（6）以下（　　）不属于 PLC 的中断事件类型。

    A. 通信口中断   B. I/O 中断   C. 定时中断   D. 编程中断

（7）在顺序控制继电器指令中的操作数 n，所能寻址的寄存器只能是（　　）。

    A. S   B. M   C. SM   D. T

（8）无条件子程序返回指令是（　　）。

    A. CALL   B. CRET   C. RET   D. SBR

4.2 图 4-39 所示为某汽车厂轮胎计数生产线，请选择合适的光电开关、按钮、输出继电器和报警灯，并进行硬件设计，同时用软件进行编程。要求：①按下启动按钮，输送带电机运行；②光电开关预设数量为 20 个；③当计数器达到 20 个时，输送带停止运行 10s；④待停止 10s 后，输送带继续运行，重新计数；⑤当轮胎计数达到 200 个数时，输出报警灯，全线停机。

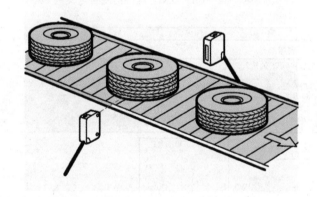

图 4-39　轮胎计数生产线

4.3 在某点焊机设备中（见图 4-40），通过 SA1 和 SA2 的选择开关可以设定点焊动作次数为 100、200、400、800 共四种。根据点焊脚踏板 SB1 的计数，当达到预定设置次数时，输出报警灯闪烁。请设计合理的硬件接线图，并进行编程。

4.4 使用顺序控制程序结构，编写出实现红、黄、绿三种颜色信号灯循环显示程序（要求循环间隔时间为 1s），并划出该程序设计的功能流程图。

4.5 某自动生产线上，使用有轨小车来运转工序之间的物件，小车的驱动采用电动机拖动，其行驶示意图如图 4-41 所示。电动机正转，小车前进；电动机反转，小车后退。

控制过程为：

（1）小车从原位 A 出发驶向 1♯ 位，抵达后，立即返回原位。

（2）接着直向 2♯ 位驶去，到达后立即返回原位。

（3）第三次出发一直驶向来 3♯ 位，到达后返回原位。

（4）必要时，小车按上述要求出发三次运行一个周期后能停下来。

（5）根据需要，小车能重复上述过程，不停地运行下去，直到按下停止按钮为止。

请设计 PLC 控制系统硬件，并进行软件编程以满足工艺要求。

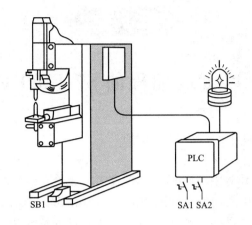

图 4-40 点焊次数控制

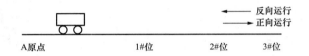

图 4-41 小车行驶示意图

4.6 设计一个 PID 恒液位控制系统，设定来源于一电位器（4.7kΩ，1W），控制输出为调节阀。请设计合理的硬件接线图，并编程。

第 5 章

基于以太网编程的 S7-1200 PLC

西门子 S7-1200 PLC 作为中小型 PLC 的佼佼者，无论在硬件配置和软件编程上都具有强大的优势。尤其是基于以太网编程和通信的特点，给 S7-1200 PLC 的应用带来了无限的想象力。S7-1200 PLC 不同的 CPU 模块提供了各种各样的特征和功能，这些特征和功能可帮助用户针对不同的应用创建有效的解决方案。

学 习 目 标

知识目标

掌握 S7-1200 PLC 的硬件组成；了解 S7-1200 PLC 扩展模块的类型及其安装方式；熟悉 TIA 软件的基本功能和强大编辑能力。

能力目标

能独立安装 STEP 7 V11 软件，能通过一个简单的案例来掌握 TIA 软件的整个应用过程，能解决开关量控制的硬件和软件设计；能正确选择 S7-1200 PLC 数字量或模拟量扩展模块，并进行正确硬件配置，实现一个小型自动化控制系统的硬件与软件设计全过程。

职业素养目标

通过综合使用各种自动化产品形成全集成自动化思想（TIA），能正确树立全局自动化系统观。

5.1 S7-1200 PLC 的硬件组成与 TIA 软件安装

5.1.1 S7-1200 PLC 的硬件组成部分

1. CPU 模块

如图 5-1 所示，S7-1200 PLC 的 CPU 模块包括 CPU、电源、输入信号处理回路、输出信号处理回路、存储区、RJ45 端口和扩展模块接口。其本质为一台计算机，负责系统程序的调度、管理、运行和 PLC 的自诊断，负担将用户程序作出编译解释处理以及调度用户目标程序运行的任务。与前述西门子 S7-200 PLC CPU 模块最大的区别在于它标准配置了以太网接口 RJ45，并可以采用一根标准网线与安装有 STEP 7 TIA V11 以上软件的 PC 进行通信，这也是它的优点之一。

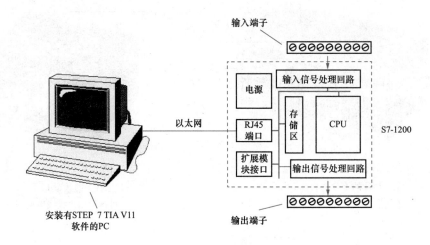

图 5-1　S7-1200 PLC CPU 模块

目前西门子公司提供 CPU 1211C、CPU 1212C、CPU 1214C、CPU 1215C 等多种类型，以 CPU 1211C 为例，图 5-2 所示为其外观示意。

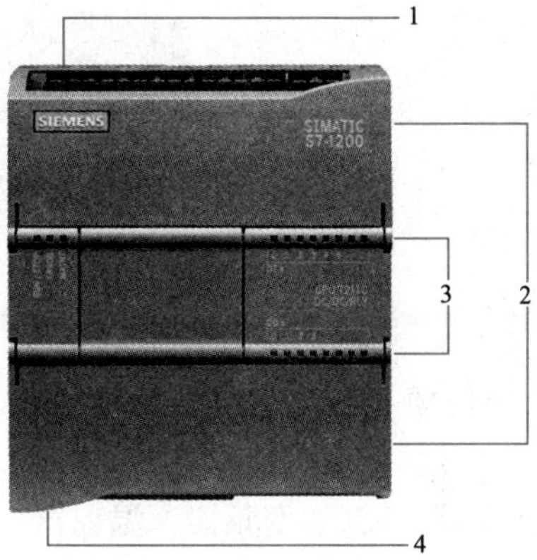

这里需要注意的是：S7-1200 PLC 的输入/输出端子与 S7-200 PLC 刚好相反，前者是输入在上输出在下，这个对已经使用过 S7-200 PLC 的用户尤其引起必要关注，以防接错线。

2. 信号模块（SM）

信号模块用于扩展控制器输入和输出通道，可以使 CPU 增加附加功能，信号模块连接在 CPU 模块右侧（见图 5-3），但是与 S7-200 PLC 不同的是它的全新安装方式。

3. 信号板（SB）

信号板（Signal Board，SB）为 S7-1200

图 5-2　CPU 1211C 的外观
1—电源接口；2—可拆卸用户接线连接器（保护盖下面）、存储卡插槽（上部保护盖下面）；3—板载 I/O 的状态 LED；4—PROFINET 连接器（CPU 的底部）

PLC 所特有的，通过 SB 给 CPU 模块增加 I/O。每一个 CPU 模块都可以添加一个具有数字量或模拟量 I/O 的 SB，SB 连接在 CPU 的前端。信号板如图 5-4 所示。

4. 存储卡

如果确实需要安全保护数据，可将用户程序存储在存储卡内，用这种方式，可保证断电时不会丢失数据或程序，存储卡以 FLASH EPROM 提供最大 512KB 存储器。它们是直接在 CPU 内编程，因此不需要 MC 编程器。存储卡在 CPU 上的中央数据管理方面也起到重要作用，这是因为，连接 I/O 模块的所有参数化数据都安全地存储在卡上。要插入存储卡，需打开 CPU 顶盖（见图 5-5），然后将存储卡插入到插槽中。推弹式连接器可以轻松地插入和取出。存储卡要求正确安装。

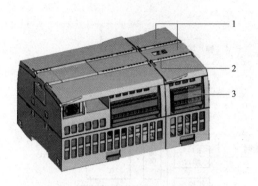

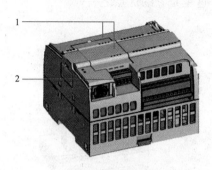

图 5-3　信号模块
1—信号模块的 I/O 的状态 LED；2—总线
连接器；3—可拆卸用户接线连接器

图 5-4　信号板
1—SB 上的状态 LED；
2—可拆卸用户接线连接器

图 5-5　存储卡

5. 通信模块

通信模块接入 PLC 后，可使 PLC 与计算机，或 PLC 与 PLC 进行通信，有的还可实现与其他控制部件（如变频器、温控器）进行通信，或组成局部网络。通信模块代表 PLC 的组网能力，代表着当今 PLC 性能的重要方面。

5.1.2　技能训练【JN5-1】：STEP 7 V11 软件的安装

1. STEP 7 V11 软件介绍

西门子小型 PLC S7-1200 系列的编程软件为 SIMATIC STEP 7 V11，与以往的 STEP 7 MicroWin 或者 STEP 7 V5.4 等版本相比有较大改观。

STEP 7 Professional V11 是所有 SIMATIC 控制器类别（S7-1200、S7-300、S7-400）的工程系统，也是在一个应用程序中集成了各种西门子 SIMATIC 全集成自动化（即 Totally Integrated Automation）产品，利用这一软件用户可以大大提高生产力和效率。所有 TIA 产品在该软件中能做到协作顺畅并一目了然，从而支持用户创建各种领域的自动化解决方案。图 5-6 所示是利用 STEP 7 V11 软件来解决典型的自动化方案。它通常包含以下内容：PLC 使用用户程序来控制机器，用户使用人机界面设备操作和监视过程。

2. STEP 7 V11 软件安装步骤

软件安装的具体步骤：

（1）在要求选择安装语言的对话框，选择需要安装的语言（在这里选择中文），如图 5-7 所示。

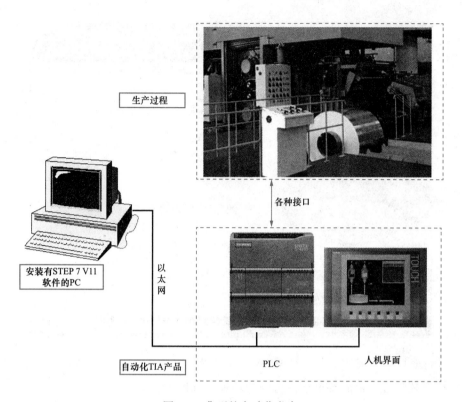

图 5-6　典型的自动化方案

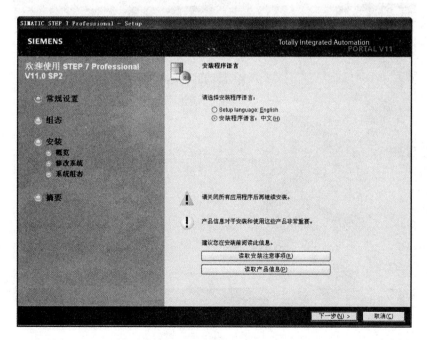

图 5-7　选择安装语言

（2）正式的软件安装如图 5-8 所示，共包括 SIMATIC STEP 7 V11、Siemens Automation License Manage、SIMATIC WinCC Basic V11 等多个软件。

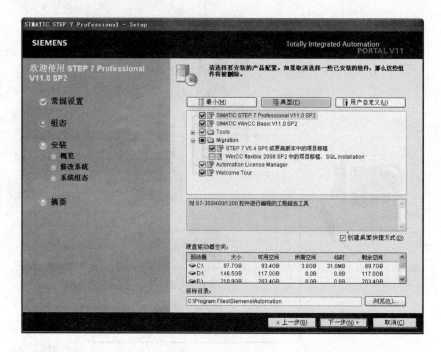

图 5-8　正式安装软件

（3）在安装过程中，需要进行许可证的传递，如图 5-9 所示。

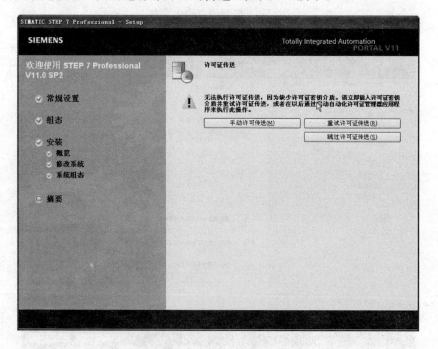

图 5-9　许可证传递

（4）如果安装成功，计算机屏幕会显示成功安装的消息，会提示用户进行计算机重启。如果安装时有错误发生，将会显示错误消息，可从中了解错误的类型，同时可以利用安装程序进行修改、修复或卸载。

（5）成功安装后将会出现两个程序的快捷启动图标，分别是 Totally Intergrated Auto-mation 软件（简称 TIA 软件）和 Automation License Manager 软件，其实 TIA 软件包括了 SIMATIC STEP 7 V11 和 SIMATIC WinCC Basic V11 等。

图 5-10 所示为 Automation License Manager 软件的界面，意味着在本机已经安装了 WinCC Basic 和 STEP 7 V11 软件授权。

图 5-10 Automation License Manager 软件的界面

在电脑上双击打开 TIA 图标，就会出现如图 5-11 所示的 TIA 软件界面。然后点击"已安装产品"，将提示目前所安装软件的种类和版本。

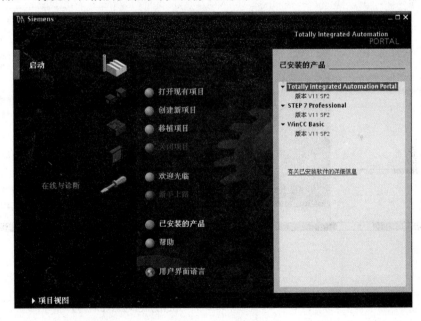

图 5-11 TIA 软件的界面

5.1.3 TIA 软件的界面特点

TIA 软件提供两种优化的视图，即起始视图（见图 5-12）和项目视图（见图 5-13）。如图 5-13 所示，起始视图可以清晰地显示自动化项目的所有任务入口，初次使用者可以快速上手使用，通过它可以快速找到自动化任务的正确编辑器，并且编辑器之间切换方便，直接可以在线。在起始视图中，"设备与网络"是定义和配置项目中的设备和它们之间的通信关系，如配置 PLC、人机界面和两者的网络，同时也可以通过使用共同变量建立必要的逻辑连接；"PLC 编程"是为项目中的每个 PLC 设备创建控制程序；"可视化"是创建人机界面的画面组态；"在线和诊断"是显示连接的设备及状态。项目视图与起始视图不同，它可以访问所有的编辑器、参数和数据，可以进行高效的工程组态和编程。

图 5-12　起始视图

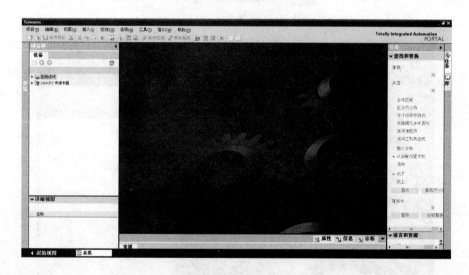

图 5-13　项目视图

5.2　用 S7-1200 PLC 来控制电动机启停

5.2.1　技能训练【JN5-2】：三相电动机的直接启动控制

1. 任务说明

三相异步电动机的直接启动控制如图 5-14 所示，电路的工作原理如下：

合上电源开关 QS，
启动：按 SB2 ──→ KM 线圈得电 ──→ KM 动合辅助触点闭合自锁
　　　　　　　　　　　　　　 ──→ KM 主触头闭合 ──→ 电动机 M 启动运转

松开启动按钮 SB2，由于接在按钮 SB2 两端的 KM 动合辅助触点闭合自锁，控制回路仍保持接通，电动机 M 继续运转。

停止:按 SB1→KM 线圈断电释放 ——→ KM 动合辅助触点断开→自锁解锁

——→ KM 主触头断开→电动机 M 停止运转

现在要求对控制电路进行 S7-1200 PLC 改造,请设计合理的硬件图,并进行软件编程。

2. S7-1200 PLC 电气接线

本章节所有的案例都采用 S7-1200 PLC CPU 1214C DC/DC/DC 进行接线与编程,因此首先需要了解该类型 PLC 的具体接线(见图 5-15)。

由图 5-15 可以看出,S7-1200 PLC CPU 1214C DC/DC/DC 的接线有以下几个特点:

(1)外部传感器的接线可以借用 PLC 的输入电源 24VDC。

(2)PLC 的输入电源和输出电源可以采用同一个电源,也可以采用不同的直流电源。

(3)24VDC 输入既可以采取 NPN 输入,也可以采用 PNP 输入。

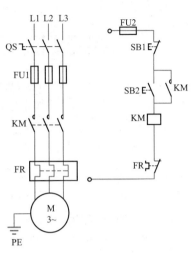

图 5-14　三相异步电动机的直接启动

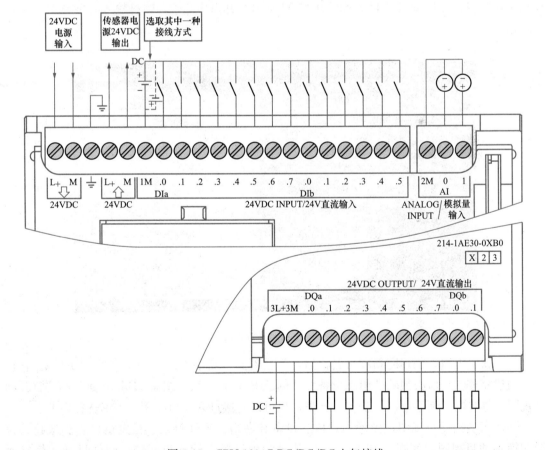

图 5-15　CPU 1214C DC/DC/DC 电气接线

根据以上原则，可以画出本方案的 PLC 控制原理图，如图 5-16 所示。

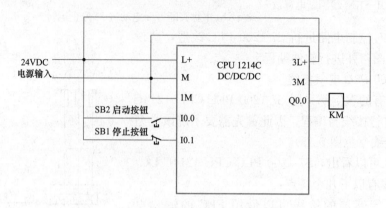

图 5-16　电动机直接启动的 PLC 控制原理图

3. TIA 软件的应用

TIA 软件可用来帮助用户组态自动化解决方案，其关键的组态步骤依次为：创建项目、配置硬件、设备联网、对 PLC 或人机界面编程、装载组态数据、使用在线和诊断功能。

（1）创建新项目，输入项目名称及存放路径。对于本案例来讲，首先要在起始视图中创建一个新项目，然后输入项目名称，比如 Motor1，并点击 ┄┄┄ 图符输入存放路径（见图 5-17）。

图 5-17　创建新项目

（2）新手上路。创建完新项目名称后，就会看到"新手上路"提示（见图 5-18）。它包含了创建完整项目所必须的"组态设备"、"创建 PLC 程序"、"组态 HMI 画面"和"打开项目视图"等步骤。新手可以一步步做下来，也可以直接进入项目视图。本书选择后者。

（3）切换到项目视图，熟悉项目树、设备和网络、硬件目录、信息窗口等。从起始视图切换到项目视图，如图 5-19 所示。它共分为项目树、设备与网络、硬件目录、信息窗口等。

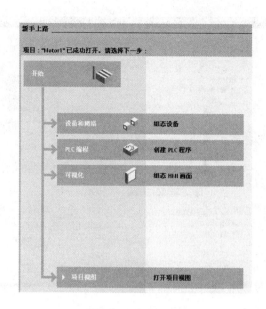

图 5-18　新手上路

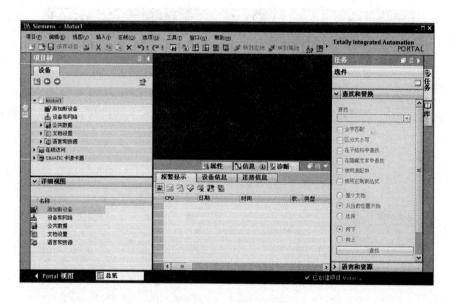

图 5-19　项目视图总览

（4）硬件配置初步——添加新设备。与 S7-200 PLC 不同，S7-1200 PLC 提供了完整的硬件配置。从项目树中，选择"添加新设备"，如图 5-20 所示，首先选择 SIMATIC PLC，并依次点开 PLC 的 CPU 类型，最终选择本本案例所选用的 6ES7214-1AE30-0XB0。

点击确定后，出现图 5-21 所示的完整设备视图。

（5）定义设备属性，完成硬件配置。要完成硬件配置，在选择完 PLC 的 CPU 后，还需要添加和定义其他扩展模块、网络等重要信息。对于扩展模块来讲，只需要从右边的"硬件目录"中拖入相应的模块即可。本案例只用到 CPU 一个模块，因此，不用再添加其他模块。在设备视图中，点击 CPU 模块，就会出现 CPU 的属性窗口，如图 5-22 所示。

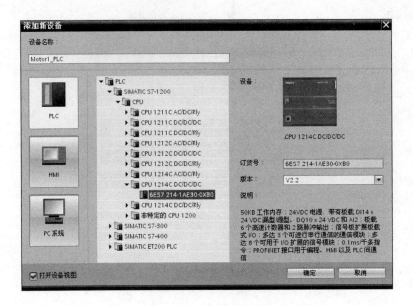

图 5-20　添加新设备

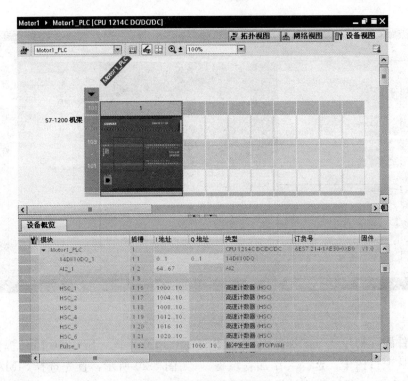

图 5-21　完整设备视图

因为 CPU 没有预组态的 IP 地址，所以必须手动分配 IP 地址。如图 5-23 所示，在组态 CPU 的属性时组态 PROFINET 接口的 IP 地址与其他参数。在 PROFINET 网络中，制造商会为每个设备都分配一个唯一的"介质访问控制"地址（MAC 地址）以进行标识。每个设备也都必须具有一个 IP 地址。

下面对以太网地址、IP 地址和子网掩码进行介绍。

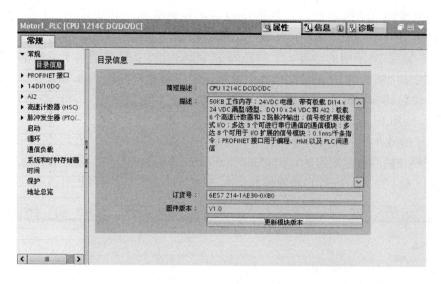

图 5-22　CPU 的属性窗口

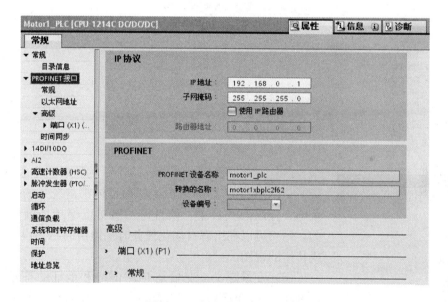

图 5-23　PROFINET 接口属性

（1）以太网（MAC）地址：在 PROFINET 网络中，制造商会为每个设备都分配一个"介质访问控制"地址（MAC 地址）以进行标识。MAC 地址由六组数字组成，每组两个十六进制数，这些数字用连字符（-）或冒号（:）分隔并按传输顺序排列（例如 01-23-45-67-89-AB 或 01：23：45：67：89：AB）。

（2）IP 地址：每个设备也都必须具有一个 Internet 协议（IP）地址。该地址使设备可以在更加复杂的路由网络中传送数据。每个 IP 地址分为四段，每段占 8 位，并以点分十进制格式表示（例如，211.154.184.16）。IP 地址的第一部分用于表示网络 ID（您正位于什么网络中？），地址的第二部分表示主机 ID（对于网络中的每个设备都是唯一的）。IP 地址 192.168.x.y 是一个标准名称，视为未在 Internet 上路由的专用网的一部分。

（3）子网掩码：子网是已连接的网络设备的逻辑分组。在局域网（Local Area Network，LAN）中，子网中的节点往往彼此之间的物理位置相对接近。掩码（称为子网掩码或网络掩码）定义 IP 子网的边界。子网掩码 255.255.255.0 通常适用于小型本地网络。这就意味着此网络中的所有 IP 地址的前 3 个八位位组应该是相同的，该网络中的各个设备由最后一个八位位组（8 位域）来标识。例如，在小型本地网络中，为设备分配子网掩码 255.255.255.0 和 IP 地址 192.168.2.0 到 192.168.2.255。

硬件配置的另外一个特点就是：灵活、自由，包括寻址的自由。在以往 S7-200 PLC 中，CPU 及扩展模块的寻址是固定的，但是 S7-1200 PLC 则提供了自由地址的功能，如图 5-24 所示，它可以对 I/O 地址进行起始地址的自由选择，如 0-1023 均可以。

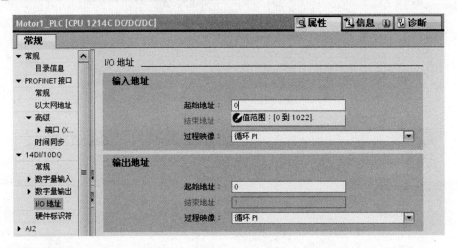

图 5-24　I/O 地址

图 5-25　项目树全貌

（4）打开项目树。如图 5-25 所示为项目树全貌。对于 S7-1200 PLC 和人机界面来讲，其项目树都是统一的。即使在复杂的工程组态项目中，项目树仍然可以保持清晰的结构。因此，用户可以在组态自动化任务时快速访问相关设备、文件夹或特定的视图。

（5）变量定义。变量是 PLC I/O 和地址的符号名称。用户创建 PLC 变量后，TIA 软件将变量存储在变量表中。项目中的所有编辑器（例如程序编辑器、设备编辑器、可视化编辑器和监视表格编辑器）均可访问该变量表。

在项目树中，单击"PLC 变量"就可以创建本案例所需要用到的变量，具体使用三个变量，分别是"启动按钮"、"停止按钮"和"接触器"（见图 5-26）。需要注意的是，这里采用默认数据类型为 Bool，即布尔量（具体数据类型将在后面章节进行介绍）。

（6）梯形图编程。TIA 软件提供了包含各种程序指令的指令窗口（见图 5-27），共包括收藏夹、指令和扩展指令，同时这些指令按功能分组（如常规、位逻辑运算、定时器操作等）。

图 5-26 变量定义

用户要创建程序，只需将指令从任务卡中拖动到程序段即可。比如本案例，先要使用动合触点时，从收藏夹纸将动合触点直接拉入程序段 1。如图5-28所示，程序段 1 出现符号，标识该程序段处于语法错误状态。

TIA 软件与 S7-200 PLC 的 Micro/WIN 编程环境相比，在于其指令编辑的可选择性，比如单击功能框指令黄色角以显示指令的下拉列表，比如动合触点、动断触点、P 触点（上升沿）、N 触点（下降沿）向下滚动列表并选择动合指令（见图 5-29）。

在选择完具体的指令后，必须输入具体的变量名，最基本的方法就是：双击第一个动合触点上方的默认地址 ＜?? . ? ＞，直接输入固定地址变量"％I0.1"，这时就会出现图 5-30 所示的"停止按钮 ％I0.1"注释。

需要注意：与 S7-200 PLC 不同，TIA 软件默认的就是 IEC 61131-3 标准，其地址用特殊字母序列来指示，字母序列的起始用％符号，跟随一个范围前缀和一个数据前缀（数据类型）表示数据长度，最后是数字序列表示存储器的位置。其中，范围前缀：I（输入）、Q（输出）、M（标志，内部存储器范围）；长度前缀：X（单个位）、B（字节，8位）、W（字，16 位）、D（双字，32 位）。

例如：

％MB7，表示标志字节 7；

％MW1，表示标志字 1；

％MD3，表示标志双字 3；

％I0.0，表示输入位 I0.0。

图 5-27 指令窗口

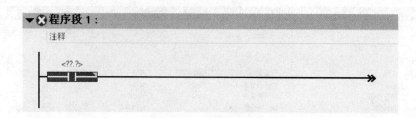

图 5-28　程序段编辑一

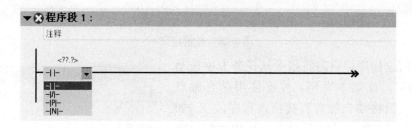

图 5-29　显示指令的下拉列表

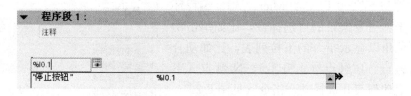

图 5-30　使用固定地址输入变量

除了使用固定地址外还可以使用变量表，用户可以快速输入对应触点和线圈地址的 PLC 变量，如图 5-31 所示。具体步骤如下：

1）双击第一个动合触点上方的默认地址 <?? .? >；

2）单击地址右侧的选择器图标 ，打开变量表中的变量；

3）从下拉列表中，为第一个触点选择"停止按钮　％I0.1"。

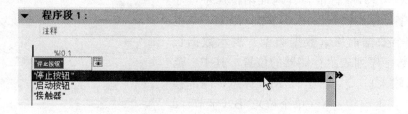

图 5-31　使用变量表输入变量

根据以上规则，输入第二个动合触点"％I0.0"，并根据梯形图的编辑规律，使用图符 ↱ 打开分支（见图 5-32），输入接触器自保触点"％Q0.0"。最后使用图符 ↳ 关闭分支（见图 5-33），最后使用图符 ⊶ 选择输出触点"％Q0.0"。

完成以上编辑后，就会发现程序段 1 的 ❌ 符号不见了。当然，根据图 5-33 所示的梯形图，

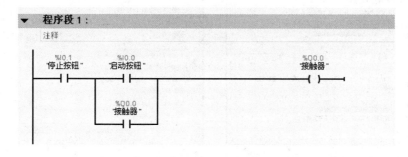

图 5-32 程序段编辑二

图 5-33 程序段编辑三

与电气控制图 5-16 相比，还是有一点疑惑：为什么停止按钮％I0.1 使用的动合触点输入，而不是传统继电器控制中的动断触点呢？这一点是从 PLC 的动合和动断的定义出发，对于 PLC 输入来讲，常开触点就是正常接线下动作为 ON，不动作为 OFF；而常闭正好相反。

（7）程序下载前准备。由于 S7-1200 PLC 采用常规以太网 RJ45 接口，因此必须了解程序下载前需要准备的步骤：需要选择或制作一根以太网线；需要在 PC 和 PLC 端设置相同频段的 IP 地址。

PLC 或 PC 的 RJ45 接口外观为 8 芯母插座，如图 5-34（a）所示；而网线则为 8 芯公插头，如图 5-34（b）所示。

在 100M 以太网络中实际只应用了 4 根线来传输数据，另 4 根是备份的（见表 5-1）。传输的信号为数字信号，双铰线最大传输 100m 距离。

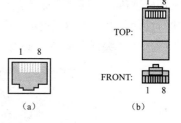

图 5-34 RJ45 母插座和公插头
（a）RJ45 母插座；（b）RJ45 公插头

表 5-1　　　　　　　　　以 太 网 线 定 义

管脚	名称	说　明
1	TX+	Tranceive Data+（发信号+）
2	TX-	Tranceive Data-（发信号-）
3	RX+	Receive Data+（收信号+）
4	n/c	Not connected（空脚）
5	n/c	Not connected（空脚）
6	RX-	Receive Data-（收信号-）
7	n/c	Not connected（空脚）
8	n/c	Not connected（空脚）

将 IP 地址下载到 CPU 之前，必须先确保计算机的 IP 地址与 PLC 的 IP 地址相匹配。如图 5-35（a）所示，在计算机的本地连接属性窗口中，选择常规选项的"Internet 协议（TCP/IP）"，将协议地址从自动获得 IP 地址为手动设置 IP 地址为 192.168.0.100，如图 5-35（b）所示。

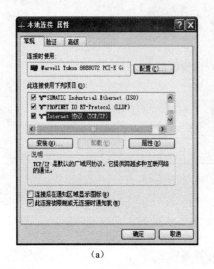
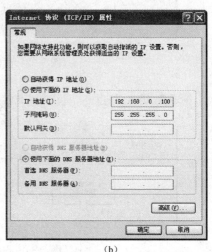

（a）　　　　　　　　　　　　　　（b）

图 5-35　PC 的连接属性设置

（a）选择 Internet 协议；（b）手动设置 IP 地址

（8）编译与下载。在编辑阶段只是完成了基本编辑语法的输入验证，而要完成程序的可行性还必须执行"编译"命令。在一般情况下，用户可以直接选择下载命令，TIA 软件会自动先执行编译命令。当然，也可以单独选择编译命令，如图 5-36 所示，在 TIA 软件的"编辑"菜单中选择"编译"命令，或者使用"CTRL＋B"快捷键，就可获整个程序的编译信息。

图 5-36　选择编译命令

在编译完成后，就可以将 S7-1200 PLC 的硬件配置和梯形图软件下载。下载可以选择两个命令，即"下载到设备"或"扩展的下载到设备"，如图 5-37 所示。

这两种下载方式在第一次使用时，都会出现图 5-38 所示的以太网联网示意。不仅可以

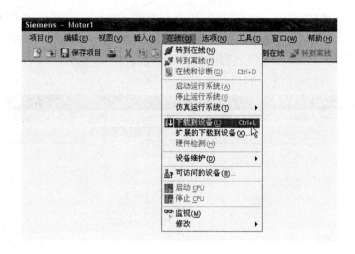

图 5-37　选择"下载到设备"命令

看到程序中的 PLC 地址和用于 PC 连接的 PG/PC 接口情况（这对于多网卡用户来说非常重要），还可以看到目标子网中的所有设备。当用户选择指定的设备时，点击 闪烁 LED 图符，就会看到实际设备黄灯闪烁，这样用户可确定是否该设备需要进行配置和程序下载。

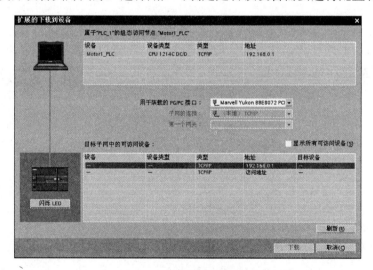

图 5-38　以太网联网示意

如果编程计算机 PC 的 IP 地址与下载设备的 IP 地址不一致，就会跳出"分配 IP 地址"的窗口（见图 5-39），暂时给计算机 IP 地址进行配置，并及时反馈分配 IP 地址后的信息。

图 5-39　分配 IP 地址

（9）PLC 在线与程序调试。在 PLC 的程序与配置下载后，就可以将 PLC 切换到运行状态进行运行。但是，很多时候用户需要详细了解 PLC 的实际运行情况，并对程序进行一步步调试，因此就要进入"PLC 在线与程序调试"阶段。

图 5-40 所示为"转到在线"的命令选择。

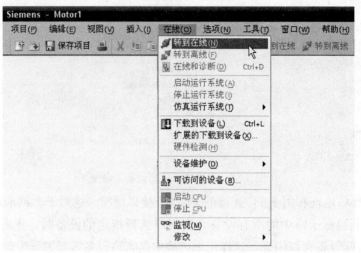

图 5-40   选择"转到在线"

转到在线后，项目树就会显示黄色的 ▮▮▮▮ 图符，并动画过程，就是表示在线状态，如图 5-41 所示。这时可以从项目树各个选项的后面了解其各自的情况，出现蓝色的 ✔ 和 ● 图符表示为正常，否则必须进行诊断或重新下载。

图 5-41   项目树的在线阶段

在本案例中，选择程序块的在线仿真（见图 5-42），选择 👀 图符，即可进入仿真阶段。其中绿色实现表示接通，蓝色虚线表示断开。从图中，可以看到停止按钮％I0.1 动合触点为接通状态，这也解释了在编辑阶段为何输入动合触点而不是动断触点的原因。当启动按钮％I0.0 按下时，程序进入自保阶段，如图 5-43 所示。

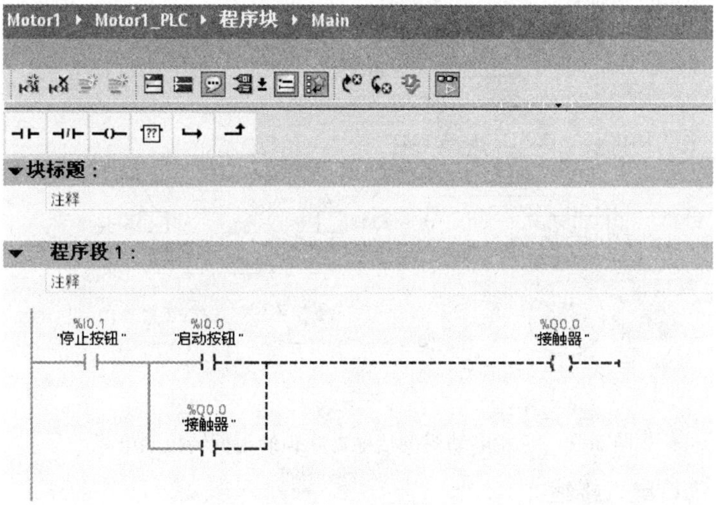

图 5-42　程序块的在线仿真一

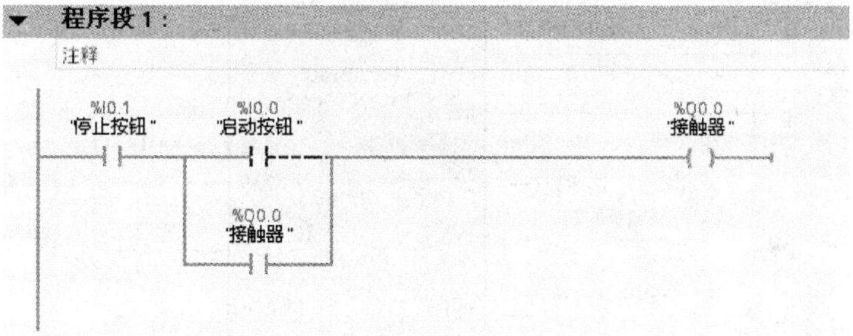

图 5-43　程序块的在线仿真二

当然，PLC 变量还可以进行在线仿真，选择 即可看到最新的监视值。在项目树中，选择"在线访问"，可看到诊断状态、循环时间、存储器、分配 IP 地址等各种信息。

5.2.2　技能训练【JN5-3】：电动机正反转 PLC 控制

1. 任务说明

三相电动机的接触器联锁的正反转控制电路如图 5-44 所示。电路中采用 KM1 和 KM2 两个接触器，当 KM1 接通时，三相电源的相序按 L1—L2—L3 接入电动机。而当 KM2 接通时，三相电源按 L3—L2—L1 接入电动机。所以当两个接触器分别工作时，电动机的旋转方向相反。

电路要求接触器 KM1 和 KM2 不能同时通电，否则它们的主触头同时闭合，将造成 L1、L3 两相电源短路，为此在 KM1 和 KM2 线圈各自的支路中相互串接了对方的一副动断辅助触点，以保证 KM1 和 KM2 不会同时通电。KM1 和 KM2 这两副动断辅助触点在线路中所起的作用称为联锁（或互锁）作用。

任务要求：设计采用 PLC 控制的硬件接线与并进行软件编程。

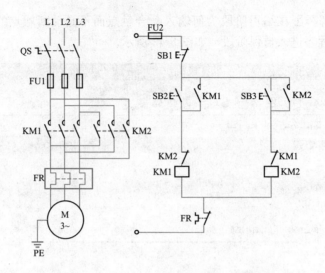

图 5-44　三相电动机的接触器联锁的正反转控制电路

2. S7-1200 PLC 电气接线

PLC 采用 CPU1214C DC/DC/DC，其控制原理如图 5-45 所示。

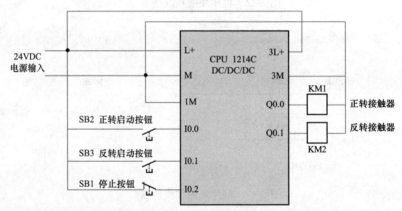

图 5-45　电动机正反转 PLC 控制原理图

3. 硬件配置与软件编程

电动机正反转 PLC 控制的硬件配置和"电动机直接启动"一样，不再赘述。变量表如表 5-2 所示。

表 5-2　　　　　　　　　　　　　　**正反转控制 PLC 变量**

	名称	数据类型	地址
1	正转启动按钮	Bool	%I0.0
2	反转启动按钮	Bool	%I0.1
3	停止按钮	Bool	%I0.2
4	正转接触器	Bool	%Q0.0
5	反转接触器	Bool	%Q0.1

正反转 PLC 控制梯形图如图 5-46 所示。

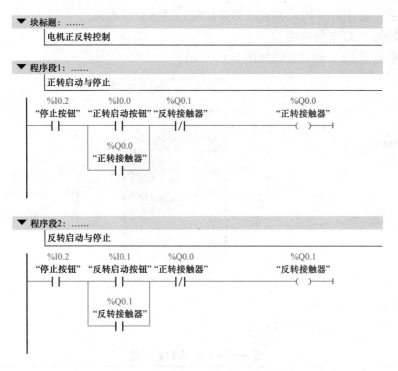

图 5-46 正反转 PLC 控制梯形图

1. 任务说明

在电气控制中，利用时间继电器可以实现星减压启动的自动控制，典型电路如图 5-47 所示，其中应用延时继电器 KT 进行切换。

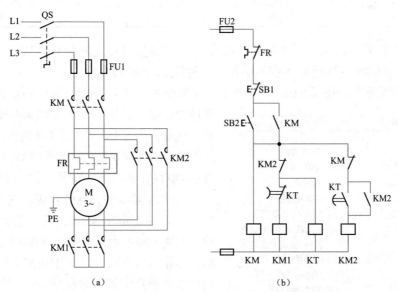

图 5-47 星—三角启动

(a) 主电路；(b) 控制电路

任务要求：设计采用 PLC 控制的硬件接线并进行软件编程。

2. S7-1200 PLC 电气接线

星—三角启动 PLC 硬件接线如图 5-48 所示。

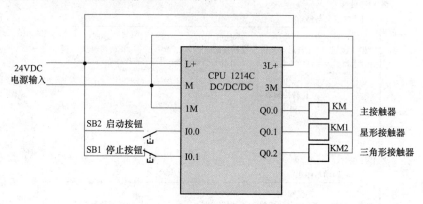

图 5-48　星—三角启动 PLC 硬件接线

3. 软件编程

先进行 PLC 变量的编写，见表 5-3。

表 5-3　　　　　　　　　　　　　　　　　星—三角启动的 PLC 变量

	名称	数据类型	地址
1	启动按钮	Bool	%I0.0
2	停止按钮	Bool	%I0.1
3	主接触器 KM	Bool	%Q0.0
4	星形启动接触器 KM1	Bool	%Q0.1
5	三角形启动接触器 KM2	Bool	%Q0.2
6	延时继电器	Bool	%M0.0

由表 5-3 看出，只有延时继电器，而没有定时器变量，这时为什么呢？这是因为 S7-1200 PLC 与其他的小型 PLC 编程不尽相同（包括 S7-200 PLC）。

在本案例编程中，还需要引入新的概念，即数据块（DB）。在 S7-1200 PLC 编程中，用户程序中创建数据块（DB）是用来存储代码块的数据，它分为全局 DB 和背景 DB 两种，其中用户程序中的所有程序块都可访问全局 DB 中的数据，而背景 DB 仅存储特定功能块（FB）的数据。

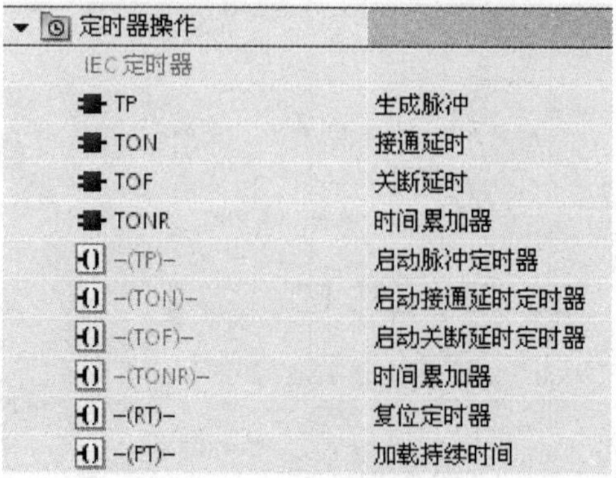

为什么需要引入 DB 块呢？这是因为在 S7-1200 PLC 中，定时器是以 FB 功能块的形式出现，而功能块则必须为其定义数据块 DB。至于功能块的具体介绍将在后续章节中详细介绍。在本案例只是需要重点了解定时器是如何调用 DB 的。

如图 5-49 所示，在指令窗口中选择"定时器操作"中的 TON 指令，并将其拖入到程序段

图 5-49　定时器指令

中（见图 5-50），这时就会跳出一个"调用数据块"窗口，选择自动编号，则会直接生成 DB1 数据库。

图 5-50 TON 指令调用数据块

在项目树的"程序块"中，可以看到自动生成的 IEC_Timer_0〔DB1〕数据块（见图 5-51），双击进入，即可读取到 DB1 的定时器各个数据，变量的数据类型为 IEC_Timer。

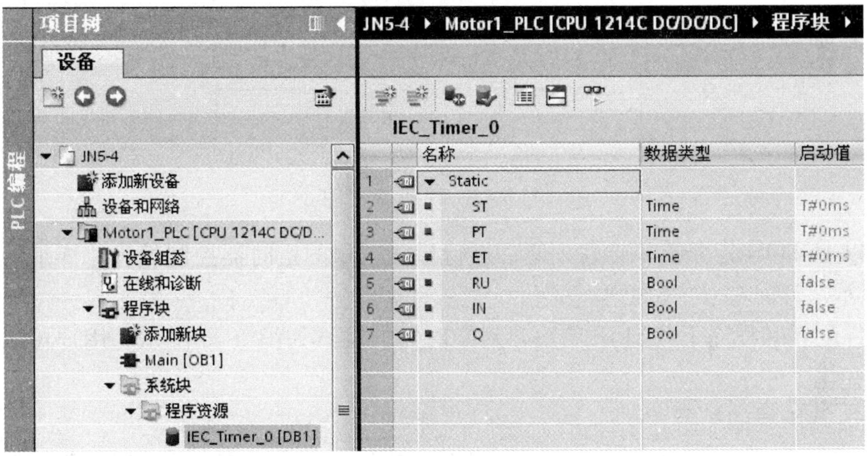

图 5-51 DB1 块的位置和 DB1 块的 IEC_Timer_0 内容

TON 指令就是接通延迟定时器输出 Q，在预设的延时过后设置为 ON，其指令形式如图 5-52 所示，参数及其数据类型见表 5-4 所示。在表 5-4 中，R 参数一般用于 TONR 等指令。参数 IN 从 0 跳变为 1 将启动定时器 TON。

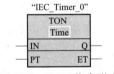

图 5-52 TON 指令形式

表 5-4 TON 参数及数据类型

参数	数据类型	说　明
IN	Bool	启用定时器输入
R	Bool	将 TONR 经过的时间重置为零
PT	Bool	预设的时间值输入
Q	Bool	定时器输出
ET	Time	经过的时间值输出
定时器数据块	DB	指定要使用 RT 指令复位的定时器

　　PT（预设时间）和 ET（经过的时间）值以表示毫秒时间的有符号双精度整数形式存储在存储器中（见表 5-5）。TIME 数据使用 T♯ 标识符，可以简单时间单元"T♯200ms"或复合时间单元"T♯2s_200ms"的形式输入。

表 5-5　　　　　　　　　　　　　　　　TIME 数据类型

数据类型	大小	有 效 数 值 范 围
TIME	32 位存储形式	T♯-24d_20h_31m_23s_648ms 到 T♯24d_20h_31m_23s_647ms－2，147，483，648ms 到＋2，147，483，647ms

　　TON 指令的时序图如图 5-53 所示。

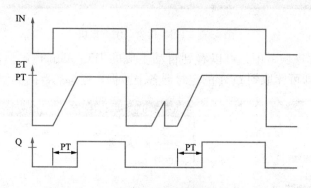

图 5-53　TON 时序图

　　有了以上 TON 指令的基础后，便可进行星—三角的定时器控制编程。详细的梯形图如图 5-54 所示。

　　将硬件配置和程序下载到 PLC 后，对定时器的调试如图 5-55 所示，用户可以实时看到定时器的变化。

　　4. 定时器编程的拓展

　　从上述编程中已经了解到关于定时器的基本应用，即用户直接为定时器指定单一背景数据块，此数据块仅包括一个 IEC_Timer 类型的变量，优点是易于用户区分多个定时器；缺点是当使用多个定时器时，会导致出现多个独立的数据块，程序结构显得零散。

　　为解决这个问题，可以在全局数据块中定义一个 IEC_Timer 类型的变量，以供定时器使用，优点是不会因为使用多个定时器而造成增加多个数据块。表 5-6 为本案例增加的一个全局数据块 DB1 的内容，并可以在原来的程序中（程序段 2）修改为如图 5-56 所示的程序。

表 5-6　　　　　　　　　　　　　　全局数据块 DB1 内容

	名称	数据类型	初始值
1	▼ Static		
2	▶ Motor_Time1	IEC_Timer ▼	
3	▶ Motor_Time2	IEC_Timer	
4	▶ Motor_Time3	IEC_Timer	

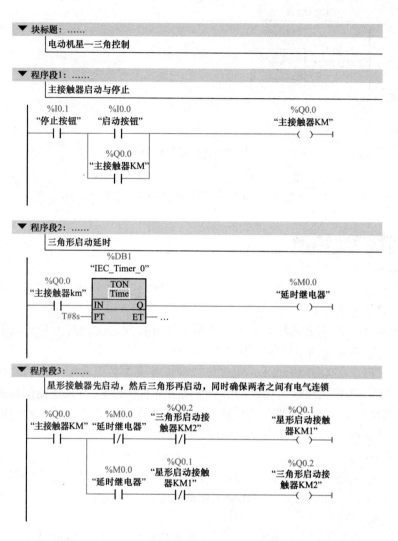

图 5-54　星—三角启动 PLC 梯形图

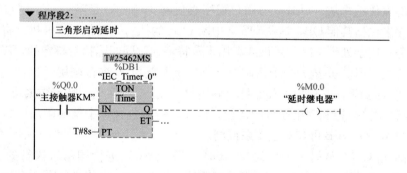

图 5-55　定时器调试

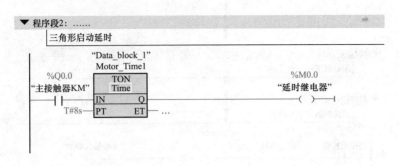

图 5-56　使用全局数据块的 TON 指令

5.3　S7-1200 PLC 的用户程序结构与数据类型

5.3.1　用户程序的执行

1. 代码块种类

在 S7-1200 PLC 中，CPU 支持 OB、FC、FB、DB 代码块，使用它们可以创建有效的用户程序结构，具体介绍如下：

（1）组织块（OB）定义程序的结构。有些 OB 具有预定义的行为和启动事件，但用户也可以创建具有自定义启动事件的 OB。

（2）功能（FC）和功能块（FB）包含与特定任务或参数组合相对应的程序代码。每个 FC 或 FB 都提供一组输入和输出参数，用于与调用块共享数据。FB 还使用相关联的数据块（称为背景数据块）来保存执行期间的值状态，程序中的其他块可以使用这些值状态。

（3）数据块（DB）存储程序块可以使用的数据。

用户程序的执行顺序是：从一个或多个在进入 RUN 模式时运行一次的可选启动组织块（OB）开始，然后执行一个或多个循环执行的程序循环 OB。OB 也可以与中断事件（可以是标准事件或错误事件）相关联，并在相应的标准或错误事件发生时执行。

2. 用户程序的结构

创建用于自动化任务的用户程序时，需要将程序的指令插入代码块中：

（1）组织块（OB）对应于 CPU 中的特定事件，并可中断用户程序的执行。用于循环执行用户程序的默认组织块（OB1）为用户程序提供基本结构，是唯一一个用户必需的代码块。如果程序中包括其他 OB，这些 OB 会中断 OB1 的执行。其他 OB 可执行特定功能，如用于启动任务、用于处理中断和错误或者用于按特定的时间间隔执行特定的程序代码。

（2）功能块（FB）是从另一个代码块（OB、FB 或 FC）进行调用时执行的子例程。调用块将参数传递到 FB，并标识可存储特定调用数据或该 FB 实例的特定数据块（DB）。更改背景 DB 可使通用 FB 控制一组设备的运行。例如，借助包含每个泵或阀门的特定运行参数的不同背景 DB，一个 FB 可控制多个泵或阀。

（3）功能（FC）是从另一个代码块（OB、FB 或 FC）进行调用时执行的子例程。FC 不具有相关的背景 DB。调用块将参数传递给 FC。FC 中的输出值必须写入存储器地址或全局 DB 中。

根据实际应用要求，可选择线性结构或模块化结构用于创建用户程序，如图 5-57 所示。

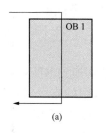 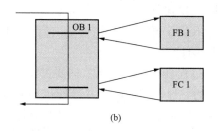

图 5-57 用户程序的结构

（a）线性结构；（b）模块化结构

线性程序按顺序逐条执行用于自动化任务的所有指令，通常，线性程序将所有程序指令都放入用于循环执行程序的 OB（OB1）中。

模块化程序调用可执行特定任务的特定代码块。要创建模块化结构，需要将复杂的自动化任务划分为与过程的工艺功能相对应的更小的次级任务，每个代码块都为每个次级任务提供程序段，通过从另一个块中调用其中一个代码块来构建程序。

3. 使用块来构建程序

通过设计 FB 和 FC 执行通用任务，可创建模块化代码块，然后可通过由其他代码块调用这些可重复使用的模块来构建程序，调用块将设备特定的参数传递给被调用块，具体如图 5-58 所示。当一个代码块调用另一个代码块时，CPU 会执行被调用块中的程序代码。执行完被调用块后，CPU 会继续执行该块调用之后的指令。

如图 5-59 所示，可嵌套块调用以实现更加模块化的结构。

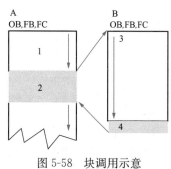

图 5-58 块调用示意

A—调用块；B—被调用（或中断）块；
1—程序执行；2—可调用其他块的操作；
3—程序执行；4—块结束（返回到调用块）

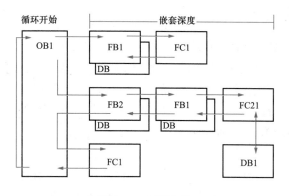

图 5-59 可嵌套块

5.3.2 S7-1200 PLC 实现控制的过程

1. CPU 的三种工作模式

S7-1200 PLC CPU 有三种工作模式：STOP 模式、STARTUP 模式和 RUN 模式。CPU 前面的状态 LED 指示当前工作模式。

（1）在 STOP 模式下，CPU 不执行任何程序，而用户可以下载项目。

（2）在 STARTUP 模式下，执行一次启动 OB（如果存在）。在 RUN 模式的启动阶段，不处理任何中断事件。

STARTUP 过程具体描述如下：只要工作状态从 STOP 切换到 RUN，CPU 就会清除过程映像输入、初始化过程映像输出并处理启动 OB。启动 OB 中的指令对过程映像输入进行任何读访问时，读取到都只有零，而不是当前物理输入值。因此，要在启动模式下读取物理输入的当前状态，必须执行立即读取操作。接着再执行启动 OB 以及任何相关的 FC 和 FB。如果存在多个启动 OB，则按照 OB 编号依次执行各启动 OB，OB 编号最小的先执行。

（3）在 RUN 模式下，重复执行扫描周期。中断事件可能会在程序循环阶段的任何点发生并进行处理。处于 RUN 模式下时，无法下载任何项目。在 RUN 模式下，CPU 执行图 5-60 所示的任务。

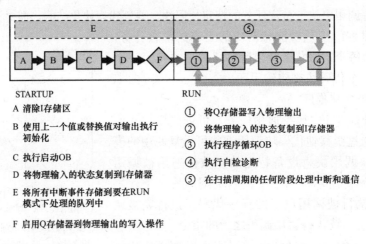

图 5-60　RUN 模式下的 CPU 执行任务

2. OB 块的实现功能

在 S7-1200 PLC 中，OB 控制用户程序的执行，每个 OB 的编号必须唯一，200 以下的一些默认 OB 编号被保留。其他 OB 编号必须大于或等于 200。

CPU 中的特定事件将触发组织块的执行。OB 无法互相调用或通过 FC 或 FB 调用。只有启动事件（例如，诊断中断或时间间隔）可以启动 OB 的执行。CPU 按优先等级处理 OB，即先执行优先级较高的 OB 然后执行优先级较低的 OB。最低优先等级为 1（对应主程序循环），最高优先等级为 27（对应时间错误中断）。

OB 控制以下操作：

（1）程序循环 OB 在 CPU 处于 RUN 模式时循环执行。主程序块是程序循环 OB。用户在其中放置控制程序的指令以及调用其他用户块。允许使用多个程序循环 OB，它们按编号顺序执行。OB 1 是默认循环 OB。其他程序循环 OB 必须标识为 OB 200 或更大。

（2）启动 OB 在 CPU 的工作模式从 STOP 切换到 RUN 时执行一次，包括处于 RUN 模式时和执行 STOP 到 RUN 切换命令时上电。之后将开始执行主"程序循环"OB。允许有多个启动 OB。OB 100 是默认启动 OB。其他启动 OB 必须是 OB 200 或更大。

（3）通过启动中断（SRT_DINT）指令组态事件后，时间延迟 OB 将以指定的时间间隔执行。延迟时间在扩展指令 SRT_DINT 的输入参数中指定。指定的延迟时间结束时，时间延迟 OB 将中断正常的循环程序执行。对任何给定的时间最多可以组态 4 个时间延迟事件，每个组态的时间延迟事件只允许对应一个 OB。时间延迟 OB 必须是 OB200 或更大。

（4）循环中断 OB 以指定的时间间隔执行。循环中断 OB 将按用户定义的时间间隔（例如，每隔 2s）中断循环程序执行。最多可以组态 4 个循环中断事件，每个组态的循环中断事件只允许对应一个 OB。该 OB 必须是 OB 200 或更大。

（5）硬件中断 OB 在发生相关硬件事件时执行，包括内置数字输入端的上升沿和下降沿事件以及 HSC 事件。硬件中断 OB 将中断正常的循环程序执行来响应硬件事件信号。可以在硬件配置的属性中定义事件。每个组态的硬件事件只允许对应一个 OB。该 OB 必须是 OB200 或更大。

（6）时间错误中断 OB 在检测到时间错误时执行。如果超出最大循环时间，时间错误中断 OB 将中断正常的循环程序执行。最大循环时间在 PLC 的属性中定义。OB80 是唯一支持时间错误事件的 OB。可以组态没有 OB80 时的动作：忽略错误或切换到 STOP 模式。

（7）诊断错误中断 OB 在检测到和报告诊断错误时执行。如果具有诊断功能的模块发现错误（如果模块已启用诊断错误中断），诊断 OB 将中断正常的循环程序执行。OB 82 是唯一支持诊断错误事件的 OB。如果程序中没有诊断 OB，则可以组态 CPU 使其忽略错误或切换到 STOP 模式。

5.3.3 S7-1200 PLC 的数据类型

数据类型用于指定数据元素的大小以及如何解释数据。每个指令参数至少支持一种数据类型，而有些参数支持多种数据类型。表 5-7 所示为 S7-1200 PLC 常用数据类型及常量输入实例。

表 5-7　　　　　　　　　　　　　S7-1200 PLC 常用数据类型及常量输入实例

数据类型	大小（位）	范围	常量输入实例
Bool	1	0～1	TRUE, FALSE, 0, 1
Byte	8	16#00～16#FF	16#12, 16#AB
Word	16	16#0000～16#FFFF	16#ABCD, 16#0001
DWord	32	16#00000000～16#FFFFFFFF	16#02468ACE
Chat	8	16#00～16#FF	'A', 't', '@'
Sint	8	−128～127	123，−123
Int	16	−32，768～32，767	123，−123
Dint	32	−2，147，483，648～ 2，147，483，647	123，−123
USInt	8	0～255	123
UInt	16	0～65，535	123
UDInt	32	0～4，294，967，295	123
Real	32	$+/-1.18\times10^{-38}\sim+/-3.40\times10^{38}$	123.456、−3.4、−1.2E+12、3.4E−3
LReal	64	$+/-2.23\times10^{-308}\sim+/-1.79\times10^{308}$	12345.123456789 −1.2E+40

续表

数据类型	大小（位）	范围	常量输入实例
Time	32	T＃−24d_20h_31m_23s_648～ T＃24d_20h_31m_23s_647ms 存储形式：−2，147，483，648 ～+2，147，483，647ms	T＃5m_30s 5＃−2d T＃1d_2h_15m_30x_45ms
String	可变	0～254 字节字符	'ABC'

5.4 S7-1200 PLC 扩展模块的应用

5.4.1 扩展模块介绍

S7-1200 PLC 有三种类型的模块：

（1）信号板（SB），仅为 CPU 提供几个附加的 I/O 点。SB 安装在 CPU 的前端，如图 5-61（a）所示。

（2）信号模块（SM），提供附加的数字或模拟 I/O 点。这些模块连接在 CPU 右侧。

（3）通信模块（CM），为 CPU 提供附加的通信端口（RS232 或 RS485）。这些模块连接在 CPU 左侧。

S7-1200 PLC 的扩展模块设计方便并易于安装，无论安装在面板上还是标准 DIN 导轨上，其紧凑型设计都有利于有效利用空间。CPU、SM 和 CM 支持 DIN 导轨安装和面板安装。使用模块上的 DIN 导轨卡夹将设备固定到导轨上，如图 5-61（b）所示。这些卡夹还能掰到一个伸出位置以提供将设备直接安装到面板上的螺钉安装位置。

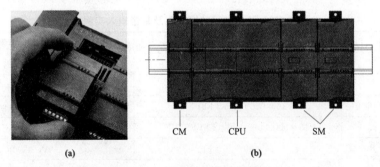

图 5-61 扩展模块的安装位置
（a）信号板 SB；（b）信号模块 SM 和通信模块 CM

表 5-8 为常见 S7-1200 PLC 的扩展模块类型。

表 5-8 扩展模块的类型

	S7-1200 PLC		
CPU	CPU1211C 和 CPU 1212C		
	CPU1214C		
信号模块 （SM）	8 和 16 点 DC 和继电器型（8I、16I、8Q、16Q、8I/8Q）模拟量（4AI、8AI、4AI/4AQ、2AQ、4AQ）		
	16I/16Q 继电器型（16I/16Q）		
通信模块（CM）	CM 1241 RS232 和 CM 1241 RS485		

规划安装时，还需要注意以下指导原则：将设备与热辐射、高压和电噪声隔离开；留出足够的空隙以便冷却和接线；必须在设备的上方和下方留出 25 mm 的发热区以便空气自由流通。

5.4.2　扩展模块的变量寻址

在 S7-1200 PLC 中，每个存储单元都有唯一的地址，用户程序利用这些地址访问存储单元中的信息。对输入（I）或输出（Q）存储区（例如 I0.3 或 Q1.7）的引用会访问过程映像。要立即访问物理输入或输出，请在引用后面添加"：P"（例如，I0.3：P、Q1.7：P 或"Stop：P"）。仅向输入（I）或输出（Q）强制写入值。要强制输入或输出，请在 PLC 变量或地址后面添加"：P"。表 5-9 所示为扩展模块的存储区。

表 5-9　扩展模块的存储区

存储区	说明	强	保持性
I 过程映像输入 I_：P（物理输入）	在扫描周期开始时从物理输入复制	否	否
	立即读取 CPU、SB 和 SM 上的物理输入点	是	否
Q 过程映像输出 Q_：P（物理输出）	在扫描周期开始时复制到物理输出	否	否
	立即写入 CPU、SB 和 SM 上的物理输出点	是	否

5.4.3　S7-1200 PLC 扩展模块的选型

1. 数字量输入模块选型

对于 S7-1200 PLC 来讲，主要有 6ES7221-1BF30-0XB0（SM1221 8 输入）、6ES7221-1BH30-0XB0（SM1221 16 输入）等，具体输入规范请参阅电子资源或者西门子公司网站。以 SM1221 DI8*24VDC 为例，数字量输入模块的电气接线如图 5-62 所示。

2. 数字量输出模块选型

对于 S7-1200 PLC 来说，主要有 SM1222 8×24VDC 输出（6ES7221-1BF30-0XB0）、SM1222 16×24VDC 输出（6ES7221-1BH30-0XB0）、SM 1222 8×继电器输出（6ES7222-1HF32-0×B0）等。以 SM1222 DI8×24VDC 为例，数字量输出模块的电气接线如图 5-63 所示。

3. 数字量输入/输出混合模块选型

对于 S7-1200 PLC 来说，主要有 6ES7223-1PH30-0XB0（SM1223 8 输入/8 继电器输出）、6ES7223-1PL30-0XB0（SM1223 16 输入/16 继电器输出）等。

4. 模拟量输入模块的选型

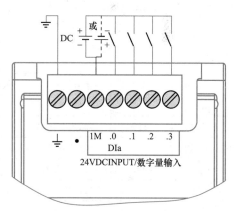

图 5-62　数字量输入模块电气接线

图 5-64 所示为模拟量输入模块的电气接线，对于电压输入或电流输入来讲，接线都是相同的，对于信号的区别只需要在硬件组态中加以选择即可。

表 5-10 所列为模拟输入的电压表示法，表 5-11 所列为模拟输入的电流表示法，只有了解两种表示方法，才能正确进行工程量的转换。

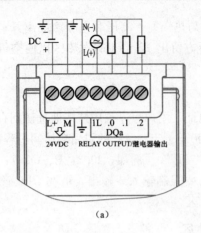
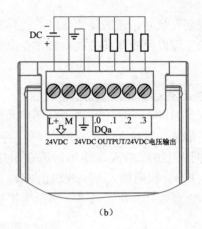

（a）
（b）

图 5-63　SM1222 输出模块电气接线

（a）继电器输出；（b）24VDC 输出

表 5-10　　　　　　　　　　　　　模拟输入的电压表示法

十进制	十六进制	电压测量范围				
		±10V	±5V	±2.5V		0～10V	
32767	7FFF	11.851V	5.926V	2.963V	上溢	11.851V	上溢
32512	7F00						
32511	7EFF	11.759V	5.879V	2.940V	过冲范围	11.759V	过冲范围
27649	6C01						
27648	6C00	10V	5V	2.5V		10V	
20736	5100	7.5V	3.75V	1.875V		7.5V	额定范围
1	1	361.7μV	180.8μV	90.4μV		361.7μV	
0	0	0V	0V	0V	额定范围	0V	
−1	FFFF						
−20736	AF00	−7.5V	−3.75V	−1.875V			
−27648	9400	−10V	−5V	−2.5V			
−27649	93FF				下冲范围	不支持负值	
−32512	8100	−11.759V	−5.879V	−2.940V			
−32513	80FF				下溢		
−32768	8000	−11.851V	−5.926V	−2.963V			

表 5-11　　　　　　　　　　　　　模拟输入的电流表示法

十进制	十六进制	电流测量范围	
		0～20mA	
32767	7FFF	23.70mA	上溢
32512	7F00		
32511	7EFF	23.52mA	过冲范围
27649	6C01		

续表

十进制	十六进制	电流测量范围	
		0~20mA	
27648	6C00	20mA	额定范围
20736	5100	15mA	
1	1	723.4nA	
0	0	0mA	
−1	FFFF		下冲范围
−4864	ED00	−3.52mA	
−4865	ECFF		下溢
−32768	8000		

5. 模拟量输出模块的选型

图 5-65 所示为模拟量输出模块的电气接线，对于电压输入或电流输出来讲，只需要硬件组态即可，接线不需要更改。

模拟输出的电压表示法和电流表示法与模拟量输入一致。在下溢或上溢情况下，模拟量输出将根据为模拟

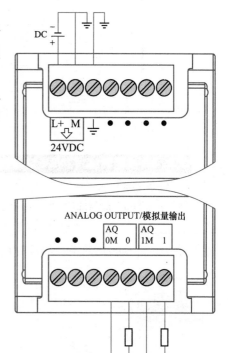

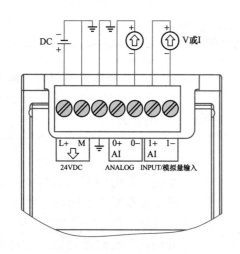

图 5-64　模拟量输入模块电气接线　　　　图 5-65　模拟量输出模块电气接线

量信号模块设置的设备配置属性动作。在"对 CPU STOP 的响应"（Reaction to CPU STOP）参数中，任选"使用替换值"（Use substitute value）或"保持上一个值"（Keep last value）。

6. 模拟量输入/输出混合模块的选型

S7-1200 PLC 具有模拟量输入/输出混合模块 SM1234 AI4×13 位/AQ2×14 位，其具体接线可以参考模拟量输入和输出模块，不再赘述。

7. 信号板选型

S7-1200 PLC 独有信号扩展板 SB-1223 2×24V DC 输入/2×24V DC 输出、SB 1232 模拟量信号板，其技术特性跟常规的 SM 模块类似，电气接线如图5-66所示。

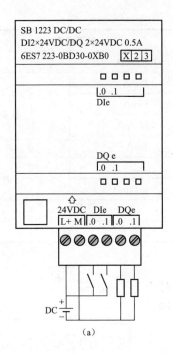

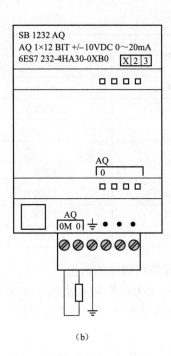

图 5-66　信号板电气接线

（a）SB 1223 信号板电气接线；（b）SB 1232 模拟量信号板

5.4.4　技能训练【JN5-5】：数字量扩展模块的应用

1. 任务说明

图 5-67 所示为一典型的半自动计数包装生产线，由送料盘和输送带组成。该生产线一般适用于五金、塑料、食品等行业中形状较规则、尺寸较小的产品（如球形、圆柱形，直径或长度小于 50mm）的半自动计数包装，其中计数采用光电开关。

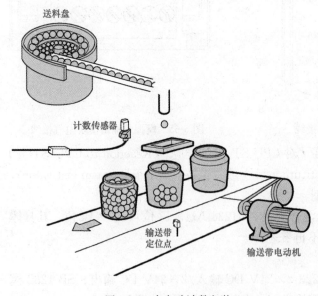

图 5-67　半自动计数包装

现在要求对控制电路进行 S7-1200 PLC 改造设计，要求如下：①原来的系统是采用 CPU 1214C DC/DC/DC 主模块，现要求采用数字量扩展模块进行改造，其 I/O 的起始地址都是从 100 开始；②按启动按钮，送料盘电动机启动，开始送料；③当包装盒装箱达到设定值时，送料电动机自动停止，计数指示灯亮；④按复位按钮，计数指示灯灭，可以重复 2、3、4 步，按停止按钮，送料盘电动机可以停止。

2. 电气接线及安装

由于新增加的按钮、指示灯、光电开关数量不是很多，本案例采用一个扩展模块 SM1223 DI8/DO8×24V

即可，具体电气接线如图 5-68 所示。

一般在安装 CPU 之后安装再扩展模块 SM，其安装步骤如下（见图 5-69）：

（1）卸下 CPU 右侧的连接器盖，将螺丝刀插入盖上方的插槽中，将其上方的盖轻轻撬出并卸下盖，收好盖以备再次使用。

（2）将 SM 挂到 DIN 导轨上方，拉出下方的 DIN 导轨卡夹以便将 SM 安装到导轨上。向下转动 CPU 旁的 SM 使其就位并推入下方的卡夹将 SM 锁定到导轨上。

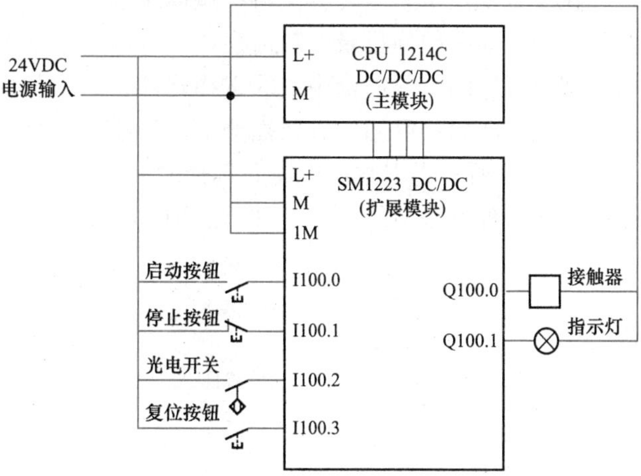

（3）将螺丝刀放到 SM 上方的小接头旁，将小接头滑到最左侧，使总线连接器伸到 CPU 中。伸出总线连接器即为 SM 建立了机械和电气连接。

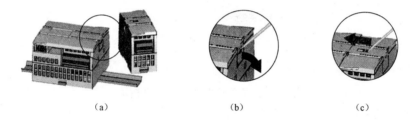

图 5-68　电气接线图

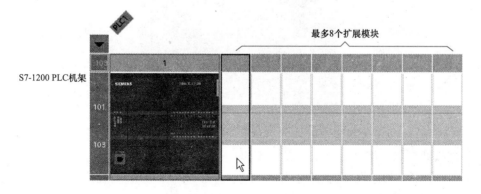

（a）　　　　　　　　（b）　　　　　　　　（c）

图 5-69　扩展模块的安装

3．PLC 编程

（1）设备配置。如图 5-70 所示首先根据技能项目 JN5-2 的步骤添加 S7-1200 PLC CPU 1214C DC/DC/DC，在 CPU 右侧可以看到有 8 个虚框，这说明可以添加 8 个扩展模块；而在 CPU 左边可以添加 101～103 共计 3 个通信模块（该内容将在后续章节中进行介绍）。

图 5-70　S7-1200 PLC 的扩展

在设备视图中有三种方法将扩展模块添加到 S7-1200 PLC 机架的方法：①如果有可用的有效插槽，则在硬件目录中双击模块；②通过拖放操作将该模块从硬件目录移动到图形或表格区域内可用的有效插槽中；③选择硬件目录中相应模块的快捷菜单中的"复制"，然后在图形或表格区域中可用的有效插槽上选择相应快捷菜单中的"粘贴"。

图 5-71 所示为本案例中需要选择的 DI/DO 模块，即 6ES7 223-1BH30-0XB0，然后将它按照上述三种方法中的任何一种添加到 S7-1200 PLC 机架中（见图 5-72）。

图 5-71　选择合适的 DI/DO 扩展模块

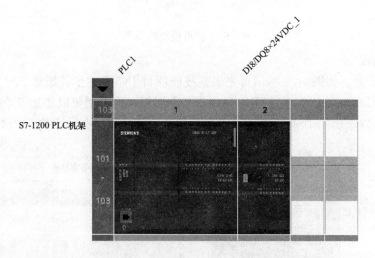

图 5-72　将 DI/DO 扩展模块添加到 S7-1200 PLC 机架中

待扩展模块添加完毕之后，就可以对该模块进行属性设置，如将 I/O 起始地址从"8"改为图 5-73 所示的"100"。与其他小 PLC 不同，S7-1200 PLC 具有任意组态 I/O 地址的特性，这对于扩展模块而言尤其重要。

在 DI/DO 模块中，还可以设置输入过滤器属性，即输入合适的滤波时间。另外还可以

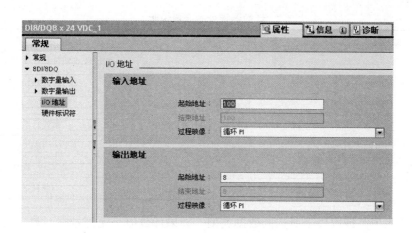

图 5-73　I/O 地址的更改

设置 DI/DO 模块的数字输出属性设置，如对 CPU 停止时，数字输出可以选择保持上一个值还是使用替换值，这对于工业生产中的稳定性和安全性都是一个重要的因素。当使用替换值时，它可以设置通道的属性，即从 RUN 切换到 STOP 时，替换值为 1。

（2）计数器指令的应用。可使用计数器指令对内部程序事件和外部过程事件进行计数：CTU 是加计数器；CTD 是减计数器；CTUD 是加减计数器。图 5-74 所示为选择计数器指令。

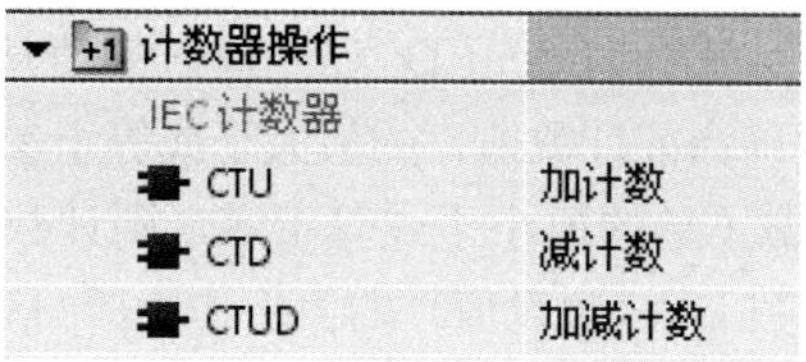

每个计数器都使用数据块中存储的结构来保存计数器数据。用户在编辑器中放置计数器指令时分配相应的数据块。这些指令使用软件计数器，软件计数器的最大计数速率受其所在的 OB 的执行速率限制。指令所在的 OB 的执行频率必须足够高，以检测 CU 或 CD 输入的所有跳变。在功能块中放置计数器指令后，可以选择单个背景数据块选项（见图 5-75）。表 5-12 所示为计数器指令的变量说明。

图 5-74　选择计数器指令

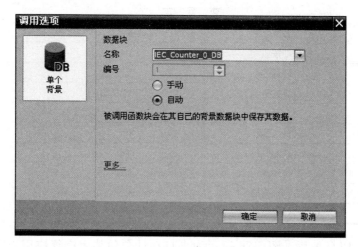

图 5-75　调用选项

155

表 5-12   计数器指令的变量说明

参　数	数 据 类 型	说　明
CU、CD	Bool	加计数或减计数，按加或减一计数
R（CTU、CTUD）	Bool	将计数值重置为零
LOAD（CTD、CTUD）	Bool	预设值的装载控制
PV	SInt、Int、DInt、USInt、UInt、UDInt	预设计数值
Q、QU	Bool	CV>=PV 时为真
QD	Bool	CV<=0 时为真
CV	SInt、Int、DInt、USInt、UInt、UDInt	当前计数值

计数值的数值范围取决于所选的数据类型。如果计数值是无符号整型数，则可以减计数到零或加计数到范围限值。如果计数值是有符号整数，则可以减计数到负整数限值或加计数到正整数限值。

1）CTU 指令。参数 CU 的值从 0 变为 1 时，CTU 使计数值加 1。如果参数 CV（当前计数值）的值大于或等于参数 PV（预设计数值）的值，则计数器输出参数 Q=1。如果复位参数 R 的值从 0 变为 1，则当前计数值复位为 0。

2）CTD 指令。参数 CD 的值从 0 变为 1 时，CTD 使计数值减 1。如果参数 CV（当前计数值）的值等于或小于 0，则计数器输出参数 Q=1。如果参数 LOAD 的值从 0 变为 1，则参数 PV（预设值）的值将作为新的 CV（当前计数值）装载到计数器。

3）CTUD 指令。加计数（CU，Count Up）或减计数（CD，Count Down）输入的值从 0 跳变为 1 时，CTUD 会使计数值加 1 或减 1。如果参数 CV（当前计数值）的值大于或等于参数 PV（预设值）的值，则计数器输出参数 QU=1。如果参数 CV 的值小于或等于零，则计数器输出参数 QD=1。如果参数 LOAD 的值从 0 变为 1，则参数 PV（预设值）的值将作为新的 CV（当前计数值）装载到计数器。如果复位参数 R 的值从 0 变为 1，则当前计数值复位为 0。

（3）变量定义。对于半自动计数包装生产线根据电气接线图和计数器的指令要求，可以定义如表 5-13 所列的变量表。

表 5-13   变 量 定 义

	名称	数据类型	地址
1	启动按钮	Bool	%I100.0
2	接触器	Bool	%Q100.0
3	停止按钮	Bool	%I100.1
4	接近开关	Bool	%I100.2
5	实时计数值	Int	%MW0
6	计数到	Bool	%M100.0
7	复位按钮	Bool	%I100.3
8	计数到上升沿	Bool	%M100.1
9	指示灯	Bool	%Q100.1

（4）梯形图 PLC 编程。图 5-76 所示为半自动计数包装生产线应用数字量扩展模块的 PLC 梯形图。

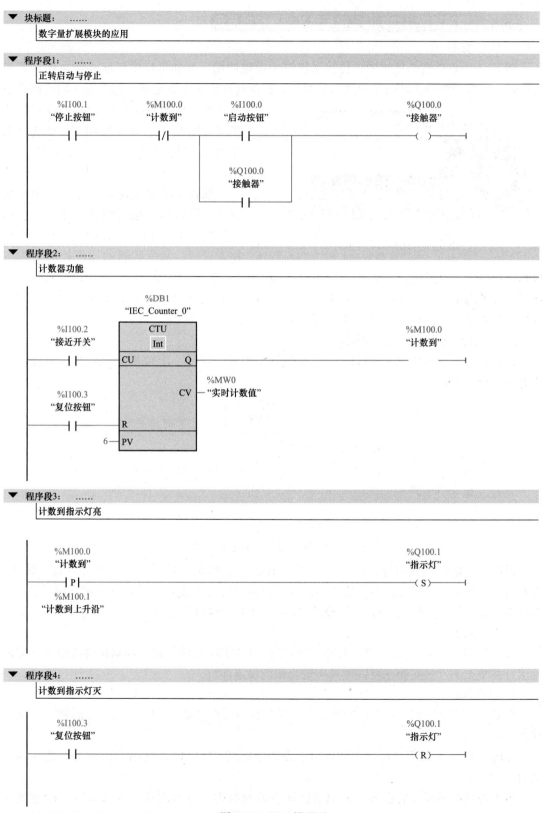

图 5-76 PLC 梯形图

5.4.5 技能训练【JN5-6】：模拟量扩展模块的应用

1. 任务说明

图 5-77 所示的食品机械中，传输系统被大量地使用，比如蛋糕烘烤前必须由传输带进行送料，并按照烘烤工艺匀速地通过烘烤箱。以前这样的设备调速基本都采用手动机械式有

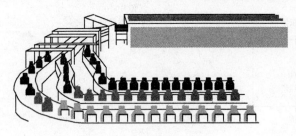

级变速（比如更换皮带轮大小或者齿轮箱变速比等），但如今采用变频调速后就能大大扩展调速范围，且能实现无级调速。

图 5-77 食品输送带传动

现在要求对该输送带进行控制系统设计：①传动采用变频器控制，其启动与停止通过与 PLC 连接的启动与停止按钮来进行；②变频器的速度控制分为本地和远程两种，以选择开关来进行切换；③当选择开关置于"本地"时，其速度分别由三个速度开关来设定；④当选择开关置于"远程"时，其速度来自于上位机的电压 0～10VDC信号，并要求对该信号进行"增益"（范围在 0.5～2）。

2. 模拟量模块选型与电气接线

食品输送带传动的 PLC 控制中，主要包括本地操作单元、上位机、PLC 与变频器，这四者之间的联系如图 5-78 所示。

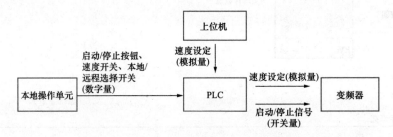

图 5-78 食品输送带传动的 PLC 控制示意

根据 S7-1200 PLC 的特点，该款 PLC 内置了 2 点模拟量输入，但是没有模拟量输出，需要增加模拟量扩展模块。为了确保在该食品设备的后续升级和改造，本方案选用了具有 4 点模拟量输入和 2 点模拟量输出的 SM1234 4×AI/2×AQ 模块。

3. 电气接线

图 5-79 所示为电气接线图。需要注意的是，SM1234 模块的输入和输出接线跟电压或电流信号类型无关，只需要在硬件配置中进行相应设定即可。

4. 软件编程

在 CPU 1214C DC/DC/DC 的基础上，从硬件目录中选择 SM1234 模块，添加后的结果如图 5-80 所示。

如图 5-81 所示，用户可以在硬件组态设置中定义 SM1234 模块的 I/O 地址，地址的范围为 0～1023。

由于现场电磁环境的影响，模拟量模块会出现数据失真或漂移，这时可以采取滤波属性，选择使用 10/50/60/400Hz 滤波，以抗现场的干扰。对于模拟量输入信号是电压或电流

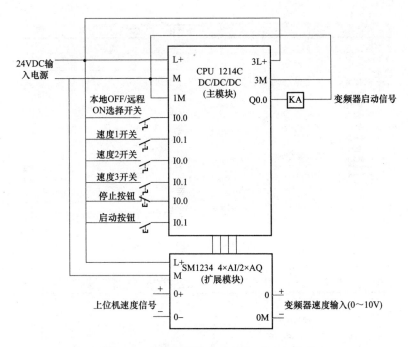

图 5-79 食品输送带传动的 PLC 电气接线

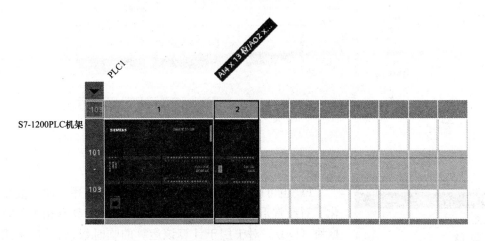

图 5-80 将模拟量模块添加到 S7-1200 PLC 机架

则可以通过测量类型进行设置。如选择电压类型，则可以选择相应的电压范围值（见图 5-82）。

对于模拟输出而言，也需要设置模拟输出类型、对 CPU STOP 的响应等相关参数。

5．FC 模块的添加

在食品输送带传动的 PLC 控制中，对于"远程功能"使用了 FC 块。FC 通常用于对一组输入值执行特定运算的代码块。FC 将此运算结果存储在存储器位置。

使用 FC 可执行以下任务：

（1）执行标准和可重复使用的运算，如数学计算。

（2）执行工艺功能，如通过使用位逻辑运算进行单独控制。

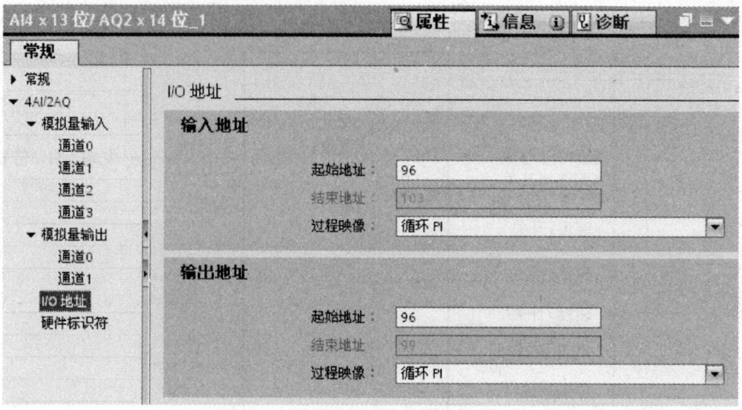

图 5-81 定义 SM1234 模块的 I/O 地址

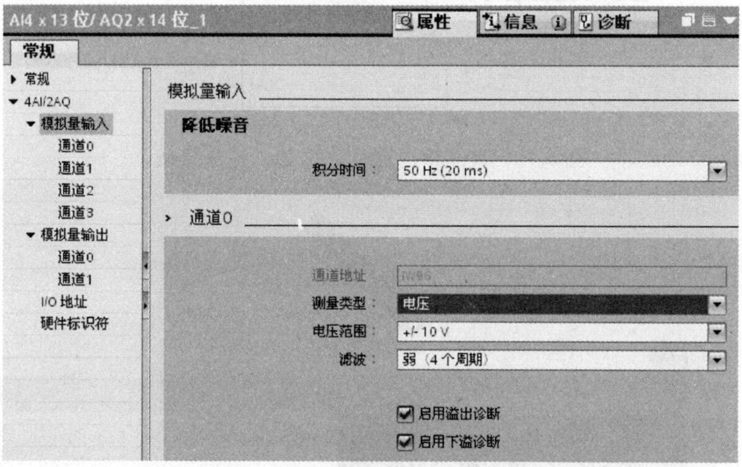

图 5-82 模拟量输入通道的设置

图 5-83 "添加新块"命令

FC 也可以在程序中的不同位置多次调用。此重复使用简化了对经常重复发生的任务的编程。FC 不具有相关的背景数据块（DB）。对于用于计算该运算的临时数据，FC 采用了局部数据堆栈。不保存临时数据。要长期存储数据，可将输出值赋给全局存储器位置，如 M 存储器或全局 DB。

添加 FC 块的步骤：

（1）如图 5-83 所示，选择"程序块"下的"添加新块"命令。

（2）如图 5-84 所示，输入 FC 块的名称，选择编程语言以及 FC 编号等。

（3）如表 5-14 所列，输入 FC 块的接口参数，包括输入、输出、中间变量等。需要注意的是，FC 的返回值和输出参数是不同的。

图 5-84 FC 块的功能选择

表 5-14   **定义 FC 程序的接口**

	名称	数据类型	注释
1	▼ Input		
2	■ Ana_in	World	模拟量（整数）输入
3	■ Kp	Real	增益值
4	▼ Output		
5	■ Ana_out	Word	
6	▼ Inout		
7	■ 添加		
8	▼ Temp		
9	■ Temp1	Real	中间变量（实数）

（4）如图 5-85 所示，编写具体的远程功能程序。

6．FB 块的添加

在食品输送带传动的 PLC 控制中，对于"本地功能"则使用了 FB 块。FB 是使用背景数据块保存其参数和静态数据的代码块。FB 具有位于数据块（DB）或"背景"DB 中的变量存储器。背景 DB 提供与 FB 的实例（或调用）关联的一块存储区并在 FB 完成后存储数据。可将不同的背景 DB 与 FB 的不同调用进行关联。通过背景 DB 可使用一个通用 FB 控制多个设备。通过使一个代码块对 FB 和背景 DB 进行调用，来构建程序。然后，CPU 执行该 FB 中的程序代码，并将块参数和静态局部数据存储在背景 DB 中。FB 执行完成后，CPU 会返回到调用该 FB 的代码块中，背景 DB 保留该 FB 实例的值。随后在同一扫描周期或其他扫描周期中调用该功能块时可使用这些值。

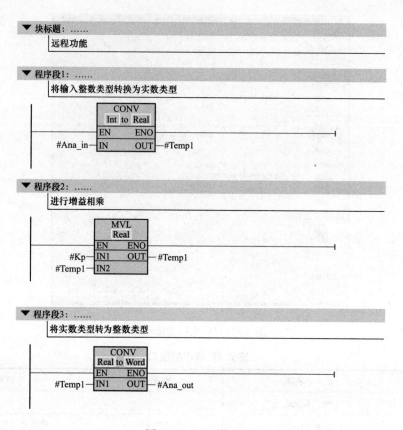

图 5-85　FC1 梯形图

具体步骤如下所示：

（1）如 FC 块一样，添加新 FB 块 "Local_Speed"。

（2）如表 5-15 所列，定义 "Local_Speed" 的接口参数。

表 5-15　　　　　　　　　　　　　　　Local_Speed 的接口参数

	名称	数据类型	默认值	保持性
1	▼ Input			
2	■ Select_1	Bool	0	非保持型
3	■ Select_2	Bool	0	非保持型
4	■ Select_3	Bool	0	非保持型
5	■ Speed_1	Int	0	非保持型
6	■ Speed_2	Int	0	非保持型
7	■ Speed_3	Int	0	非保持型
8	▼ Output			
9	■ Ana_out	Word	0	非保持型

（3）如图 5-86 所示编写 FB1 梯形图。

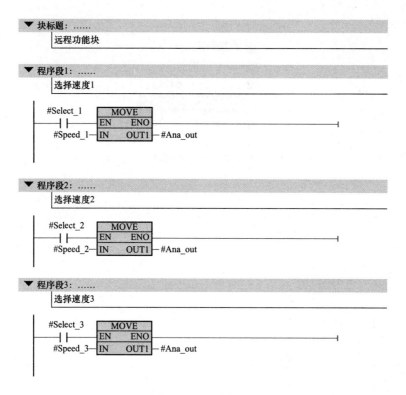

图 5-86　FB1 梯形图

7. 变量分配

变量如表 5-16 所列，具体包括本地/远程选择、本地速度 1、本地速度 2、本地速度 3、启动与停止按钮、远程速度信号（模拟量）、变频器输入信号（模拟量）。

表 5-16　　　　　　　　　　　　变　量　表　格

	名称	数据类型	地址▲
1	本地远程选择	Bool	%I0. 0
2	本地速度 1	Bool	%I0. 1
3	本地速度 2	Bool	%I0. 2
4	本地速度 3	Bool	%I0. 3
5	停止按钮	Bool	%I0. 4
6	启动按钮	Bool	%I0. 5
7	远程速度信号	Word	%IW96
8	变频器启动	Bool	%Q0. 0
9	变频器速度输入	Word	%QW96

8. PLC 程序编程

主程序的编程，需要调用 FB 和 FC 块，具体如图 5-87 所示。从图 5-87 的 FB 或 FC 块直接拉入到主程序中即可，但是由于 FB 需要调用 DB 块，因此会出现"调用选项"。

具体的主程序如图 5-88 所示。

图 5-87　选择调用块

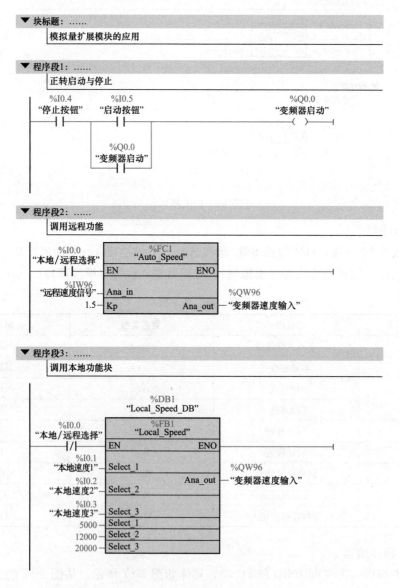

图 5-88　主程序 OB1 梯形图

思考与练习

5.1 选择题

(1) S7-1200 PLC 的本体 CPU 模块与 S7-200 PLC 相比，前者具有而后者没有的是（ ）。

    A. 输入端子   B. 输出端子   C. LED 指示灯   D. RJ45 端口

(2) 无法在项目树中访问的是（ ）。

    A. 编程指令   B. 设备和网络   C. 程序块   D. 公共数据

(3) S7-1200 PLC 中的 TON 指令与 S7-200 PLC 相比，前者需要后者不需要的是（ ）。

    A. PT 值   B. 定时器输入   C. 定时器输出   D. DB 块

(4) 以下不属于 S7-1200 PLC 的 TIME 有效数值的是（ ）。

    A. T♯120ms   B. S5T♯1m

    C. T♯2s_30ms   D. T♯-24_20h_31m_21s

(5) 用户程序结构必不可少的是（ ）。

    A. FB   B. FC   C. OB   D. DB

5.2 简要回答以下问题：

(1) S7-1200 PLC 的编程与 S7-200 PLC 等其他小型 PLC 相比，其优势是什么？

(2) S7-1200 PLC 的 SB 模块与 SM 模块区别是什么？

(3) S7-1200 PLC 的编程结构与 S7-200 PLC 等其他小 PLC 相比，到底是复杂了还是简单了？请说出自己的理由。

5.3 有 S7-1200 PLC 控制的简易小车运料系统如图 5-89 所示。初始位置在左边，有后退限位开关％I0.2 为 1 状态，按下启动按钮％I0.0 后，小车前进，碰到限位开关％I0.1 时停下，3s 后后退。碰到％I0.2 后，返回初始步，等待再次启动。直流电动机 M 拖动小车前进和后退，S7-200 PLC 的％Q0.0、％Q0.1 分别控制直流继电器 KA1、KA2 驱动直流电机工作。请作出 S7-1200 PLC 系统的电气原理图和梯形图程序。

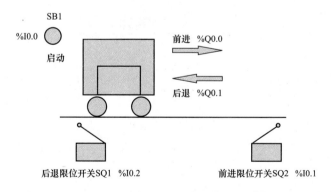

图 5-89 习题 5.3 图

5.4 采用一只按钮每隔 3s 顺序启动三台电动机，试编写 S7-1200 PLC 的梯形图程序。

5.5 简易全自动洗衣机的工作程序如下：按下启动按钮→进水（20s）→洗涤→正转

15s→停 3s→反转 10s 停 2s，50 次；排水（25s），重复 3 次，停机。请设计用 S7-1200 PLC 作为控制器的电气控制系统硬件图和梯形图。

5.6 某球磨机的工作流程为：进料到一定高度（由时间控制，10S），开始转动，正转 2s，反转 3s，共转动 20s，停 5s。如此反复 5 次，之后卸料（由时间控制，5s），停止。再按启动按钮，又能重复上述过程。要求有启动、停止按钮。请设计 S7-1200 PLC 程序。

5.7 现有一个按钮，一个灯泡，要求按钮按下多长时间，灯泡亮多长时间。请设计 S7-1200 PLC 程序。

5.8 某一机器有两台星-三角启动电动机，两台电动机一备一用，某一台故障时，启动另外一台。请设计 S7-1200 PLC 程序。

5.9 某一机器有 4 台电动机 M1、M2、M3、M4，先启动 M1，如转矩不够，每按一下加载按钮，按循序启动 M2、M3、M4。如转矩过大，每按一下减载按钮，最先运行的电动机停止工作。某一台有故障，则其停止工作，转矩不够则加载下一台电动机。请设计 S7-1200 PLC 程序。

5.10 某一纸箱的输送线（输送的纸箱有足够间隔），试用两个光电传感器检测纸箱的输送方向，用两个指示灯显示向左还是向右。请设计 S7-1200 PLC 程序。

第6章

S7-1200 PLC 的常见指令与编程应用

与 S7-200 PLC 一样，S7-1200 PLC 的数据移动、数学运算和逻辑运算指令，可以方便地应用在各个复杂的自动化应用场合。结构简单、稳定性好、工作可靠、调整方便的 PID 控制器应用中，S7-1200 PLC 创新性地引入了工艺对象这个概念，使得 PID 控制的编程更加简洁、方便。

学 习 目 标

知识目标

了解 S7-1200 PLC 的数据移动指令；掌握的 S7-1200 PLC 的数学运算和逻辑运算指令；掌握 PID 控制器及其应用；熟悉 S7-1200 PLC 的 PID 工艺对象；熟悉 PID_Compact 指令及编程特点。

能力目标

能进行 S7-1200 PLC 常见的数据移动指令应用；能进行 S7-1200 PLC 常见的数学运算与逻辑运算；能用常见的自动化元器件组成一个以 S7-1200 PLC 为控制器的 PID 回路，并通过增加工艺对象来实现 PID 的组态与调试。

职业素养目标

培养自动控制系统解决方案的创新精神。

6.1 数 据 移 动 指 令

6.1.1 MOVE 指令

使用图 6-1 所示的 MOVE 指令，可将 IN 输入端操作数中的内容％MW20 传送到 OUT1 输出端的操作数％MW40 中，并始终沿地址升序方向进行传送。表 6-1 列出了可传送的类型。

表 6-1　　　　　　　　　　　　　　MOVE 指令可传送的类型

参数	声明	数 据 类 型	存储区	说明
EN	Input	BOOL	I、Q、M、D、L	使能输入
ENO	Output	BOOL	I、Q、M、D、L	使能输出

167

续表

参数	声明	数据类型	存储区	说明
IN	Input	位字符串、整数、浮点数、定时器、DATE、TIME、TOD、DTL、CHAR、STRUCT、ARRAY	I、Q、M、D、L 或常数	源值
OUT1	Output	位字符串、整数、浮点数、定时器、DATE、TIME、TOD、DTL、CHAR、STRUCT、ARRAY	I、Q、M、D、L	传送源值中的操作数

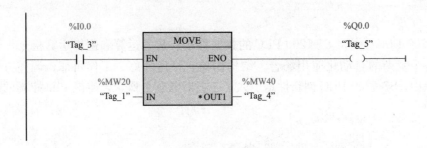

图 6-1　MOVE 指令

在 MOVE 指令中，若 IN 输入端数据类型的位长度超出了 OUT1 输出端数据类型的位长度，则传送源值中多出来的有效位会丢失。若 IN 输入端数据类型的位长度小于 OUT1 输出端数据类型的位长度，则用零填充传送目标值中多出来的有效位。

在初始状态，指令框中包含 1 个输出（OUT1），可以鼠标点击图符 ✦ 扩展输出数目。在该指令框中，应按升序顺序排列所添加的输出端。执行该指令时，将 IN 输入端操作数中的内容发送到所有可用的输出端。如果传送结构化数据类型（DTL，STRUCT，ARRAY）或字符串（STRING）的字符，则无法扩展指令框。

只有使能输入 EN 的信号状态为"1"时，才执行该指令。在这种情况下，输出 ENO 的信号状态也为"1"。若 EN 输入端的信号状态为"0"，则将 ENO 使能输入复位为"0"。

6.1.2　MOVE_BLK 块移动指令

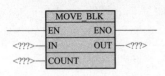

图 6-2　MOVE_BLK 块移动

如图 6-2 所示，使用"MOVE_BLK 块移动"指令，可将存储区（源区域）的内容移动到其他存储区（目标区域）。使用参数 COUNT 可以指定待复制到目标区域中的元素个数。可通过 IN 输入端的元素宽度来指定待复制元素的宽度，并按地址升序顺序执行复制操作。

【例 6-1】　相同数据类型的数组之间的复制。

首先在 TIA 软件中添加新数据类型，如图 6-3 所示，如定义 a_array 为 10 个字节的数组，即 Array［0..9］of Byte。数组的数据类型和数组限值可以如图 6-4 所示进行修改。

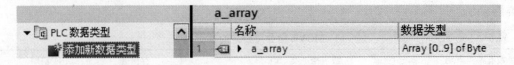

图 6-3　添加新数据

一旦数据类型新建后，即可添加新的数据块，如图 6-5 所示。在添加时，选择刚刚在图

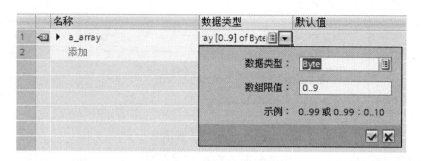

图 6-4　修改数组的数据类型和数组限值

6-4 所定义的数据类型，即 a_array。这样的 DB1 中就有了一个 a_array 数组。同理，可以新建另外一个数据类型 b_array 为 20 个字节的数组，即 Array［0..19］of Byte，并添加一个 DB2 块。

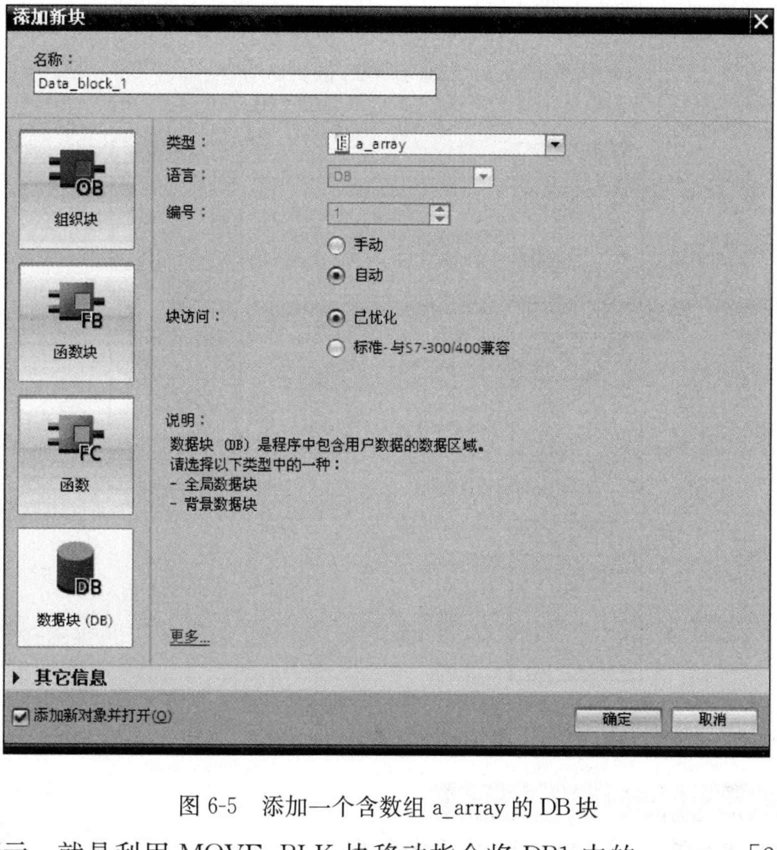

图 6-5　添加一个含数组 a_array 的 DB 块

图 6-6 所示，就是利用 MOVE_BLK 块移动指令将 DB1 中的 a_array［2］到 a_array［4］共 3 个数据移动到 DB2 中的 b_array［7］开始的 3 个数据中。

【例 6-2】　不同数据类型的数组之间复制。

如果想在数据块中存储不同的数据类型（例如位、字节、字、双整数或实数）并且将这些数据复制到另一个数据块中，必须将数据块结构化，以便有可能将所有数据类型中相同类型的数据依次存储起来。

所有相同数据类型的变量（例如字节）必须在数组变量中集成一组，然后就可以使用

169

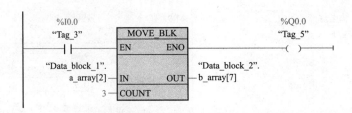

图 6-6　［例 6-1］程序图

"MOVE_BLK" 命令将一个数组变量的所有数据复制到另一个数据块中。例如，图 6-7 所示便是将 DB3 的 5 个数据类型块移动到 DB4 中。图 6-8 所示为具体的梯形图程序。

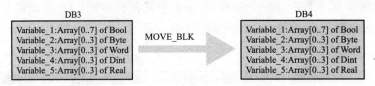

图 6-7　DB3 到 DB4 的块移动

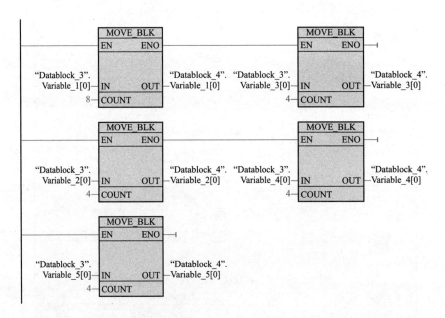

图 6-8　［例 6-2］程序图

6.1.3　UMOVE_BLK 无中断块移动

使用图 6-9 所示的 "UMOVE_BLK 无中断块移动" 指令，可将存储区（源区域）的内容连续复制到其他存储区（目标区域）。使用参数 COUNT 可以指定待复制到目标区域中的元素个数。可通过 IN 输入端的元素宽度来指定待复制元素的宽度。源区域内容沿地址升序方向复制到目标区域。

6.1.4　FILL_BLK 填充块

使用图 6-10 所示的 "FILL_BLK 填充块" 指令，用 IN 输入的值填充一个存储区域（目标区域）。将以 OUT 输出指定的起始地址，填充目标区域。可以使用参数 COUNT 指定复制操作的重复次数。执行该指令时，将选择 IN 输入的值，并复制到目标区域 COUNT 参数中指定的次数。

图 6-9　UMOVE_BLK 无中断块移动　　图 6-10　FILL_BLK 填充块

6.1.5　SWAP 交换指令

SWAP 交换指令可以更改输入 IN 中字节的顺序，并在输出 OUT 中查询结果。图 6-11 说明了如何使用"交换"指令交换数据类型为 DWORD 的操作数的字节。表 6-2 所示为 SWAP 指令的参数。

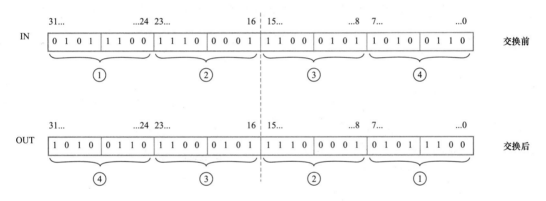

图 6-11　SWAP 交换数据类型为 DWORD 的示意

表 6-2　　　　　　　　　　　　　　　SWAP 指令的参数

参数	声明	数据类型	存储区	说明
EN	Input	BOOL	I、Q、M、D、L	使能输入
ENO	Output	BOOL	I、Q、M、D、L	使能输出
IN	Input	WORD，DWORD	I、Q、M、D、L 或常数	要交换其字节的操作数
OUT	Output	WORD，DWORD	I、Q、M、D、L	结果

【例 6-3】　请在选择开关％I0.0 为 ON 时将％MW20 的字的高低字节进行交换，并送入到％MW40 中。

图 6-12 所示为程序图。表 6-3 列出了该指令如何使用特定操作数值进行运算。如果操作数％I0.0 的信号状态为"1"，则执行"交换"指令。％MW20 字节的顺序已更改，并存储在操作数％MW40 中。如果成功执行该指令，则输出 ENO 的信号状态为"1"，并将置位输出％Q0.0。

表 6-3　　　　　　　　　　　　　　　SWAP 交换字的举例

参数	操作数	值
IN	％MW20	0000111101010101
OUT	％MW40	0101010111110000

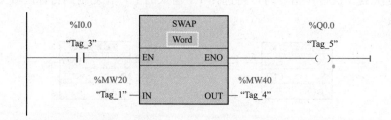

图 6-12　［例 6-3］程序图

6.1.6　SHR 右移和 SHL 左移指令

使用图 6-13（a）所示的"SHR 右移"指令将输入 IN 中操作数的内容按位向右移位，并在输出 OUT 中查询结果。参数 N 用于指定将指定值移位的位数。当参数 N 的值为"0"时，输入 IN 的值将复制到输出 OUT 中的操作数中。如果参数 N 的值大于可用位数，则输入 IN 中的操作数值将向右移动可用位数个位。对于无符号值，移位时操作数左边区域中空出的位位置将用零填充。如果指定值有符号，则用符号位的信号状态填充空出的位。

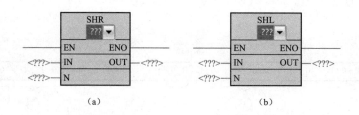

图 6-13　SHR 指令和 SHL 指令

（a）SHR 指令；（b）SHL 指令

图 6-14 所示说明了如何将整数数据类型操作数的内容向右移动 4 位。

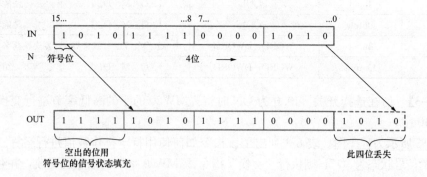

图 6-14　整数数据类型操作数的内容向右移动 4 位

SHL 左移指令如图 6-13（b）所示。将 WORD 数据类型操作数的内容向左移动 6 位的示意如图 6-15 所示。

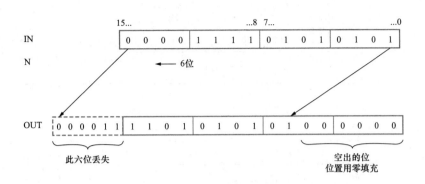

图 6-15   整数数据类型操作数的内容向左移动 6 位

6.1.7   ROR 循环右移和 ROL 循环左移指令

使用图 6-16（a）所示的"ROR 循环右移"指令，可以将输入 IN 中操作数的内容按位向右循环移位，并在输出 OUT 中查询结果。参数 N 用于指定循环移位中待移动的位数。用移出的位填充因循环移位而空出的位。当参数 N 的值为"0"时，输入 IN 的值将复制到输出 OUT 中的操作数中。

使用图 6-16（b）所示的"ROL 循环左移"指令，可以将输入 IN 中操作数的内容按位向左循环移位，并在输出 OUT 中查询结果。参数 N 用于指定循环移位中待移动的位数。用移出的位填充因循环移位而空出的位。当参数 N 的值为"0"时，输入 IN 的值将复制到输出 OUT 中的操作数中。当参数 N 的值大于可用位数时，输入 IN 中的操作数值将循环移动指定位数个位。

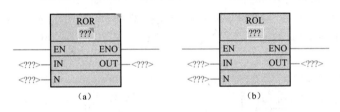

图 6-16   ROR 和 ROL 指令
(a) ROR 指令；(b) ROL 指令

图 6-17 显示了如何将 DWORD 数据类型操作数的内容向右循环移动 3 位。图 6-18 则显示了如何将 DWORD 数据类型操作数的内容向左循环移动 3 位。

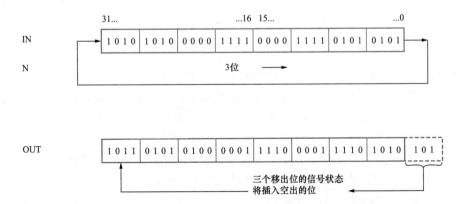

图 6-17   将 DWORD 数据类型操作数的内容向右循环移动 3 位

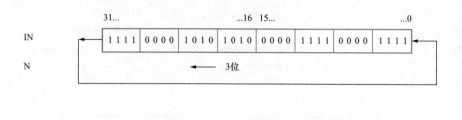

图 6-18　DWORD 数据类型操作数的内容向左循环移动 3 位

6.2　数学与逻辑运算指令

6.2.1　加法 ADD 指令

S7-1200 PLC 的加法 ADD 指令可以从 TIA 软件右边指令窗口的"基本指令"下的"数学函数"中直接添加［见图 6-19（a）］。使用"ADD"指令，根据图 6-19（b）所示选择的数据类型，将输入 IN1 的值与输入 IN2 的值相加，并在输出 OUT（OUT = IN1＋IN2）处查询总和。

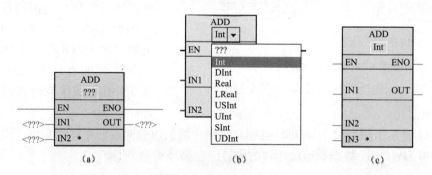

图 6-19　ADD 指令
(a) 基本的 ADD 指令；(b) 选择数据类型；(c) 可扩展的 ADD 指令

在初始状态下，指令框中至少包含两个输入（IN1 和 IN2），可以鼠标点击图符 ✳ 扩展输入数目［见图 6-19（c）］，在功能框中按升序对插入的输入进行编号，执行该指令时，将所有可用输入参数的值相加，并将求得的和存储在输出 OUT 中。

表 6-4 列出了"ADD"指令的参数。根据参数说明，只有使能输入 EN 的信号状态为"1"时，才执行该指令。如果成功执行该指令，使能输出 ENO 的信号状态也为"1"。如果满足下列条件之一，则使能输出 ENO 的信号状态为"0"：

(1) 使能输入 EN 的信号状态为"0"。

(2) 指令结果超出输出 OUT 指定的数据类型的允许范围。

(3) 浮点数具有无效值。

表 6-4			ADD 指 令 的 参 数		
参数		数据类型	存储区	说明	
EN	Input	BOOL	I、Q、M、D、L	使能输入	
ENO	Output	BOOL	I、Q、M、D、L	使能输出	
IN1	Input	整数、浮点数	I、Q、M、D、L 或常数	要相加的第一个数	
IN2	Input	整数、浮点数	I、Q、M、D、L 或常数	要相加的第二个数	
INn	Input	整数、浮点数	I、Q、M、D、L 或常数	要相加的可选输入值	
OUT	Output	整数、浮点数	I、Q、M、D、L	总和	

图 6-20 中举例说明了 ADD 指令的工作原理：如果操作数％I0.0 的信号状态为 "1"，则将执行 "加" 指令，将操作数％IW64 的值与％IW66 的值相加，并将相加的结果存储在操作数％MW0 中。如果该指令执行成功，则使能输出 ENO 的信号状态为 "1"，同时置位输出％Q0.0。

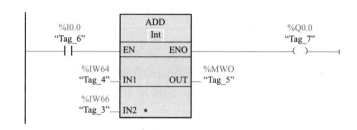

图 6-20　ADD 指令应用

6.2.2　减法 SUB 指令

如图 6-21 所示，可以使用减法 SUB 指令从输入 IN1 的值中减去输入 IN2 的值，并在输出 OUT（OUT = IN1−IN2）处查询差值。SUB 指令的参数与 ADD 指令相同。

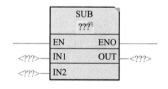

图 6-21　SUB 指令

图 6-22 中举例说明了 SUB 指令的工作原理：如果操作数％I0.0 的信号状态为 "1"，则将执行 "减" 指令，将操作数％IW64 的值减去％IW66 的值，并将结果存储在操作数％MW0 中。如果该指令执行成功，则使能输出 ENO 的信号状态为 "1"，同时置位输出％Q0.0。

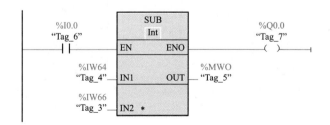

图 6-22　SUB 指令应用

175

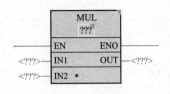

图 6-23　MUL 指令

6.2.3　乘法 MUL 指令

如图 6-23 所示，可以使用乘法 MUL 指令将输入 IN1 的值乘以输入 IN2 的值，并在输出 OUT（OUT = IN1 * IN2）处查询乘积。同 ADD 指令一样，可以在指令功能框中展开输入的数字，并在功能框中以升序对相加的输入进行编号。表 6-5 为 MUL 指令的参数。

表 6-5　　　　　　　　　　　　　MUL 指 令 的 参 数

参数	声明	数据类型	存储区	说明
EN	输入	BOOL	I、Q、M、D、L	使能输入
ENO	输出	BOOL	I、Q、M、D、L	使能输出
IN1	输入	整数、浮点数	I、Q、M、D、L 或常数	乘数
IN2	输入	整数、浮点数	I、Q、M、D、L 或常数	被乘数
IN*n*	输入	整数、浮点数	I、Q、M、D、L 或常数	可相乘的可选输入值
OUT	输出	整数、浮点数	I、Q、M、D、L	乘积

图 6-24 举例说明了 MUL 指令的工作原理：如果操作数％I0.0 的信号状态为"1"，则将执行"乘"指令。将操作数％IW64 的值中乘以操作数 IN2 常数值"4"，相乘的结果存储在操作数％MW20 中。如果成功执行该指令，则输出 ENO 的信号状态为"1"，并将置位输出％Q0.0。

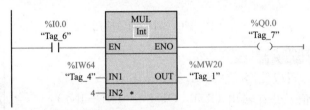

图 6-24　MUL 指令应用

6.2.4　除法 DIV 和返回除法余数 MOD 指令

除法 DIV 和返回除法余数 MOD 指令如图 6-25 所示，前者是返回除法的商，后者是余数。需要注意的是，MOD 指令只有在整数相除时才能应用。

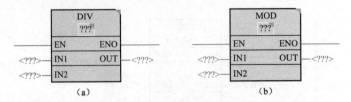

图 6-25　DIV 和 MOD 指令
(a) DIV 指令；(b) MOD 指令

图 6-26 举例说明了 DIV 和 MOD 指令的工作原理：如果操作数％I0.0 的信号状态为"1"，则将执行 DIV 指令。将操作数％IW64 的值中除以操作数 IN2 常数值"4"，商存储在

操作数％MW20 中，余数则存储在操作数％MW30 中。

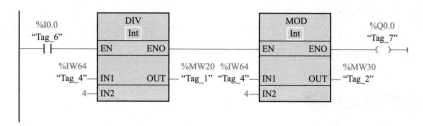

图 6-26 DIV 和 MOD 指令的应用

6.2.5 其他数学运算指令

（1）NEG 指令：取反指令。

可以使用"取反"指令更改输入 IN 中值的符号，并在输出 OUT 中查询结果。如果输入 IN 中为正数，则会将与该值的绝对值相等的负值发送到输出 OUT 中。

（2）INC：递增。

（3）DEC：递减。

（4）ABS：计算绝对值。

（5）MIN：获取最小值。

"获取最小值"指令比较可用输入的值，并将最小的值写入输出 OUT 中。在指令功能框中可以通过其他输入来扩展输入的数量。在功能框中按升序对输入进行编号。要执行该指令，最少需要指定 2 个输入，最多可以指定 100 个输入。

（6）MAX：获取最大值。

"获取最大值"指令比较可用输入的值，并将最大的值写入输出 OUT 中。其功能与 MIN 指令相同。

（7）LIMIT：设置限值。

通过"设置限值"指令，可以将 IN 输入的值限制在 MN 与 MX 输入的值之间。如果输入 IN 的值满足 MN < IN < MX 条件，则将其复制到 OUT 输出。如果不满足该条件且输入值 IN 低于下限 MN，则将输出 OUT 设置为输入 MN 的值。如果超出上限，则将 MX 输出 OUT 设置为 MX 输入的值。

（8）SQR：计算平方。

（9）SQRT：计算平方根。

（10）LN：计算自然对数。

通过"计算自然对数"指令，可以计算输入 IN 值以（e = 2.718282e＋00）为底的自然对数。计算结果被发送至 OUT 输出，可供查询。如果输入值大于零，则该指令的结果为正数。如果输入值小于零，则输出 OUT 返回一个无效浮点数。

（11）EXP：计算指数值。

通过"计算指数值"指令，可以计算输入 IN 以 e（e = 2.718282e＋00）为底数的指数。计算结果被发送至 OUT 输出，可供查询（OUT = eIN）。

（12）SIN：计算正弦值。

使用"计算正弦值"指令计算角度的正弦。以弧度形式在输入 IN 中指定角度大小。该指令的结果发送到输出 OUT 中并供查询。

（13）COS：计算余弦值。

可以使用"计算余弦值"指令，计算角度的余弦。角度大小在 IN 输入处以弧度的形式指定。指令结果被发送到输出 OUT，可供查询。

（14）TAN：计算正切值。

6.2.6 比较器运算指令

1. CMP ＝＝：等于

如图 6-27（a）所示可以使用 CMP＝＝指令确定第一个比较值（＜操作数 1＞）是否等于第二个比较值（＜操作数 2＞）。比较器运算指令可以通过指令右上角黄色三角的第一个选项来选择等于、大于等于等比较器类型 ［见图 6-27（b）］，也可以通过右下角黄色三角的第二个选项来选择数据类型，如整数、实数等 ［见图 6-27（c）］。

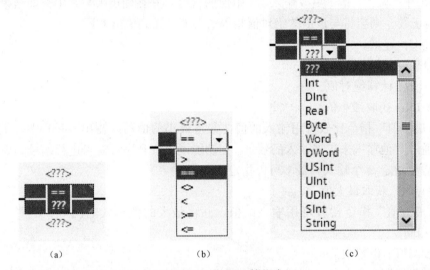

（a）　　　　　　　　　（b）　　　　　　　　　（c）

图 6-27　比较器运算指令

（a）CMP ＝＝指令；（b）第一个选项；（c）第二个选项

如果满足比较条件，则指令返回逻辑运算结果（RLO）"1"。如果不满足比较条件，则指令返回 RLO "0"。该指令的 RLO 通过以下方式与当前整个路径的 RLO 进行逻辑运算：

（1）串联比较指令时，采用"与"运算。

（2）并联比较指令时，采用"或"运算。

指定指令上方操作数占位符中的第一个比较值（＜操作数 1＞）。指定指令下方操作数占位符中的第二个比较值（＜操作数 2＞）。在比较字符串时，通过字符的 ASCII 码比较字符（例如"a"大于"A"）。从左到右执行比较，第一个不同的字符决定比较结果。

2. CMP ＜＞：不等于

可以使用"不等于"指令确定第一个比较值（＜操作数 1＞）是否不等于第二个比较值（＜操作数 2＞）。

3. CMP ＞＝：大于或等于

可以使用"大于或等于"指令确定第一个比较值（＜操作数 1＞）是否大于或等于第二个比较值（＜操作数 2＞）。要比较的两个值必须为相同的数据类型。

在比较字符串时，通过字符的 ASCII 码比较字符（例如"a"大于"A"）。从左到右执行比较。第一个不同的字符决定比较结果。如果较长字符串的左侧部分和较短字符串相同，则认为较长字符串更大。

4．CMP ＜＝：小于或等于

可以使用"小于或等于"指令确定第一个比较值（＜操作数 1＞）是否小于或等于第二个比较值（＜操作数 2＞）。

5．CMP ＞：大于

可以使用"大于"指令确定第一个比较值（＜操作数 1＞）是否大于第二个比较值（＜操作数 2＞）。

6．CMP ＜：小于

可以使用"小于"指令确定第一个比较值（＜操作数 1＞）是否小于第二个比较值（＜操作数 2＞）。

6.2.7　数据转换指令

1．CONVERT：转换值

图 6-28 所示的 CONV 指令读取参数 IN 的内容，并根据指令功能框中选择的数据类型对其进行转换。转换的值将发送到输出 OUT 中。可以从指令功能框的"＜??? ＞"下拉列表中为该指令选择数据类型。需要注意的是，不能在指令功能框中选择位字符串（BYTE、WORD、DWORD）。如果输入 BYTE、WORD 或 DWORD 数据类型的操作数作为该指令的参数，则该操作数的值会被解释为相同位长度的无符号整数。此时，BYTE 数据类型会被解释为 USINT，WORD 被解释为 UINT，而 DWORD 被解释为 UDINT。

2．ROUND：取整

通过"取整"指令（见图 6-29），将输入 IN 的值取整为最接近的整数。该指令将输入 IN 的值解释为浮点数，并转换为一个 DINT 数据类型的整数。如果输入值恰好是在一个偶数和一个奇数之间，则选择偶数。指令结果被发送到输出 OUT，可供查询。

3．CEIL：浮点数向上取整

通过"浮点数向上取整"指令（见图 6-30），将输入 IN 的值取整为相邻的较大整数。该指令将输入 IN 的值解释为浮点数，并将其转换为较大的相邻整数。指令结果被发送到输出 OUT，可供查询。输出值可以大于或等于输入值。

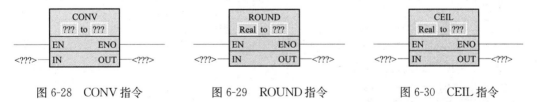

图 6-28　CONV 指令　　　　图 6-29　ROUND 指令　　　　图 6-30　CEIL 指令

4．FLOOR：浮点数向下取整

通过"浮点数向下取整"指令（见图 6-31），将输入 IN 的值取整为相邻的较小整数。该指令将输入 IN 的值解释为浮点数，并将其向下转换为相邻的较小整数。指令结果被发送到输出 OUT，可供查询。输出值可以小于或等于输入值。

5．TRUNC：截尾取整

可以使用"截取整数"指令由输入 IN 的值得出整数（见图 6-32）。输入 IN 的值被视为浮点数。该指令仅选择浮点数的整数部分，并将其发送到输出 OUT 中，不带小数位。

图 6-31　FLOOR 指令　　　　　　图 6-32　TRUNC 指令

6. SCALE_X：缩放

图 6-33（a）所示的"SCALE_X"指令可以通过将输入 VALUE 的值映射到所指定的取值范围来对其进行缩放。当执行"缩放"指令时，输入 VALUE 的浮点值会缩放到由参数 MIN 和 MAX 定义的值范围。缩放结果为整数，存储在 OUT 输出中。图 6-33（b）举例说明如何缩放值。

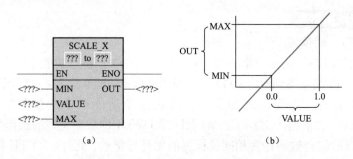

（a）　　　　　　　　　　（b）

图 6-33　SCALE_X 指令和缩放值示意
（a）SCALE_X 指令；（b）缩放值示意

7. NORM_X：标准化

图 6-34（a）所示的"NORM_X 标准化"指令可以通过将输入 VALUE 的变量值映射到线性标尺来对其进行标准化。可以使用参数 MIN 和 MAX 定义（应用于该标尺的）值范围的限值。输出 OUT 中的结果经过计算并存储为浮点数，这取决于要标准化的值在该值范围中的位置。如果要标准化的值等于输入 MIN 中的值，则输出 OUT 将返回值"0.0"。如果要标准化的值等于输入 MAX 中的值，则输出 OUT 将返回值"1.0"。图 6-34（b）举例说明如何标准化值。

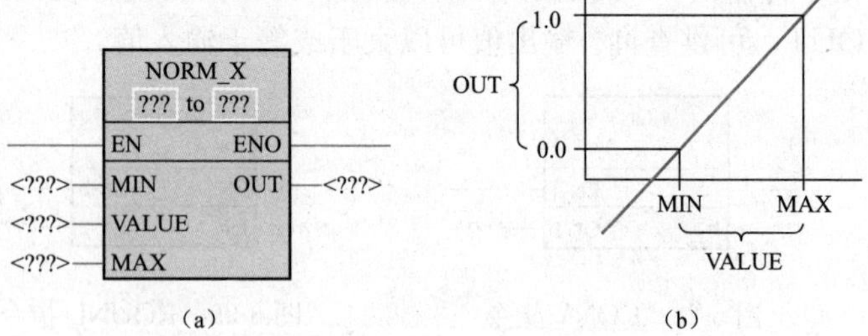

6.2.8　字逻辑运算指令

1. AND："与"运算

可以使用图 6-35 所示的"与"运算指令将输入 IN1 的值和输入

（a）　　　　　　　（b）

图 6-34　NORM_X 指令和标准化值示意
（a）NORM_X 指令；（b）标准化值示意

IN2 的值按位通过"与"运算组合在一起，并在输出 OUT 中查询结果。执行该指令时，输入 IN1 的值的位 0 和输入 IN2 的值的位 0 进行"与"运算。结果存储在输出 OUT 的位 0 中。对指定值的所有其他位都执行相同的逻辑运算。可以在指令功能框中展开输入的数字。

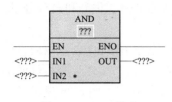

图 6-35　AND 指令

在功能框中以升序对相加的输入进行编号。该指令执行时，将使用"与"运算组合所有可用输入参数的值，结果存储在输出 OUT 中。仅当逻辑运算中两个位的信号状态都为"1"时，结果位的信号状态才为"1"。逻辑运算的两个位中如果有一位信号状态为"0"，相应的结果位就会复位。表 6-6 所示为两个整数的 AND 运算结果。

表 6-6　　　　　　　　　　**两个整数的 AND 运算结果**

参　　数	操　作　数	值
IN1	整数输入 1	01010101 01010101
IN2	整数输入 2	00000000 00001111
OUT	整数输出	00000000 00000101

2．OR："或"运算

可以使用"或"运算指令将输入 IN1 的值和输入 IN2 的值按位通过"或"运算组合在一起，并在输出 OUT 中查询结果。

3．INV：求反码

可以使用"求反码"指令将输入 IN 中各个位的信号状态取反。处理该指令时，输入 IN 中的值和十六进制模板（对于 16 位数为 W♯16♯FFFF；对于 32 位数为 DW♯16♯FFFFFFFF）进行"异或"运算。因此，各个位的信号状态取反，并发送至输出 OUT 中。

4．DECO：解码

可以使用"解码"指令，将由输入值指定的输出值中的某个位置位。"解码"指令读取输入 IN 的值，并将输出值中位号与读取值对应的那个位置位。输出值中的其他位将以 0 进行覆盖。当输入 IN 的值大于 31 时，则将执行以 32 为模的指令。

另外，字逻辑运算指令还包括"异或运算（XOR）、编码（ENCO）、多路复用（MUX）、多路分用（DEMUX）。

6.3　PID 指令及其应用

6.3.1　S7-1200 PLC 的 PID 控制器

"PID_Compact"工艺对象是用于实现自动和手动模式下都可自我优化调节的 PID 控制器 ⊾ PID_Compact_DB。在控制回路中，PID 控制器连续采集受控变量的实际测量值，并将其与期望设定值进行比较。

PID 控制器基于所生成的系统偏差计算控制器输出，尽可能快速稳定地将受控变量调整到设定值。在 PID 控制器中，控制器输出值通过以下三个分量进行计算：比例分量计算的控制器输出值与系统偏差成比例；积分分量计算的控制器输出值随着控制器输出的持续时间而增加，最终补偿控制器输出；PID 控制器的微分分量随着系统偏差变化率的增加而增加。受控变量将尽快调整到设定值。系统偏差的变化率减小时，微分分量也会随之减小。

工艺对象在"初始启动时自调节"期间自行计算 PID 控制器的比例、积分和微分分量。可通过"运行中自调节"对这些参数进行进一步优化。

一般来讲，要在新的组织块中创建 PID 控制器的块。当前所创建的循环中断组织块将用作新的组织块。循环中断组织块可用于以周期性时间间隔启动程序，而与循环程序执行情况无关。循环中断 OB 将中断循环程序的执行将并会在中断结束后继续执行。图 6-36 显示了带有循环中断 OB 的程序执行。

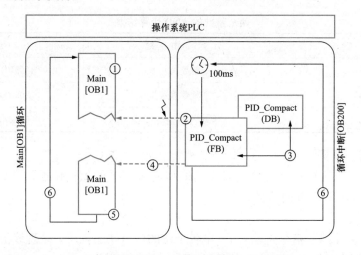

图 6-36　循环组织块、循环中断与 PID 控制器

从图 6-36 中可以看出，PID 控制器的工作原理为：

（1）程序从 Main［OB1］开始执行。

（2）循环中断每 100 ms 触发一次，它会在任何时间（例如，在执行 Main［OB1］期间）中断程序并执行循环中断 OB 中的程序。在本例中，程序包含功能块 PID_Compact。

（3）执行 PID_Compact 并将值写入数据块 PID_Compact（DB）。

（4）执行循环中断 OB 后，Main［OB1］将从中断点继续执行，相关值将保留不变。

（5）Main［OB1］操作完成。

（6）将重新开始该程序循环。

6.3.2　技能训练【JN6-1】：液压站压力控制的 PID 构建

1. 案例介绍

液压站又称液压泵站，是独立的液压装置，如图 6-37 所示。它按逐级要求供油，并控制液压油流的方向、压力和流量，适用于主机与液压装置可分离的各种液压机械上。用户购后只要将液压站与主机上的执行机构（油缸或油泵）用油管相连，液压机械即可实现各种规定的动作和工作循环。

液压站是由泵装置、集成块或阀组合、油箱、电气控制柜等组合而成。其中泵装置上装有电动机和油泵，是液压站的动力源，将机械能转化为液压油的压力能；集成块由液压阀及通道体组装而成，对液压油实行方向、压力和流量调节；油箱是板焊的半封闭容器，装有滤油网、空气滤清器等，用来储油、油的冷却及过滤；电气控制柜装有液压泵变频器和 PLC。

液压站的工作原理为：变频器供电给电动机带动油泵可变速转动，泵从油箱中吸油供

图 6-37　液压站

油，将机械能转化为液压站的压力能，液压油通过集成块（或阀组合）实现了方向、压力、流量调节后经外接管路并至液压机械的油缸或油泵中，从而控制液动机方向的变换、力量的大小及速度的快慢，推动各种液压机械做功。

本案例为通过液压泵电动机的转速来控制可调输出的油压压力，控制器采用 PLC 中的 PID 回路，具体工作示意如图 6-38 所示。请选择合适的方案并进行编程、调试。

2. 在 S7-1200 PLC 中添加 PID 工艺对象

在 S7-1200 PLC 添加 PID 工艺对象的步骤有很多种，下面是其中比较简单的一种方式。

（1）向现有 PLC 的项目树中打开"工艺对象"，并点击"添加新对象"，如图 6-39 所示。

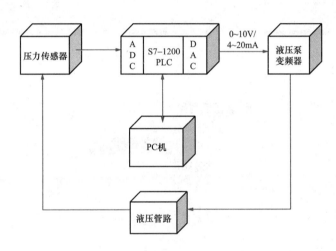

图 6-38　液压站压力工作示意

图 6-39　添加新的工艺对象

（2）进入如图 6-40 所示的"添加新的 PID 对象窗口"，选择"PID 控制器"，这时会出现类型为 PID_CMPT [FB1130] 的默认选项。注意 PID_CMPT 就是 PID_Compact 的简称。编号为数据块 DB 的序号，可以手动，也可以自动。

（3）从项目树中进入图 6-41 所示的"工艺对象"PID_Compact_1 [DB1]，这时会出现组态和调试两个功能。

选择组态功能，则会出现图 6-42 所示的菜单，包括基本设置、过程值设置和高级设置。

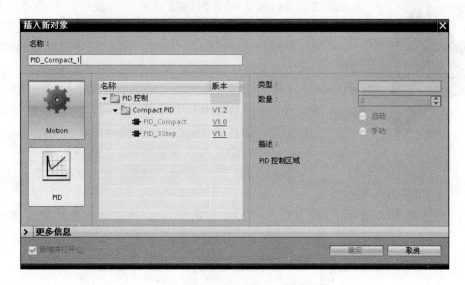

图 6-40　添加新的 PID 对象窗口

图 6-41　"工艺对象" PID_Compact_1〔DB1〕

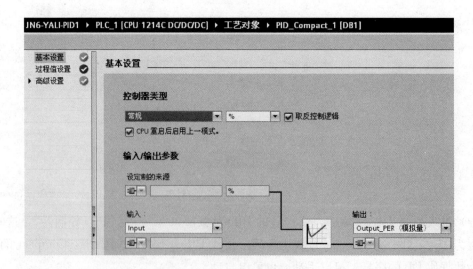

图 6-42　PID 的组态菜单

表 6-7 所示为组态完成情况示意。

表 6-7	组 态 完 成 情 况 示 意
✔ 蓝色	组态包含默认值且已完成 组态仅包含默认值。通过这些默认值即可使用工艺对象，而无需进一步更改
✔ 绿色	组态包含用户定义的值且已完成 组态的所有输入域中均包含有效值，而且至少更改了一个默认值
✖ 红色	组态不完整或有缺陷 至少一个输入域或下拉列表框不包含任何值或者包含的值无效。相应域或下拉列表框的背景 为红色。单击这些域或下拉列表框时，弹出的错误消息便会指出错误原因

1）基本设置。在基本设置页面中，首先需要设置控制器类型，用于预先选择需控制值的单位。在本例中，可以将单位为"Bar（1bar＝0.1MPa）"的"压力"用作控制器类型，如图 6-43 所示。常见的控制器类型包括速度控制、压力控制、流量控制、温度控制等，默认是以百分比为单位的"常规"控制器。本案例也可以以百分比作为控制器类型。

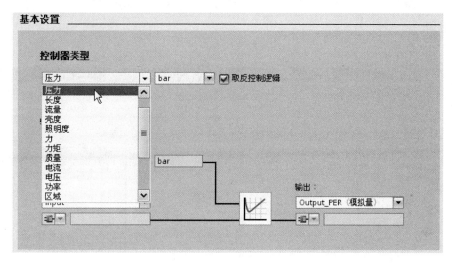

图 6-43　控制器类型选择

如果受控值的增加会引起实际值的减小（例如，由于阀位开度增加而使水位下降，或者由于冷却性能增加而使温度降低），请选中"取反 PID 控制器输出"复选框。而本案例的压力控制是正常控制逻辑。

在基本设置中，还要为设定值、实际值和工艺对象"PID_Compact"的受控变量提供输入和输出参数。输入值为 Input，输出值为 Output_PER（analog）。在输入值选项中，Input 表示使用从用户程序而来的反馈值；Input_PER（analog）表示使用外设输入。在输出值选项中，Output 表示输出至用户程序，Output_PER 表示外设输出，Output_PWM 表示使用 PWM 输出。

2）过程值设置（即输入标定）。如图 6-44 所示为过程值设置，也就是反馈值输入标定。其中标定的过程值上限和过程值的上限值为一组，过程值下限和缩放后过程值的下限为一组，当过程值达到上限或下限时，系统将停止 PID 的输出。

3）高级设置。如图 6-45 所示高级设置中的输入监视。当反馈值达到高限或低限时，PID 指令块会给出相应的报警位。

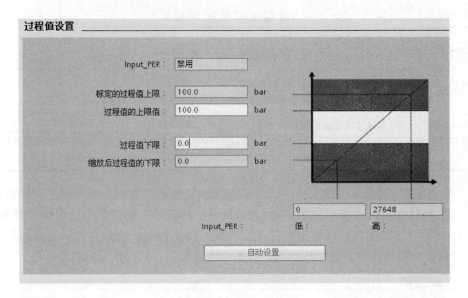

图 6-44　过程值设置

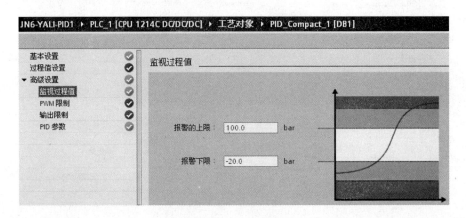

图 6-45　输入监视

当输出是 PWM 而非模拟量时，则需要定义如图 6-46 所示的 PWM 限制功能，即最小接通时间和最小关闭时间（关于 PWM 的概念将在后续项目中介绍）。

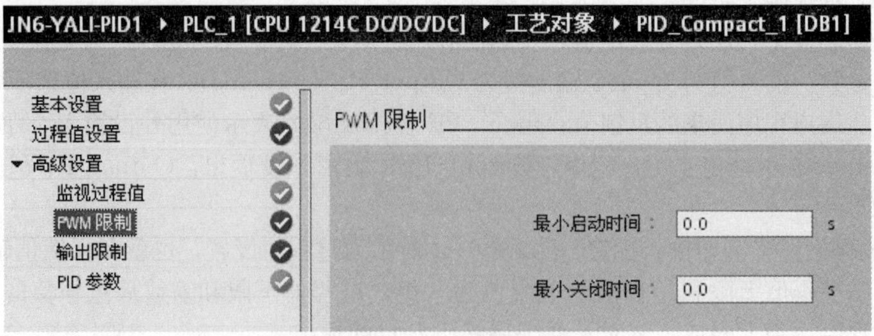

图 6-46　PWM 限制

PID 的输出限制如图 6-47 所示，可以设置调节值的上限和下限。

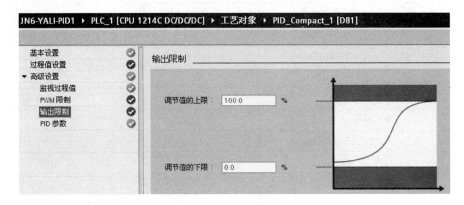

图 6-47　输出限制

如图 6-48 所示，可以设置 PID 手动参数或者自动选择。

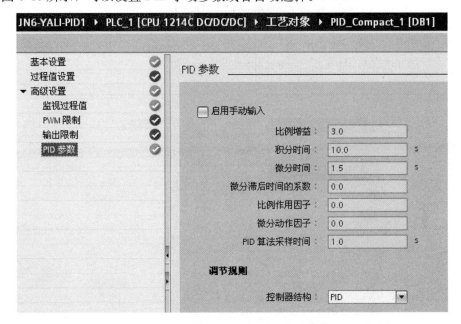

图 6-48　PID 参数

（4）完成以上的组态之后，就可以在项目树中的 PID_Compact_1［DB1］按右键进入"打开 DB 编辑器"（见图 6-49），即可进入背景数据块参数表。

1）Input/Output 参数。表 6-8 所列为输入/输出参数，其与图 6-50 所示的 PID 指令一一对应。

表 6-8　　　　　　　　　　　　　输 入 ／ 输 出 参 数

	名称	数据类型	初始值
1	▼　Input		
2	Setpoint	Real	0.000000e+000
3	Input_	Real	0.000000e+000

续表

	名称	数据类型	初始值
4	Input_PER	Word	W＃16＃0000
5	ManualEnable	Bool	FALSE
6	Manualvalue	Real	0.000000e＋000
7	Reset	Bool	FALSE
8	▼ Output		
9	ScaledInput	Real	0.000000e＋000
10	Output	Real	0.000000e＋000
11	Output_PER	Word	W＃16＃0000
12	Output_PWM	Bool	PALSE
13	SetpointLimit_H	Bool	FALSE
14	SetpointLimit_L	Bool	FALSE
15	InputWarning_H	Bool	FALSE
16	InputWarning_L	Bool	FALSE
17	State	Int	0
18	Error	DWord	DW＃16＃0000

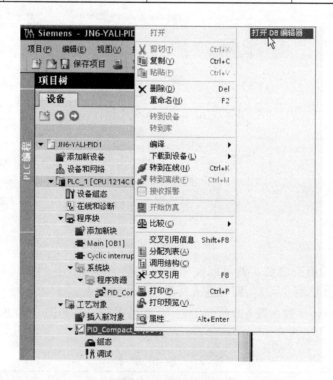

图 6-49　打开数据块

2）Static 参数。表 6-9 所列的 Static 参数表示固定值，如 sd_VersionID 为控制器版本（如表中的版本为 1.0.0.9）；Sb_GetCycleTime 为开始自动语句采样时间；sb_EnCyclEstimation 为使能预估采样时间；sb_EnCyclMonitoring 为使能监视采样时间；sb_RunModeBy-

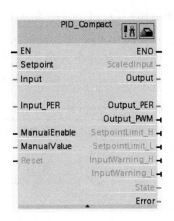

图 6-50　PID 指令

Startup 为在上电或复位后保持上一次状态或保持未激活状态；si_Unit 为反馈量单位；si_Type 为控制器类型；sd_Warning 为警告信息。

表 6-9　　　　　　　　　　　　　　Static　参　数

	名称	数据类型	初始值
19	▼　InOut		
20	▼　Static		
21	sb_VersionID	DWord	DW♯16♯01000009
22	sb_ResOld	Bool	FALSE
23	sb_TMBeginExec	Bool	FALSE
24	sb_GetCycleTime	Bool	TRUE
25	sb_EnCyclEstimation	Bool	TRUE
26	sb_EnCyclMonitoring	Bool	TRUE
27	sb_Startup	Bool	FALSE
28	sb_RunModeByStartup	Bool	TRUE
29	sby_ESData_1	Byte	B♯16♯00
30	sby_ESData_2	Byte	B♯16♯00
31	si_TMCnt	Int	0
32	si_Unit	Int	0
33	si_Type	Int	5
34	si_SveModeByRes	Int	0
35	sd_Warning	DWord	DW♯16♯0000
36	st_TMEnd	Time	T♯OMS
37	sr_TMDiff	Real	0.000000e+000
38	sr_TMDiffMax	Real	0.000000e+000
39	sr_TMDiffMaxMed	Real	0.000000e+000
40	sr_TMDiffSum	Real	0.000000e+000

3）sBackUp 参数。表 6-10 所列的 sBackUp 参数为从上一次整定开始已保存的参数。r_Gain 为已保存的增益，r_Ti 为已保存的积分时间，r_Td 为已保存的微分时间，r_A 为已保存的微分滤波系数，r_B 为已保存的比例部分在直接/反馈路径中的权重，r_C 为已保存的微分部分在直接/反馈路径中的权重，r_Cycle 为已保存的采样周期。

表 6-10   sBackUp   参   数

	名称	数据类型	初始值
41	▼ sBackup	Struct	
42	r_Gain	Real	1.000000e+000
43	r_Ti	Real	2.000000e+001
44	r_Td	Real	0.000000e+000
45	r_A	Real	0.000000e+000
46	r_B	Real	0.000000e+000
47	r_C	Real	0.000000e+000
48	r_Cycle	Real	1.000000e+000

4）sPid_Calc 参数。表 6-11 所列的 sPid_Calc 参数表示为 PID 计算过程值与计算命令。其主要的参数包括 r_Cycle 为采样时间；b_RunIn 为强制在设定点运行；b_CalcParamSUT 为重新计算启动整定参数；b_CalcParamSUT 为重新计算运行整定参数。

表 6-11   sPid_Calc   参   数

	名称	数据类型	初始值
49	▼ sPid_Calc	Struct	
50	r_Cycle	Real	1.000000e−001
51	r_Resol	Real	1.000000e+000
52	b_Ctrln	Bool	FALSE
53	b_Switch_On	Bool	FALSE
54	b_Switch_Off	Bool	FALSE
55	b_Jump_On	Bool	FALSE
56	b_Jump_Off	Bool	FALSE
57	b_Jump	Bool	FALSE
58	b_CalcOn	Bool	FALSE
59	b_SpCrossed	Bool	FALSE
60	b_PvFilAdapt	Bool	FALSE
61	b_2StepDeadTm	Bool	FALSE
62	b_LastPeriod	Bool	FALSE
63	b_Part1	Bool	FALSE
64	b_Part2	Bool	FALSE
65	b_Runln	Bool	FALSE
66	b_FrstDerivRdy	Bool	FALSE

续表

	名称	数据类型	初始值
67	b_SpOffLtd	Bool	FALSE
68	b_TimeAdapt	Bool	FALSE
69	b_CalcParamSUT	Bool	FALSE
70	b_CalcParamTIR	Bool	FALSE
71	i_CtrlTypeSUT	Int	0
72	i_CtrlTypeTIR	Int	0
73	i_WPCyclMax	Int	0
74	i_WPCycl	Int	0
75	i_FilCyc	Int	0
76	i_MaxPeriod	Int	0
77	i_Ev4Step	Int	0
78	i_RepeatProc	Int	0
79	i_Cntperiod	Int	0
80	i_CtrlvalAdapt	Int	0
81	i_Counter4	Int	0
82	d_Counter1	DInt	L#0
83	d_Counter2	DInt	L#0
84	d_Counter3	DInt	L#0
85	d_CycCounter	DInt	L#0
86	d_CycCountEnd	DInt	L#0
87	d_TOn	DInt	L#0
88	d_TOff	DInt	L#0
89	d_TSum	DInt	L#0
90	d_TPnt1	DInt	L#0
91	d_THys	DInt	L#0
92	d_THysAIT	DInt	L#0
93	r_Medi	Real	0.000000e+000
94	r_Pv0	Real	0.000000e+000
95	r_PvAIT	Real	0.000000e+000
96	r_PvAIt2	Real	0.000000e+000
97	r_PvAltSUT	Real	0.000000e+000
98	r_PvMedi	Real	0.000000e+000
99	r_LmnFilOld1	Real	0.000000e+000
100	r_LmnFilOld2	Real	0.000000e+000
101	r_Stabw_Pv_1	Real	0.000000e+000
102	r_Stabw_Pv_2	Real	0.000000e+000

	名称	数据类型	初始值
103	r_SpAIt	Real	0.000000e+000
104	r_Time	Real	0.000000e+000
105	r_PvDxMax	Real	0.000000e+000
106	r_TDxMax	Real	0.000000e+000
107	r_Noise	Real	0.000000e+000
108	r_Noise2	Real	0.000000e+000
109	r_Dx0	Real	0.000000e+000
110	r_Dx	Real	0.000000e+000
111	r_Dx2	Real	0.000000e+000
112	r_DxMax	Real	0.000000e+000
113	r_DxMax2	Real	0.000000e+000
114	r_DiffDx	Real	0.000000e+000
115	r_DiffDx2	Real	0.000000e+000
116	r_Break	Real	1.000000e+002
117	r_BreakTm	Real	0.000000e+000
118	r_x1	Real	0.000000e+000
119	r_x2	Real	0.000000e+000
120	r_Up	Real	0.000000e+000
121	r_Down	Real	0.000000e+000
122	r_Switch	Real	0.000000e+000
123	r_AKrit	Real	0.000000e+000
124	r_DKrik	Real	0.000000e+000
125	r_LmnOpt	Real	0.000000e+000
126	r_ErOld	Real	0.000000e+000
127	r_TRelOld	Real	1.000000e+000
128	r_StdAbw	Real	0.000000e+000
129	r_Lmn0	Real	0.000000e+000
130	r_LmnFacLim	Real	0.000000e+000
131	r_Lmn1	Real	0.000000e+000
132	r_Sp1	Real	0.000000e+000
133	r_SpOff	Real	1.000000e+000
134	r_SHys	Real	0.000000e+000
135	r_Progress	Real	0.000000e+000

5）sPid_Cmpt 参数。sPid_Cmpt 参数主要描述的是 PID_Compact 控制的组态值，见表 6-12。其具体包括 r_Sp_Hlm、r_Sp_Llm 为设定值高限、设定值低限；r_Pv_Norm_IN_1、r_Pv_Norm_IN_2、r_Pv_Norm_OUT_1、r_Pv_Norm_OUT_2 为输入量程化低限、输入量

程化高限、输出量程化低限、输出量程化高限；r_ Pv _Hlm、r_ Pv _Llm、r_ Pv _HWrn、r_ Pv _LWrn 为反馈高限、反馈低限、反馈报警高限、反馈报警低限；r_ Lmn_Hlm、r_ Lmn_Llm 为输出高限、输出低限。

表 6-12　　　　　　　　　　　　　　　　　**sPid_Cmpt 参数**

	名称	数据类型	初始值
136	▼　sPid_Cmpt	Struct	
137	r_Sp_Hlm	Real	3.402822e+038
138	r_Sp_Llm	Real	−3.402822e+038
139	r_Pv_Norm_IN_1	Real	0.000000e+000
140	r_Pv_Norm_IN_2	Real	2.764800e+004
141	r_Pv_Norm_OUT_1	Real	0.000000e+000
142	r_Pv_Norm_OUT_2	Real	1.000000e+002
143	r_Lmn_Hlm	Real	1.000000e+002
144	r_Lmn_Llm	Real	0.000000e+000
145	b_Input_PER_On	Bool	True
146	b_LoadBackUP	Bool	FALSE
147	b_InvCtrl	Bool	FALSE
148	r_Lmn_Pwm_PPTm	Real	0.000000e+000
149	r_Lmn_Pwm_PBTm	Real	0.000000e+000
150	r_Man	Real	0.000000e+000
151	b_ManOn	Bool	FALSE
152	b_Sync	Bool	FALSE
153	b_PIDInit	Bool	FALSE
154	d_Per	DInt	L#0
155	d_Per2	DInt	L#0
156	r_PvSum	Real	0.000000e+000
157	r_Pv_Hlm	Real	5.0
158	r_Pv_Llm	Real	0.000000e+000
159	r_Pv_HWm	Real	1.000000e+002
160	r_Pv_LWm	Real	0.000000e+000
161	r_Ctrl_IntHlm	Real	3.402822e+038
162	r_Ctrl_IntLlm	Real	−3.402822e+038
163	r_Ctrl_IOutv	Real	0.000000e+000
164	r_Ctrl_IRest	Real	0.000000e+000
165	r_Ctrl_DRest	Real	0.000000e+000
166	r_Ctrl_DRueck	Real	0.000000e+000
167	d_Lmn_Pwm_Ptm	DInt	L#0
168	r_Lmn_Pwm_Rest	Real	0.000000e+000

	名称	数据类型	初始值
169	r_Lmn_Outv	Real	0.000000e+000
170	d_Lmn_Per_Outv	DInt	L#0

6）sRet 参数。sRet 参数主要是设置控制器模式和返回当前 PID 参数值，具体见表 6-13。其中最重要的是 i_Mode 为设置参数，0 为未激活，1 为启动整定模式，2 为运行整定模式，3 为自动模式，4 为手动模式。r_Ctrl_Gain、r_Ctrl_Ti、r_Ctrl_Td、r_Cycle 分别表示当前增益、当前积分时间、当前微分时间、当前采样时间。

表 6-13　　　　　　　　　　　　　　　　sRet　参　数

	名称	数据类型	初始值
181	▼　sRet	Srtuct	
182	b_EnableManOld	Bool	FALSE
183	i_Mode	Int	0
184	i_ModeOld	Int	0
185	i_SveModeByEnMan	Int	0
186	i_StateOld	Int	0
187	r_Ctrl_Gain	Real	1.000000e+000
188	r_Ctrl_Ti	Real	2.000000e+001
189	r_Ctrl_Td	Real	0.000000e+000
190	r_Ctrl_A	Real	0.000000e+000
191	r_Ctrl_B	Real	0.000000e+000
192	r_Ctrl_C	Real	0.000000e+000
193	r_Ctrl_Cycle	Real	1.000000e+000

3. PID 指令调用与编程

为了让 PID 运算以预想的采样频率工作，PID 指令必须用在定时发生的中断程序中或者用在主程序中被定时器所控制，以一定频率执行。

PID 指令调用与编程的步骤如下所示：

第 1 步，如表 6-14 定义相关变量，包括模拟量输入％IW96（即实际压力）、模拟量输出％QW96（变频泵输出频率）、手动/自动选择％I0.0。

表 6-14　　　　　　　　　　　　　　　　变　量　定　义

	名称	数据类型	地址
1	模拟量输入 1	Word	％IW96
2	模拟量输出 1	Word	％QW96
3	手动/自动选择	Bool	％I0.0

第 2 步，如图 6-51 所示添加时间中断组织块 OB200，定义扫描时间为 100ms。需要注意的是时间中断默认值为 DB30，而此处定义为 OB200，这只是序号问题，如图 6-52 所示，

可以设置的 OB 块的范围为 30～38 或 123～32767。

图 6-51　添加时间中断组织块 OB200

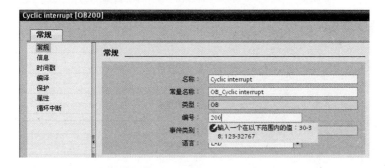

图 6-52　时间中断组织块的编号

第 3 步，如图 6-53 所示从指令树中扩展指令处找到相应的 PID_Compact 指令。

图 6-53　PID_Compact 指令

第 4 步，如图 6-54 所示将 PID_Compact 指令放置于 OB200 时间中断块中，这里面用到了 PID_Compact［DB1］背景数据块。

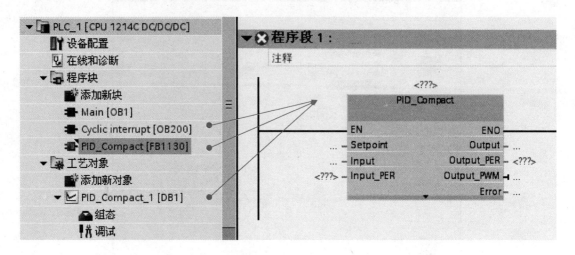

图 6-54　放在程序中的 PID 指令与程序块、工艺对象的关系

第 5 步，如图 6-55 所示完成完整的 OB200 块中关于 PID 指令的调用。从图中可以看出，设定值为 25％，手动情况下模拟量输出为 10％。

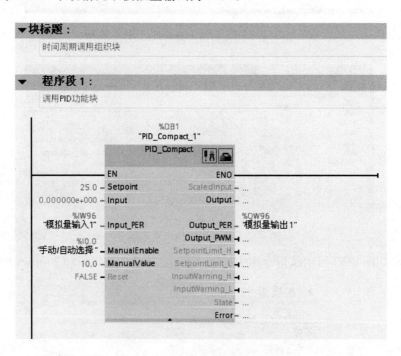

图 6-55　完整的 PID 程序（OB200）

第 6 步，如图 6-56 所示在主程序块 OB1 中对 PID 控制器的模式进行修改，即当％I0.0 ＝OFF 时（选择开关为自动），将 PID 控制器模式 sRet. i_Mode 修改为 3（自动模式，见表 6-13）。

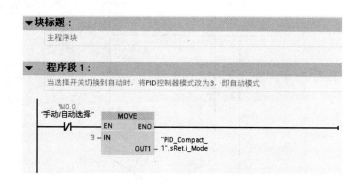

图 6-56 主程序块

思考与练习

6.1 有电动机三台，希望能够轮换启动。设％Q0.0、％Q0.1、％Q0.2 分别驱动三台电动机的接触器。％I0.0 为启动按钮，％I0.1 为停车按钮，试用 S7-1200 PLC 的相关指令来编写程序。

6.2 设计一组 8 彩灯程序，先全亮 5s，灭 3s，左循环 1 次，右循环一次，全亮 4s，灭 2s。请采用 S7-1200 PLC 的移位指令来编程。

6.3 请用 S7-1200 PLC 的指令编写单按钮单路启/停控制程序，控制要求为：单个按钮（I0.0）控制一盏灯，第一次按下时灯（Q0.1）亮，第二次按下时灯灭，……，即奇数次灯亮，偶数次灯灭。

6.4 设计一个用 S7-1200 PLC 来控制数码管循环显示数字 0、1、2、……9 的控制系统（见图 6-57）。其控制要求如下：

（1）程序开始后显示 0，延时 T 秒，显示 1，延时 T 秒，显示 2，……显示 9，延时 T 秒，再显示 0，如此循环不止；

（2）按停止按钮时，程序无条件停止运行。

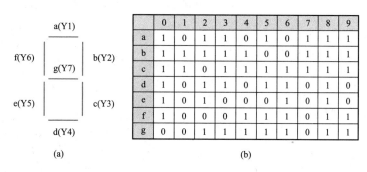

	0	1	2	3	4	5	6	7	8	9
a	1	0	1	1	0	1	0	1	1	1
b	1	1	1	1	1	0	0	1	1	1
c	1	1	0	1	1	1	1	1	1	1
d	1	0	1	1	0	1	1	0	1	0
e	1	0	1	0	0	0	1	0	1	0
f	1	0	0	0	1	1	1	0	1	1
g	0	0	1	1	1	1	1	0	1	1

(a)　　　　　　　　(b)

图 6-57　习题 6.4 图
（a）数码管；（b）数字与输出点的对应关系

6.5 一蓄水池如图 6-58 所示，下面是圆锥，圆锥角度 120°，上面是圆柱，圆柱直径 2m，整个蓄水池高度 10m，用一个 0～20mA 传感器检测液位高度，试求蓄水池液体的重量，液体的密度是 $1.25g/mm^3$。

6.6 采用一只按钮每隔 3s 顺序启动三台电动机，试编写 S7-1200 PLC 的程序。

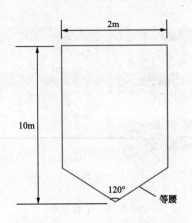

图 6-58　习题 6.5 图

6.7　请设计小区单泵变频恒压供水的 PID 控制电气线路并编程。其中 PLC 采用 S7-1200，压力传感器为 4～20mA 信号，变频器通过接收 S7-1200 PLC 输出的 0～10V 信号来调节水泵的出口压力。

第 7 章

S7-1200 PLC 的脉冲与运动控制

S7-1200 PLC 在实际工程应用中，会碰到与脉冲有关的一些问题，比如 PWM、HSC 和 PTO。其中 PWM 控制是通过对一系列脉冲的宽度进行调制，来等效地获得所需要的波形（含形状和幅值），它可以应用在类似模拟量控制的场合中，控制电机的转速、阀门的位置等；HSC 则是一些高速脉冲信号，如编码器信号，此时 PLC 可以使用高速计数器功能对这些特定的脉冲量进行加减计数，来最终获取所需要的工艺数据（转速、角度、位移等）；PTO 则是运动控制的核心，它被广泛应用在包装、印刷、纺织和装配工业中。

学 习 目 标

知识目标

了解 PWM 控制的基本原理；熟悉 S7-1200 PLC 中 PWM 控制的硬件基础；熟悉 PWM 与 PTO 的配置差异；了解脉冲量输入和高速计数器；熟悉 S7-1200 PLC HSC 的指令与硬件；了解 S7-1200 PLC PTO 功能的硬件配置；熟悉 PLC 轴工艺对象的概念及其应用。

能力目标

能对 PWM 进行使能和脉宽控制；能对 HSC 进行硬件组态，能通过一个简单的案例来掌握进行单相计数、A/B 相正交测量频率和定长控制；能独立进行 S7-1200 PLC 与步进驱动器、步进电机的硬件接线，并在此基础上对 S7-1200 PLC 进行轴工艺对象的组态、调试和诊断。

职业素养目标

熟悉工艺对象，构建自动化为工艺服务的理念。

7.1 S7-1200 PLC 的 PWM 控制

7.1.1 PWM 控制的基本概念

PWM 是 Pulse Width Modulation 的缩写。PWM 控制是一种脉冲宽度调制技术，通过对一系列脉冲的宽度进行调制，来等效地获得所需要波形（含形状和幅值）。PWM 控制技术在逆变电路中应用比较广，应用的逆变电路绝大部分是 PWM 型；除此之外，PWM 控制技术还可以应用在类似模拟量控制的场合中，比如它可以控制电机的转速、阀门的位置等。

1. PWM 控制的基本原理

冲量相等而形状不同的窄脉冲（见图 7-1）加在具有惯性的环节上时，其效果基本相同。冲量指窄脉冲的面积。效果基本相同，是指环节的输出响应波形基本相同，即低频段非常接近，仅在高频段略有差异。

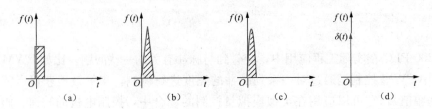

图 7-1　形状不同而冲量相同的各种窄脉冲

2. 占空比的定义

占空比即负载周期（Duty Cycle），其含义就是在一串理想的脉冲序列中（如方波），正脉冲的持续时间与脉冲总周期的比值。例如：脉冲宽度 $1\mu s$，信号周期 $4\mu s$ 的脉冲序列占空比为 0.25。在中文成语中有句话"一天捕鱼，三天晒网"，则占空比为 0.25。

占空比也可以理解为高电平所占周期时间与整个周期时间的比值，如图 7-2 所示。因此方波的占空比为 50%，占空比为 0.1，说明正电平所占时间为 0.1 个周期。

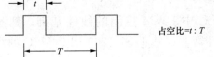

图 7-2　占空比的定义

7.1.2　S7-1200 PLC 的 PWM 应用

1. 硬件配置

PWM 是一种周期固定、脉冲宽度可以调节的脉冲输出，是数字量输出。在 S7-1200 PLC 中，它提供两个输出通道用于高速脉冲输出，分别可以组态为 PTO 或 PWM。关于 PTO 的功能将在后续项目中进行介绍。需要注意的是，当一个通道被组态为 PTO 时，就不能再作为 PWM 使用，反之亦然。

PTO 或 PWM 两种脉冲发生器映射到特定的数字输出，见表 7-1。可以使用板载 CPU 输出，也可以使用可选的信号板输出。表中列出了输出点编号（假定使用默认输出组态），如果更改了输出点编号，则输出点编号将为用户指定的编号。无论是在 CPU 上还是在连接的信号板上，PTO1/PWM1 都使用前两个数字输出，PTO2/PWM2 使用接下来的两个数字输出。请注意，PWM 仅需要一个输出，而 PTO 每个通道可选择使用两个输出。如果脉冲功能不需要输出，则相应的输出可用于其他用途。

表 7-1　　　　　　　　　　　　脉冲功能输出点占用情况表

说明		默认输出分配	
		脉冲	方向
PTO1	板载 CPU	Q0.0	Q0.1
	信号板	Q4.0	Q4.1
PWM1	板载 CPU	Q0.0	—
	信号板	Q4.0	—

续表

说明		默认输出分配	
		脉冲	方向
PTO2	板载 CPU	Q0.2	Q0.3
	信号板	Q4.2	Q4.3
PWM2	板载 CPU	Q0.2	—
	信号板	Q4.2	—

2．CTRL_PWM 指令调用

在 TIA 软件中使用 PWM 指令，可以直接从图 7-3 所示的"扩展指令"下的"脉冲"获得，即 CTRL_PWM 指令。其控制脉冲宽度可以表示为脉冲周期的百分之几到万分之几或 S7 analog 模拟量形式。与其他指令相同，CTRL_PWM 指令调用也需要背景数据库的支持。

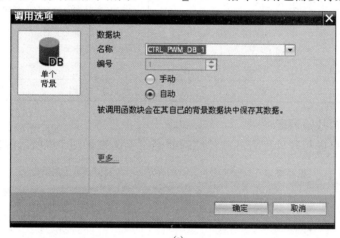

(a)

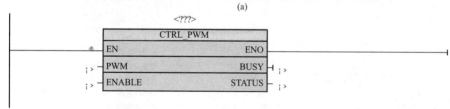

(b)

图 7-3　指令调用

（a）指令调用选项；（b）指令调用格式

背景数据块中的参数见表 7-2。

表 7-2 　　　　　　　　　　　PWM　参　数

	名称		数据类型	初始值
1	▼ Input			
2		PWM	HW_PWM	W♯16♯0
3		ENABLE	Bool	False
4	▼ Output			
5		BUSY	Bool	False
6		STATUS	Word	W♯16♯0000

由图 7-3 可以看出，当 EN 端变为 1 时，指令块通过 ENABLE 端使能或禁止脉冲输出，脉冲宽度通过组态好的 QW（输出字）来调节。对于 PWM1，默认位置是 QW1000；而对于 PWM2，默认位置是 QW1002。该位置的值控制脉冲宽度，并且在每次 CPU 从 STOP 切换到 RUN 模式时都会初始化为上面指定的“初始脉冲宽度”值。在运行期间更改该 Q W 字值会引起脉冲宽度变化。当 CTRL_PWM 指令正在运行时，BUSY 位一直为 0。有错误发生时，ENO 端输出为 0，同时 STATUS 显示错误状态“80A1”（即硬件识别号非法）。表 7-3归纳了 CTRL_PWM 指令的输入/输出参数类型、数据类型和说明。

表 7-3　输入/输出参数及说明

参数	参数类型	数据类型	初始值	说　明
PWM	IN	Word	0	PWM 标识符： 已启用的脉冲发生器的名称将变为“常量（constant）”变量表中的变量，并可用作 PWM 参数
ENABLE	IN	Bool		1=启动脉冲发生器 0=停止脉冲发生器
BUSY	OUT	Bool	0	功能忙
STATUS	OUT	Word	0	执行条件代码

3．PWM 端口故障原因

在 PWM 端口进行硬件配置和软件编程时经常会出现如图 7-4 所示的错误。

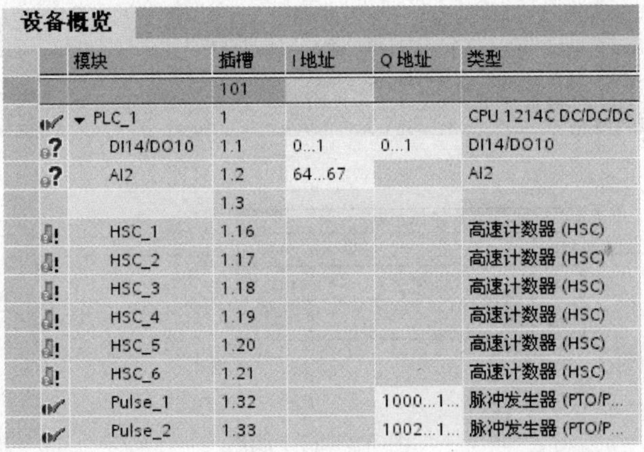
设备概览

模块	插槽	I 地址	Q 地址	类型
	101			
PLC_1	1			CPU 1214C DC/DC/DC
DI14/DO10	1.1	0...1	0...1	DI14/DO10
AI2	1.2	64...67		AI2
	1.3			
HSC_1	1.16			高速计数器 (HSC)
HSC_2	1.17			高速计数器 (HSC)
HSC_3	1.18			高速计数器 (HSC)
HSC_4	1.19			高速计数器 (HSC)
HSC_5	1.20			高速计数器 (HSC)
HSC_6	1.21			高速计数器 (HSC)
Pulse_1	1.32		1000...1...	脉冲发生器 (PTO/P...
Pulse_2	1.33		1002...1...	脉冲发生器 (PTO/P...

图 7-4　硬件配置出错

出现该故障的原因有以下几种：

（1）在该程序中出现 Q0.0 或 Q0.2 的双重定义。

（2）端口号没有匹配。

（3）硬件配置没有完全正确。

7.1.3　技能训练【JN7-1】：通过外部开关控制 PWM 的使能与占空比

1．控制要求

本案例通过外部开关对 PWM 的端口输出进行控制，具体如下：

（1）能通过按钮进行端口切换。

（2）能通过加减按钮输入 PWM 占空比的百分比值（范围 0～100％）。

（3）能使能和禁止 PWM 功能。

2. 硬件配置与软件编程

在 TIA 软件中进入设备组态界面，选中 CPU，单击"属性"按钮，可以看到如图 7-5 所示的 PLC 常规属性。根据需要可以选择两个脉冲输出口，即 Pulse_1 和 Pulse_2。

图 7-6 所示的脉冲输出常规属性，选择"启用"，即允许使用该脉冲发生器。

对于启用的脉冲发生器，可以定义如图 7-7 所示的脉冲选项参数，并首先定义脉冲发生器用作"PTO"或"PWM"，显然，本案例选择"PWM"。

图 7-5　PLC 的常规属性

图 7-6　选择启用脉冲发生器

图 7-7　脉冲发生器用途

接下来就会看到默认的输出源"板载 CPU 输出"，然后定义图 7-8 所示的时基，可以选择毫秒或微秒，本案例选择毫秒。

脉冲宽度格式（见图 7-9）也是非常重要的参数，它可以选择为百分数、千分数、万分数或 S7 模拟量格式。本案例选择百分数格式。

图 7-10 所示的循环时间表示脉冲的周期值，其单位即"时基"单位。

图 7-11 所示为初始脉宽，如本案例选用百分比，则值范围为 0～100；如果选择 S7 模拟

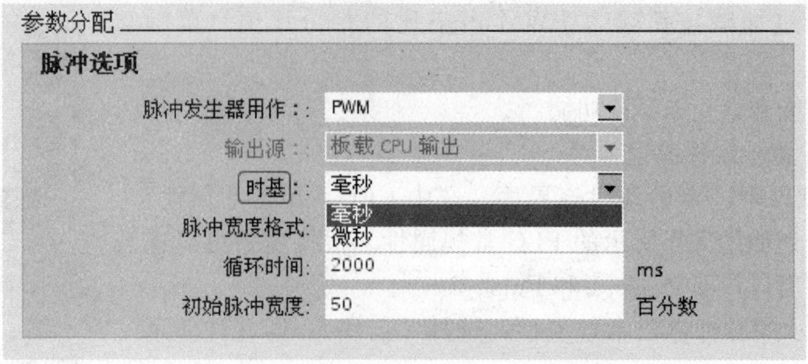

图 7-8　时基

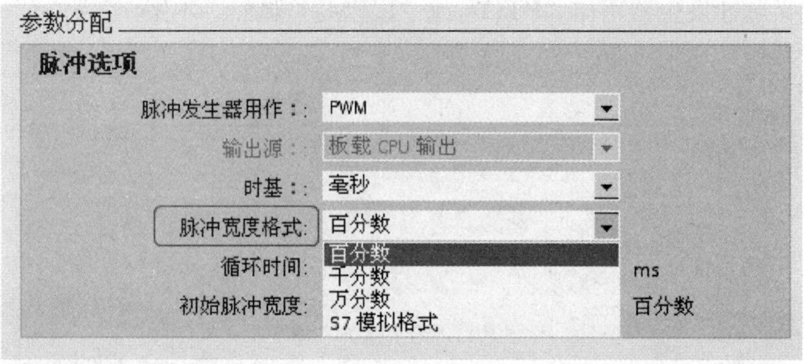

图 7-9　脉冲宽度格式

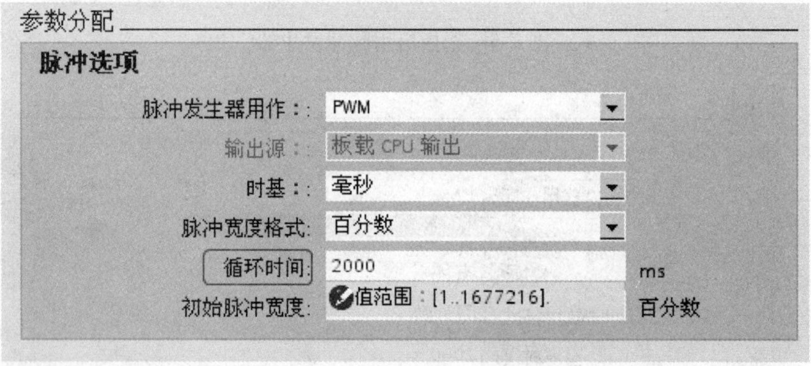

图 7-10　循环时间

量格式，则 值范围：[0..27648]；依此类推。

对于 Pulse_1 来讲，其硬件输出就是图 7-12 所示的默认脉冲输出 Q0.0。

最后就是 I/O 地址和硬件标识符，如图 7-13 和图 7-14 所示，可以采用默认地址，也可以进行修改。

对于 Pulse_2，可以按照以上相同步骤进行。

根据训练要求，定义好如表 7-4 所列的变量，其中包括脉冲 1 输出为%QW1000、脉冲 2 输出为%QW1002，触摸屏的按钮加、减信号为%M0.1、%M0.2 等。

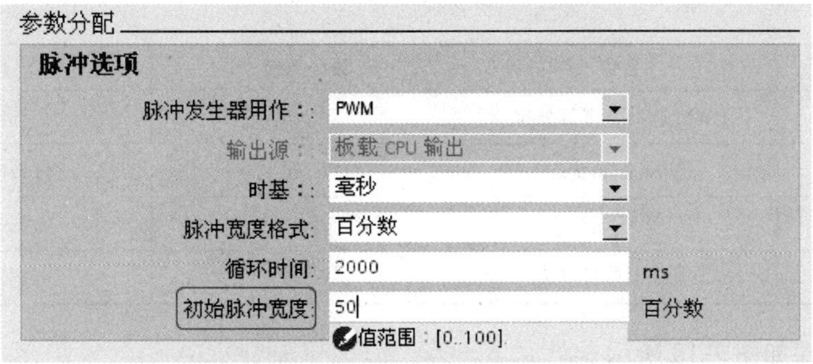

参数分配

脉冲选项

脉冲发生器用作：：	PWM
输出源：	板载 CPU 输出
时基：：	毫秒
脉冲宽度格式：	百分数
循环时间：	2000　ms
初始脉冲宽度	50　　　百分数

值范围: [0..100]

图 7-11　初始脉宽

硬件输出

脉冲输出：： Q0.0

图 7-12　硬件输出

› I/O 地址

输出地址

起始地址：	1000
结束地址：	1001
过程映像：	循环 PI

图 7-13　I/O 地址

› 硬件标识符

硬件标识符

硬件标识符　2

图 7-14　硬件标识符

表 7-4　　　　　　　　　　　　　　变　量　定　义

	名称	数据类型	地址
1	按钮加	Bool	%I0.0
2	按钮减	Bool	%I0.1
3	PWM 控制使能	Bool	%I1.0
4	PWM 端口选择	Bool	%I1.3
5	脉冲 1 输出	Word	%QW1000
6	脉冲 2 输出	Word	%QW1002
7	PWM 控制忙	Bool	%M0.0
8	按钮加信号	Bool	%M0.1
9	按钮减信号	Bool	%M0.2

	名称	数据类型	地址
10	PWM 脉冲宽度百分比	Word	%MW10
11	PWM 控制状态	Word	%MW12
12	PWM 端口	Int	%MW14
13	PWM 端口号显示	Word	%MW16

OB1 主程序如图 7-15 所示。

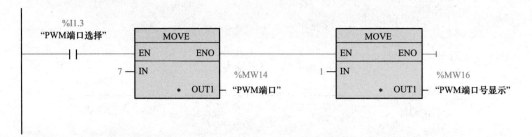

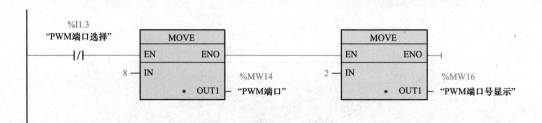

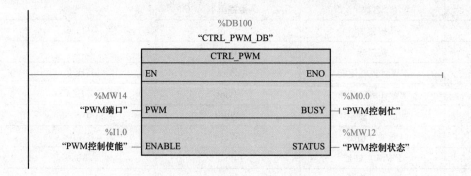

图 7-15　OB1 主程序（一）

程序段4：......

输入百分比来控制脉冲宽度%Q0.0

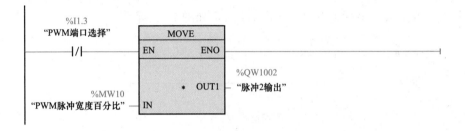

程序段5：......

输入百分比来控制脉冲宽度%Q0.2

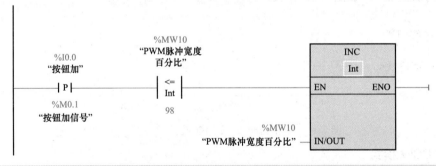

程序段6：......

注释

程序段7：......

注释

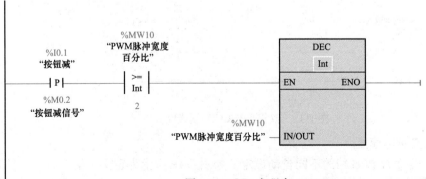

图 7-15　OB1 主程序（二）

7.2 S7-1200 PLC 的 HSC 控制

7.2.1 脉冲量输入和高速计数器

在工业控制中的有些场合，输入的是一些高速脉冲信号，如编码器信号，这时候 PLC 可以使用高速计数器功能对这些特定的脉冲量进行加减计数，来最终获取所需要的工艺数据（转速、角度、位移等）。从硬件角度来讲，中小型 PLC 都会内置一些端口用于高速脉冲输入，其结构与普通的数字量不同。从软件角度来讲，小型 PLC 都会采用特殊的高速计数器指令，来进行中断处理。

高速计数器的模式一般有四种。

1. 单相运行模式

单相运行模式即在输入脉冲的上升沿时当前值加 1，如图 7-16 所示。

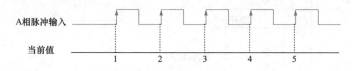

图 7-16　单相运行模式

2. 单相脉冲＋方向模式

在 B 相在低电平时，在 A 相脉冲的上升沿时当前值加 1。在 A 相在高电平时，在 A 相脉冲的上升沿时当前值加 1，如图 7-17 所示。

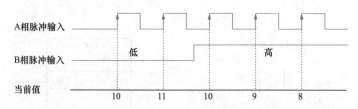

图 7-17　单相脉冲 ＋ 方向模式

3. 双相 CW/CCW 模式

当 B 相在低电平时，在 A 相输入脉冲的上升沿时当前值加 1。当 A 相在低电平时，在 B 相输入脉冲的上升沿时当前值加 1，如图 7-18 所示。

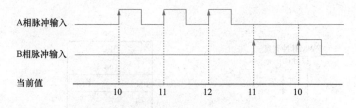

图 7-18　双相 CW/CCW 模式

4. A/B 相正交脉冲模式

Up 或 Down 通过 A 和 B 相的不同自动设定，如图 7-19 所示为正交 4 倍。

（1）Up 计数器。

1）当 B 相低电平时，在 A 相脉冲输入的上升沿动作。

2）当 B 相高电平时，在 A 相脉冲输入的下降沿动作。

3）当 A 相高电平时，在 B 相脉冲输入的上升沿动作。

4）当 A 相低电平时，在 B 相脉冲输入的下降沿动作。

（2）Down 计数器。

1）当 B 相高电平时，在 A 相脉冲输入的上升沿动作。

2）当 B 相低电平时，在 A 相脉冲输入的下降沿动作。

3）当 A 相低电平时，在 B 相脉冲输入的上升沿动作。

4）当 A 相高电平时，在 B 相脉冲输入的下降沿动作。

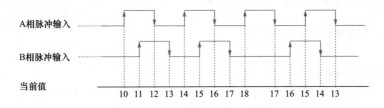

图 7-19 A/B 相正交脉冲模式

7.2.2 S7-1200 PLC HSC 的指令与硬件

1. HSC 的接线

图 7-20 所示为 S7-1200 PLC 与高速 PG 编码器的连接。HSC 具体连接的 PLC 的输入点与功能见表 7-5。

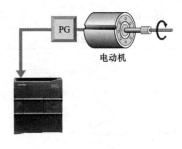

图 7-20 S7-1200 PLC 的
编码器信号输入

脉冲串输出监视功能始终使用时钟和方向。如果仅为脉冲组态了相应的 PTO 输出，则通常应将方向输出设置为正计数。对于仅支持 6 个内置输入的 CPU 1211C，不能使用带复位输入的 HSC3。仅当安装信号板时，CPU 1211C 和 CPU 1212C 才支持 HSC5 和 HSC6。

表 7-5　　　　　　　　　HSC 的具体连接的 PLC 的输入点与功能

说 明			默认输入分配			功能
HSC	HSC1	内置	I0.0	I0.1	I0.3	
		信号板	I4.0	I4.1	I4.3	
		监视 PTO0	PTO0 脉冲	PTO0 方向	—	
	HSC2	内置	I0.2	I0.3	I0.1	
		信号板	I4.2	I4.2	I4.1	
		监视 PTO1	PTO1 脉冲	PTO1 方向	—	
	HSC3	内置	I0.4	I0.5	I0.7	
	HSC4	内置	I0.6	I0.7	I0.5	
	HSC5	内置	I1.0	I1.1	I1.2	
		信号板	I4.0	I4.1	I4.3	
	HSC6	内置	I1.3	I1.4	I1.5	
		信号板	I4.2	I4.3	I4.1	

说　明	默认输入分配			功能
模式	具有内部方向控制的单相计数器	时钟	—	计数或频率
			复位	计数
	具有外部方向控制的单相计数器	时钟	方向	—	计数或频率
			复位	计数
	具有 2 个时钟输入的双相计数器	加时钟	减时钟	—	计数或频率
			复位	计数
	A/B 相正交计数器	A 相	B 相	—	计数或频率
			Z 相	计数
	监视脉冲串输出（PTO）	时钟	方向	—	计数

2. 访问 HSC 的当前值

CPU 将每个 HSC 的当前值存储在一个输入（I）地址中。表 7-6 列出了为每个 HSC 的当前值分配的默认地址。可以通过在设备配置中修改 CPU 的属性来更改当前值的 I 地址。

表 7-6　　　　　　　　　高速计数器的数据类型及默认地址

高速计数器	数据类型	默认地址
HSC1	DInt	ID1000
HSC3	DInt	ID1004
HSC4	DInt	ID1008
HSC5	DInt	ID1012
HSC6	DInt	ID1016
HSC7	DInt	ID1020

在设备配置期间分配高速计数器设备使用的数字量 I/O 点。将数字 I/O 点分配给这些设备之后，无法通过监视表格强制功能修改所分配的 I/O 点的地址值。

3. HSC 调用指令

图 7-21 所示为 HSC 调用指令。表 7-7 所示为 HSC 指令输入/输出参数说明。

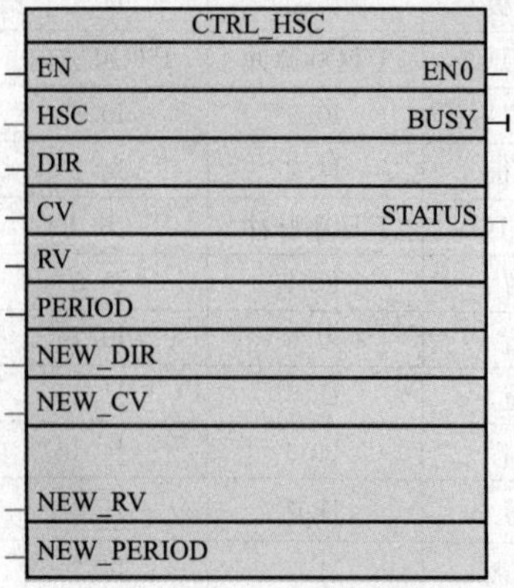

图 7-21　HSC 调用指令

表 7-7   HSC 指令输入/输出参数说明

参数	参数类型	数据类型	说明
HSC	IN	HW_HSC	HSC 标识符
DIR	IN	Bool	1=请求新方向
CV	IN	Bool	1=请求设置新的计数器值
RV	IN	Bool	1=请求设置新的参考值
PERIOD	IN	Bool	1=请求设置新的周期值（仅限频率测量模式）
NEW_DIR	IN	Int	新方向：1=向上 −1=向下
NEW_CV	IN	DInt	新计数器值
NEW_RV	IN	DInt	新参考值
NEW_PERIOD	IN	Int	以秒为单位的新周期值：0.01、0.0 或 1(仅限频率测量模式)
BUSY	OUT	Bool	功能忙
STATUS	OUT	Word	执行条件代码

必须先在项目设置 PLC 设备配置中组态高速计数器，然后才能在程序中使用高速计数器。HSC 设备配置设置包括选择计数模式、I/O 连接、中断分配以及是作为高速计数器还是设备来测量脉冲频率。无论是否采用程序控制，均可操作高速计数器。

许多高速计数器组态参数只在项目设备配置中进行设置。有些高速计数器参数在项目设备配置中初始化，但以后可以通过程序控制进行修改。

CTRL_HSC 指令参数提供了计数过程的程序控制：

（1）将计数方向设置为 NEW_DIR 值。

（2）将当前计数值设置为 NEW_CV 值。

（3）将参考值设置为 NEW_RV 值。

（4）将周期值（仅限频率测量模式）设置为 NEW_PERIOD 值。

如果执行 CTRL_HSC 指令后以下布尔标记值置位为 1，则相应的 NEW_xxx 值将装载到计数器。CTRL_HSC 指令执行一次可处理多个请求（同时设置多个标记）。

（1）DIR = 1 是装载 NEW_DIR 值的请求，0 = 无变化。

（2）CV = 1 是装载 NEW_CV 值的请求，0 = 无变化。

（3）RV = 1 是装载 NEW_RV 值的请求，0 = 无变化。

（4）PERIOD = 1 是装载 NEW_PERIOD 值的请求，0 = 无变化。

CTRL_HSC 指令通常放置在触发计数器硬件中断事件时执行的硬件中断 OB 中。例如，如果 CV=RV 事件触发计数器中断，则硬件中断 OB 代码块执行 CTRL_HSC 指令并且可通过装载 NEW_RV 值更改参考值。

在 CTRL_HSC 参数中没有提供当前计数值。在高速计数器硬件配置期间分配存储当前计数值的过程映像地址。可以使用程序逻辑直接读取该计数值并且返回到程序的值将是读取计数器瞬间的正确计数。但计数器仍将继续对高速事件计数。因此，程序使用旧的计数值完成处理前，实际计数值可能会更改。

CTRL_HSC 参数的详细信息：

（1）如果不请求更新参数值，则会忽略相应的输入值。

（2）仅当组态的计数方向设置为"用户程序（内部方向控制）"［User program (internaldirection control)］时，DIR 参数才有效。用户在 HSC 设备配置中确定如何使用该参数。

（3）对于 CPU 或信号板上的 S7-1200 PLC HSC，BUSY 参数的值始终为 0。

条件代码：发生错误时，ENO 设置为 0，并且 STATUS 输出包含条件代码（见表 7-8 所示）。

表 7-8   STATUS 故障代码

STATUS 值（W♯16♯…）	说明
0	无错误
80A1	HSC 标识符没有对 HSC 寻址
80B1	NEW_DIR 的值非法
80B2	NEW_CV 的值非法
80B3	NEW_RV 的值非法
80B4	NEW_PERIOD 的值非法

4. 编码器 PG

编码器 PG 是将角位移或直线位移转换成电信号的一种装置，前者称为码盘，后者称为码尺。图 7-22 所示为编码器外观。

编码器有以下分类方式：

（1）按照读出方式，编码器可分为接触式和非接触式两种。接触式采用电刷输出，一电刷接触导电区或绝缘区来表示代码的状态是"1"还是"0"；非接触式的接收敏感元件是光敏元件或磁敏元件，采用光敏元件时以透光区和不透光区来表示代码的状态是"1"还是"0"。

图 7-22   编码器外观

（2）按照工作原理，编码器可分为增量式和绝对式两类。增量式编码器是将位移转换成周期性的电信号，再把这个电信号转变成计数脉冲，用脉冲的个数表示位移的大小。绝对式编码器的每一个位置对应一个确定的数字码，因此它的示值只与测量的起始和终止位置有关，而与测量的中间过程无关。

绝对式编码器可以分单圈绝对式编码器到多圈绝对式编码器。旋转单圈绝对式编码器，以转动中测量光码盘各道刻线，从而获取唯一的编码。当转动超过 360°时，编码又回到原点，这样就不符合绝对编码唯一的原则，这样的编码器只能用于旋转范围 360°以内的测量，称为单圈绝对式编码器。如果要测量旋转超过 360°范围，就要用到多圈绝对式编码器。

旋转编码器的机械安装有高速端安装、低速端安装、辅助机械装置安装等多种形式。下面介绍高速端安装和低速端安装。

（1）高速端安装：安装于传动转轴端（或齿轮连接）。此方法优点是分辨率高。由于多圈编码器有 4096 圈甚至更多，转动圈数在此量程范围内，可充分用足量程而提高分辨率。缺点是运动物体通过减速齿轮后，来回程有齿轮间隙误差，一般用于单向高精度控制定位。编码器直接安装于高速端，传动抖动须较小，不然易损坏编码器。

（2）低速端安装：安装于减速齿轮后，如卷扬钢丝绳卷筒的轴端或最后一节减速齿轮轴端。此方法已无齿轮来回程间隙，测量较直接，精度较高。

7.2.3 技能训练【JN7-2】：单相计数

1. 案例介绍

如图7-23所示，在某离心机中，为了直观地了解离心水洗机电动机 M 进布或出布的长度，需要在落布架的转动轴处安装一个带齿轮的码盘［例如配比为24齿齿轮］，并配接一个电感式传感器，来获取齿轮变化的规律。

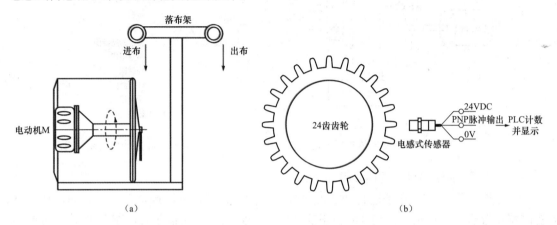

图 7-23 落布长度的测量

(a) 离心机；(b) 落布长度测量传感器的安装

控制要求如下：利用 S7-1200 PLC 进行计数控制，进入离心机的长度为100、200、100、200……（间隔进行），请进行硬件接线、配置与软件编程。

2. 硬件组态与软件编程

本案例采用 PNP 齿轮传感器时，图7-24所示为 PLC 的高速计数器的硬件接线图。

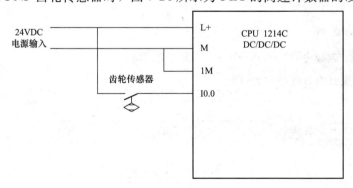

图 7-24 硬件接线

当然，如果采用 NPN 型接近开关时，则需要按照图7-25所示进行接入，图中输入端子为％I0.0。

图7-26所示为 PLC 的高速计数器的硬件组态，它包括常规、功能、复位为初始值、事件组态、硬件输入、IO 地址/硬件标识符。

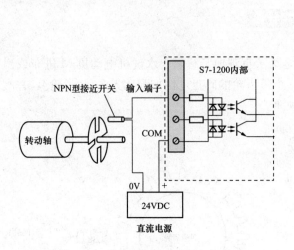

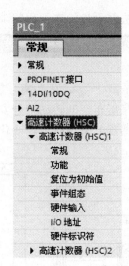

图 7-25 NPN 型传感器的接入方式   图 7-26 高速计数器硬件组态

调用 HSC 的硬件组态具体步骤如下：

第一步，按图 7-27 所示进行功能的设置，包括计数类型可以选择计数、频率、运动轴；工作模式为单相、双相、正交 1X 和正交 4X；计数方向为内部方向控制、外部方向控制；初始计数方向为加计数、减计数。

图 7-27 功能组态

第二步，按图 7-28 所示进行复位为初始值的设置，包括初始值计数器值、初始参考值、复位选项。

第三步，按图 7-29 所示进行事件组态，共三种，包括为计数值等于参考值生成中断、为外部复位生成中断、为方向变化事件生成中断。在本案例中，选择第一种事件。

第四步，查看图 7-30 生成的硬件输入是否与本案例相同，其中时钟输入为％I0.0，方向为程序内部控制，无复位输入。

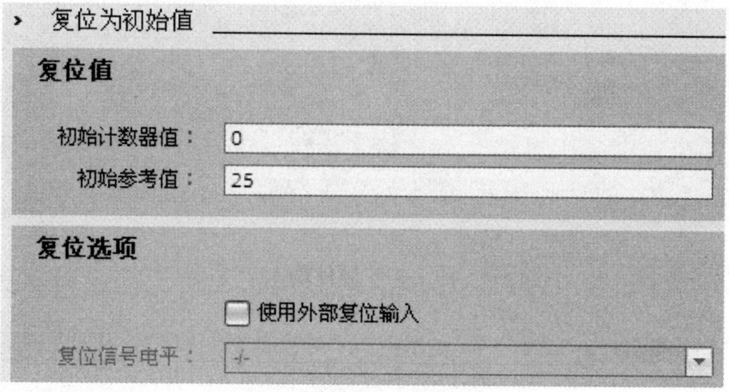

> 复位为初始值 _____

复位值

初始计数器值: 0

初始参考值: 25

复位选项

☐ 使用外部复位输入

复位信号电平: -/-

图 7-28 复位为初始值

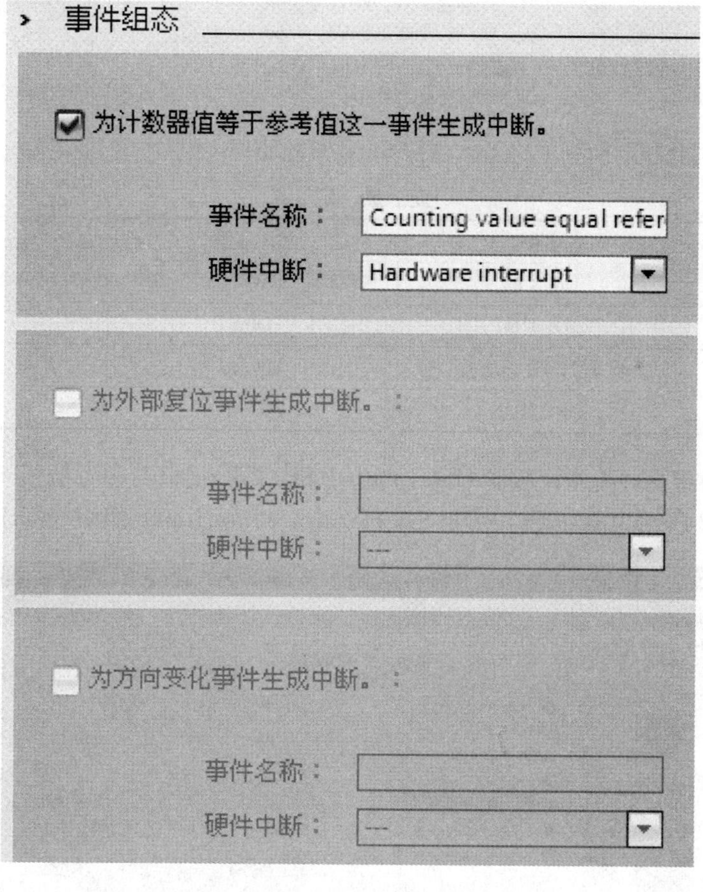

> **事件组态** _____

☑ 为计数器值等于参考值这一事件生成中断。

事件名称: Counting value equal refer

硬件中断: Hardware interrupt

☐ 为外部复位事件生成中断。:

事件名称:

硬件中断: ---

☐ 为方向变化事件生成中断。:

事件名称:

硬件中断: ---

图 7-29 事件组态

第五步,按图 7-31 所示进行 I/O 地址,其中输入地址为默认地址为 1000、过程映像为循环 PI。硬件标识符设置为默认。

根据本案例可以定义表 7-9 所列的变量。

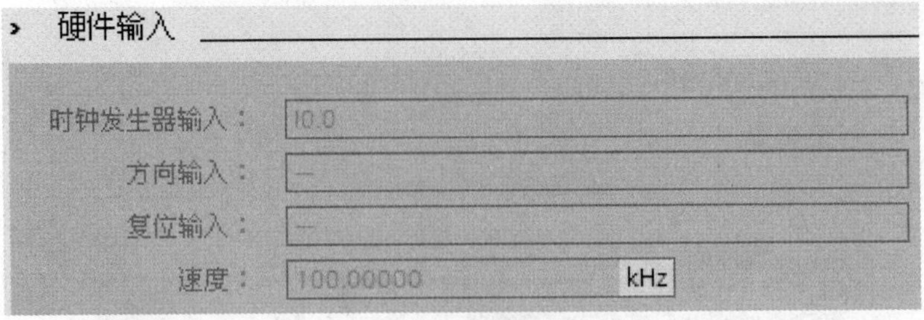

> 硬件输入 _____

时钟发生器输入： 10.0

方向输入： —

复位输入： —

速度： 100.00000　　　　kHz

图 7-30　硬件输入

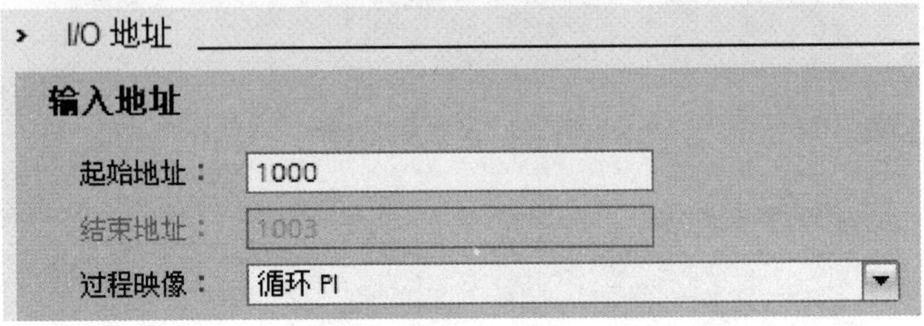

> I/O 地址 _____

输入地址

起始地址： 1000

结束地址： 1003

过程映像： 循环 PI

图 7-31　I/O 地址

表 7-9　　　　　　　　　　　变　量　定　义

	名称	数据类型	地址
1	HSC1 值	DWord	%ID1000
2	新参考值	DInt	%MD10
3	读取 HSC1 当前值	DWord	%MD6
4	HSC 状态	Word	%MW2

　　由于本案例需要对高速计数器 HSC1 产生中断，即当前值与参考值相同时，需要进行调用中断。图 7-32 所示为添加硬件中断（即 Hardware interrupt）组织块 OB200。

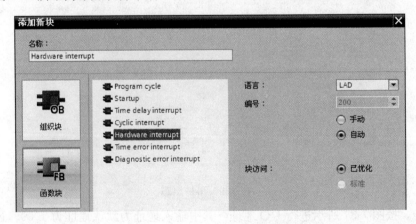

图 7-32　添加硬件中断组织块

　　即使 OB200 还是空块的时候，也可以在图 7-33 所示的硬件组态下的"事件组态"进行中断定义及选用 OB200。

本案例共分 3 个 OB 块和 1 个 DB 块，具体如图 7-34 所示。

图 7-33　在事件组态中选择 OB200　　　　　图 7-34　程序块

表 7-10 为调用 CTRL_HSC 指令所生成的背景数据块 CTRL_HSC_0 的参数值。

表 7-10　　　　　　　　　　　　CTRL_HSC_0 数据块参数

	名称	数据类型	初始值
1	▼　Input		
2	HSC	HW_HSC	W＃16＃0
3	DIR	Bool	False
4	CV	Bool	False
5	RV	Bool	False
6	PERIOD	Bool	False
7	NEW_DIR	Int	0
8	NEW_CV	DInt	L＃0
9	NEW_RV	DInt	L＃0
10	NEW_PERIOD	Int	0
11	▼　Output		
12	BUSY	Bool	False
13	STATUS	Word	W＃16＃0

图 7-35 所示为 OB100 上电初始化块，即先需要将 HSC1 的新初始值设为 0，并将 HSC1 的参考值设为 200。

图 7-36 所示为 OB1 主程序块，即读取当前计数器值。从该块可以看出，读取 HSC 的值不一定就调用 CTRL_HSC 指令，而是直接可以从％ID1000 读取，也就是说高速计数指令块不是使能高速计数的必要条件。

图 7-37 所示为硬件中断 OB200 组织块，即将高速计数器的参考值在 200 与 100 之间进行变化。

7.2.4　技能训练【JN7-3】：A/B 正交模式下的速度/频率的测量

1. 案例介绍

某卷材测速辊的编码器安装方式可以采用低速端，如图 7-38 所示。请设计合理的硬件

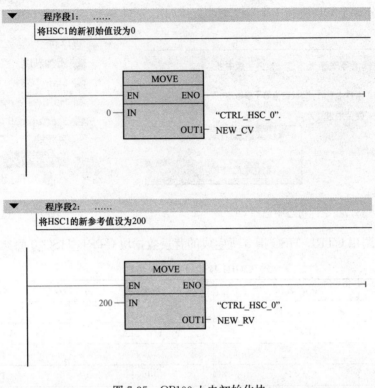

图 7-35　OB100 上电初始化块

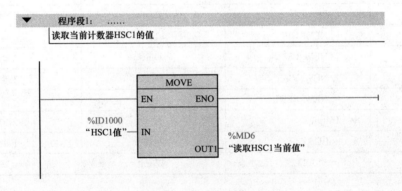

图 7-36　OB1 主程序块

接线方式并编程。

2. 硬件组态与软件编程

（1）HSC 的频率测量。有些 HSC 模式允许 HSC 被组态（计数类型）为报告频率而非当前脉冲计数值。频率测量周期有三种，即 0.01、0.1s 或 1.0s。频率测量周期决定 HSC 计算并报告新频率值的频率。报告频率是通过上一测量周期内总计数值确定的平均值。如果该频率在快速变化，则报告值将是介于测量周期内出现的最高频率和最低频率之间的一个中间值。无论频率测量周期的设置是什么，总是会以 Hz 为单位来报告频率（每秒脉冲个数）。

以 OMRON E6B2 的编码器为例，其外观如图 7-39 所示，接线见表 7-11。

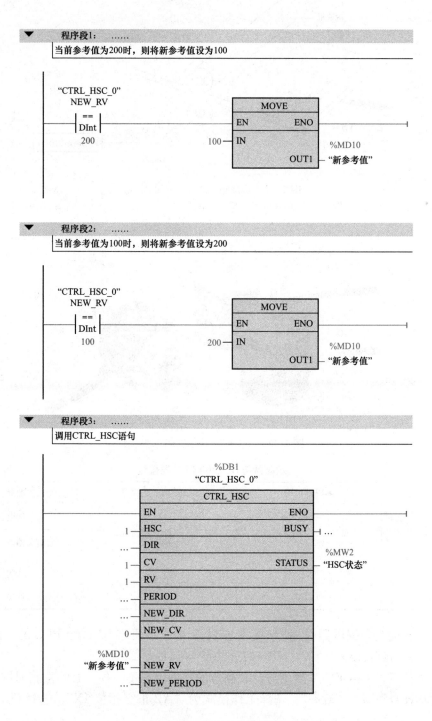

图 7-37　OB200 中断程序

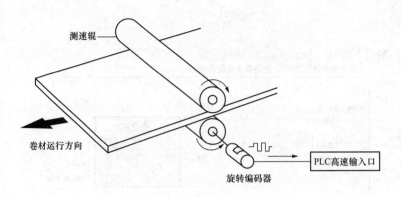

图 7-38　卷材测速辊编码器的安装

图 7-39　OMRON E6B2 编码器外观

表 7-11　　　　　　　　　　　编码器与 S7-1200 PLC 的接线

序号	编码器线号	S7-1200 PLC 的端子	功能
1	棕色	24V	编码器电源＋
2	蓝色	0V	编码器电源－
3	黑色	%I0.0	A 相
4	白色	%I0.1	B 相

　　需要注意的是，编码器的 NPN 接线与 PNP 接线必须与 S7-1200 PLC 的接线相匹配，即 PNP 时公共点 M 接的是 0V，NPN 时公共点 M 接的是 24V。

　　（2）硬件组态。由于频率测量与计数测量的硬件组态不一样，必须重新对图 7-27 进行组态：选择计数类型为"频率"；选择工作模式为"AB 正交相位 1X"；选择频率测量周期为"1.0sec"。

　　（3）变量定义与 PLC 梯形图编程。表 7-12 所示为卷材测速系统的变量定义，其中主机启动按钮和停止按钮为 %I0.6、%I0.7，主机输出为 %Q0.0，HSC1 的地址为 %ID1000，实时速度为 %MD18。

表 7-12　　　　　　　　　　　　　　　　变 量 定 义

	名称	数据类型	地址
1	HSC1 值	DWord	%ID1000
2	读取 HSC1 当前值	DWord	%MD6
3	停止按钮	Bool	%I0.7
4	启动按钮	Bool	%I0.6
5	主机启动	Bool	%Q0.0
6	中间变量 1	Real	%MD10
7	中间变量 2	Real	%MD14
8	实时速度	Real	%MD18

图 7-40 所示为主程序。由于频率测量不需要用到 CTRL_HSC 指令，因此其编程相对简单，只需要读取％ID1000 数据，并对其进行数据转换即可。由于本案例采样周期为 1s，因此只需要将测算的脉冲数除以编码器每转脉冲数再乘以 60s，就是转速值了。

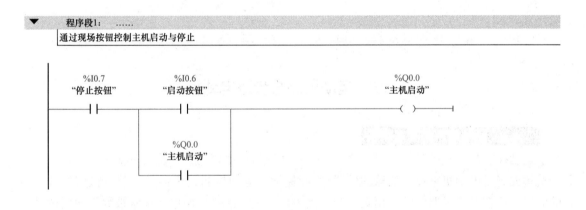

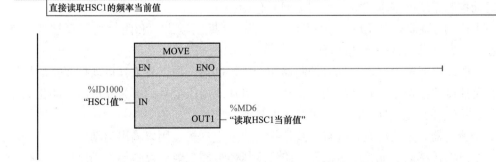

图 7-40　主程序（一）

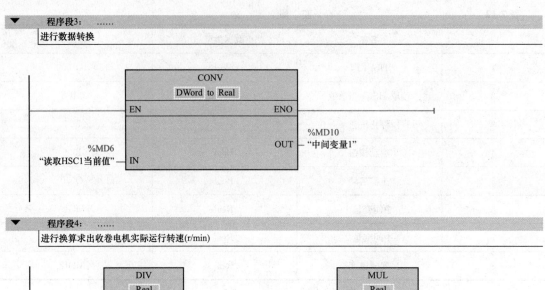

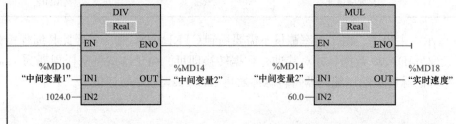

图 7-40　主程序（二）

7.3　运动控制与步进电动机

7.3.1　运动控制的基本架构

　　运动控制是电气控制的一个分支，它使用通称为伺服机构的一些设备如液压泵、线性执行机构或者是电动机来控制机器的位置和/或速度。运动控制在机器人和数控机床的领域内的应用要比在专用机器中的应用更复杂，因为后者运动形式更简单，通常被称为通用运动控制。运动控制被广泛应用在包装、印刷、纺织和装配工业中。

　　一个运动控制系统的基本架构（见图 7-41）包括：

　　（1）一个运动控制器，如 PLC，用以生成轨迹点（期望输出）和闭合位置反馈环。许多控制器也可以在内部闭合一个速度环。

　　（2）一个驱动器或放大器，如伺服控制器和步进控制器，用以将来自运动控制器的控制信号（通常是速度或扭矩信号）转换为更高功率的电流或电压信号。更为先进的智能化驱动可以自身闭合位置环和速度环，以获得更精确的控制。

　　（3）一个执行器，如液压泵、气缸、线性执行机或电动机，用以输出运动。

　　（4）一个反馈传感器，如光电编码器、旋转变压器或霍尔效应设备等，用以反馈执行器的位置到位置控制器，以实现和位置控制环的闭合。

　　众多机械部件用以将执行器的运动形式转换为期望的运动形式，它包括齿轮箱、轴、滚

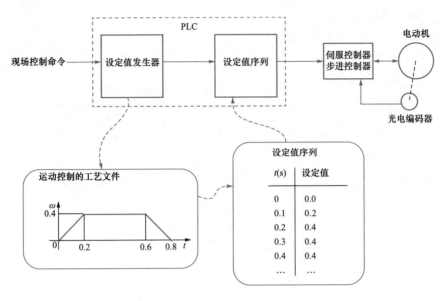

图 7-41　运动控制系统的基本架构

珠丝杠、齿形带、联轴器以及线性和旋转轴承。通常，在一个运动控制的工艺配置中，其功能主要包括：①速度控制；②点位控制（点到点）。有很多方法可以计算出一个运动轨迹，它们通常基于一个运动的速度曲线，如三角速度曲线、梯形速度曲线或者 S 形速度曲线。③电子齿轮（或电子凸轮）配置。也就是从动轴的位置在机械上跟随一个主动轴的位置变化。一个简单的例子是，一个系统包含两个转盘，它们按照一个给定的相对角度关系转动。电子凸轮较之电子齿轮更复杂一些，它使得主动轴和从动轴之间的随动关系曲线是一个函数。这个曲线可以是非线性的，但必须是一个函数关系。

　　从运动控制的基本架构可以看到，PLC 作为一种典型的运动控制核心起到了非常重要的作用，这主要归因于 PLC 具有高速脉冲输入、高速脉冲输出和运动控制模块等软硬件功能。

7.3.2　S7-1200 PLC 实现运动控制的基础

　　S7-1200 PLC 可以实现运动控制的基础在于集成了高速计数口、高速脉冲输出口等硬件和相应的软件功能。尤其是 S7-1200 PLC 在运动控制中使用了轴的概念，通过对轴的组态，包括硬件接口、位置定义、动态特性、机械特性等，与相关的指令块（符合 PLCopern 规范）组合使用，可实现绝对位置、相对位置、点动、转速控制及自动寻找参考点的功能。

　　图 7-42 所示为 S7-1200 PLC 的运动控制应用，即 CPU 输出脉冲（即脉冲串输出，Pulse Train Output，简称 PTO）和方向到驱动器（步进或伺服），驱动器再将从 CPU 输入的给定值进行处理后输出到步进电动机或伺服电动机，控制电动机加速、减速和移动到指定位置。需要注意的是，S7-1200 PLC 内部的高速计数器是测量的 CPU 上的脉冲输出（即类似于编码器信号），来计算速度和当前位置，并非实际电动机编码器所反馈的实际速度和位置。

　　如图 7-43 所示，S7-1200 PLC 实现运动控制的途径主要包括以下四部分：①程序指令块；②定义工艺对象"轴"；③CPU PTO 硬件输出；④定义相关执行设备，比如机床。

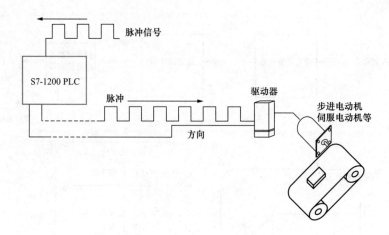

图 7-42　S7-1200 PLC 的运动控制应用

图 7-43　S7-1200 PLC 实现运动控制的途径

7.3.3　S7-1200 PLC PTO 脉冲输出

S7-1200 PLC 的高速脉冲输出包括脉冲串输出 PTO 和脉冲调制输出 PWM，前者可以输出一串脉冲（占空比 50%），用户可以控制脉冲的周期和个数［见图 7-44（a）］；后者可以输出连续的、占空比可以调制的脉冲串，用户可以控制脉冲的周期和脉宽［见图 7-44（b）］。由于 PWM 已经在前面讲述，不再此赘述。

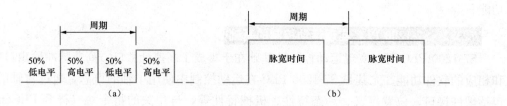

图 7-44　高速脉冲 PTO 和 PWM
(a) PTO；(b) PWM

S7-1200 PLC 的集成 PTO 输出的最高频率为 100kHz，信号板输出的最高频率为 20kHz，CPU 在使用 PTO 功能时，将占用集成点 Qa.0、Qa.2 或信号板的 Q4.0 作为脉冲输出点，而 Qa.1、Qa.3 或信号板的 Q4.1 作为方向信号输出点，虽然使用了过程映像驱动地址，但这些点会被 PTO 功能独立使用，不会受扫描周期的影响，其作为普通输出点的功能将被禁止。

需要注意的是：目前 S7-1200 PLC 的 CPU 输出类型只支持 PNP 输出、电压为 24VDC 的脉冲信号，继电器的点不能用于 PTO 功能，因此在与驱动器连接的过程中尤其要关注。

7.3.4　驱动器 HB-4020M 的特点及其与 PLC 接线

由于 S7-1200 PLC 使用的运动控制还是属于"开环"控制的范围，使用在定位精度一般的场合，比如机床的进刀、丝杠的定位等，因此，在实际使用中采用"PLC＋步进"控制的场合会相比"PLC＋伺服"的场合来得多。在本书中将主要介绍PLC 在步进控制中的应用，其中步进驱动器采用 HB-4020M 系列、步进电机采用 57 两相系列。

图 7-45　HB-4020M 的外观

1. HB-4020M 的特点

HB-4020M 细分型步进电机驱动器驱动电压 12～32VDC，适配 4、6 或 8 出线，电流 2.0A 以下，外径 39～57mm 型号的两相混合式步进电动机，可运用在对细分精度有一定要求的设备上。图 7-45 所示为 HB-4020M 的外观，其电气参数见表7-13。

表 7-13　　　　　　　　　　　　　HB-4020 的电气参数

说明	最小值	推荐值	最大值
供电电压（VDC）（2A）	12	24	32
输出相电流（峰值）（A）	0.0	—	2.0
逻辑控制输入电流（mA）	5	10	30
步进脉冲响应频率（kHz）	0	—	100

2. 驱动器与 PLC 的电气接线

表 7-14 所示为 HB-4020M 的接线端子功能说明。

表 7-14　　　　　　　　　　　　　HB-4020M 的接线端子功能

序号	标示	说　　明
1	GND	电源 12～32VDC
2	+V	电源 12～32VDC，用户可根据各自需要选择。一般来讲，较高的电压有利于提高电动机的高速力矩，但会加大驱动器和电动机的损耗和发热
3	A+	电动机 A 相，A+、A－互调，可更改一次电动机运转方向
4	A－	电动机 A 相
5	B+	电动机 B 相，B+、B－互调，可更改一次电动机运转方向
6	B－	电动机 B 相
7	(+5V)	光电隔离电源，控制信号在+5～+24V 均可驱动，需注意限流。一般情况下，12V 串接 1kΩ 电阻 . 24V 串接 2kΩ 电阻。驱动器内部电阻为 330Ω
8	PUL	脉冲信号：上升沿有效
9	DIR	方向信号：低电平有效
10	ENA	使能信号：低电平有效

HB-4020M 与 PLC 的接线如图 7-46 所示，由于 PLC 的脉冲信号为 PNP 和 24V 两种，

因此需要考虑串接 $2k\Omega$ 电阻。

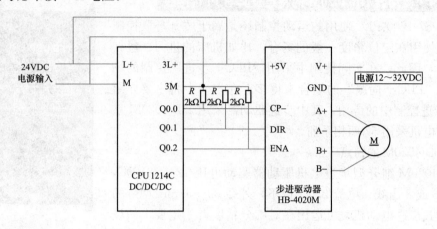

图 7-46　PLC 与步进驱动器的接线

3. 驱动器供电电压

供电电压越高，电动机高速时力矩越大，但另一方面，电压太高会导致过电压保护，甚至可能损坏驱动器，而且在高压下工作时，低速运动振动较大。所以电压设定一般情况下，电动机转速小于 $150r/min$ 时，尽量使用低电压（小于等于 24V）。电动机转速越高，可相应提高电压，但不要超过驱动器的最大电压（DC32V）。

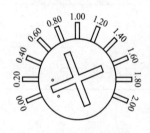

图 7-47　电动机电流
设定示意图

4. 驱动器上电动机电流的设置

如图 7-47 所示为步进驱动器上进行步进电动机的电流设定示意图。电流设定值越大时，电动机输出力矩越大，但电流大时，电动机和驱动器的发热也比较严重。所以，一般情况是将电流设成电动机的额定电流，在保证力矩足够的情况下尽量减小电流，这样长时间工作可以提供驱动器和电动机工作的稳定性。高速状态工作时可以提高电流值，但不要超过 30%。

7.3.5　步进电动机的基本工作原理及选型

1. 基本工作原理

步进电动机是利用电磁铁原理，将脉冲信号转换成线位移或角位移的电动机。每来一个电脉冲，电动机转动一个角度，带动机械移动一小段距离。步进电动机的特点主要包括：①来一个脉冲，转一个步距角；②控制脉冲频率，可控制电动机转速；③改变脉冲顺序，改变转动方向；④角位移量或线位移量与电脉冲数成正比。

通常按励磁方式可以将步进电动机分为三大类：

（1）反应式：转子无绕组，定转子开小齿、步距小，应用最广。

（2）永磁式：转子的极数等于每相定子极数，不开小齿，步距角较大，力矩较大。

（3）感应式（混合式）：开小齿，具有混合反应式与永磁式优点，即转矩大、动态性能好、步距角小。

图 7-48 所示的步进电动机主要由两部分构成，即定子和转子。它们均由磁性材料构成。定、转子铁心由软磁材料或硅钢片叠成凸极结构，定、转子磁极上均有小齿，定、转子的齿数

相等。其中定子有六个磁极，定子磁极上套有星形连接的三相控制绕组，每两个相对的磁极为一相，组成一相控制绕组，转子上没有绕组。转子上相邻两齿间的夹角 $\theta_t = \dfrac{360°}{Z_r}$ 称为齿距角。

2. 步进电动机选型

虽然步进电动机已被广泛地应用，但步进电动机并不能像普通的直流电动机、交流电动机那样在常规下使用。它必须由双环形脉冲信号、功率驱动电路等组成控制系统才可使用。因此用好步进电动机却非易事，它涉及机械、电机、电子及计算机等许多专业知识。

步进电动机一经定型，其性能取决于电动机的驱动电源。步进电动机转速越高，力矩越大则要求电动机的电流越大，驱动电源的电压越高。电压对力矩影响如图 7-49 所示。

在步进电动机步距角不能满足使用的条件下，可采用细分驱动器来驱动步进电动机，细分驱动的原理是通过改变相邻（A，B）电流的大小，以改变合成磁场的夹角来控制步进电动机运转的（见图 7-50）。

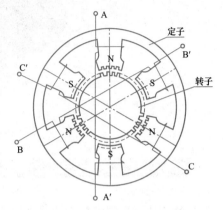

图 7-48　步进电动机的结构

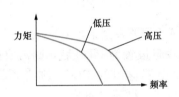

图 7-49 电压对力矩影响

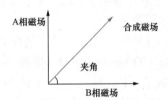

图 7-50　细分驱动器的原理

在驱动器 HB-4020M 可以对拨码开关 DIP-SW 进行细分设定，具体如图 7-51 所示。

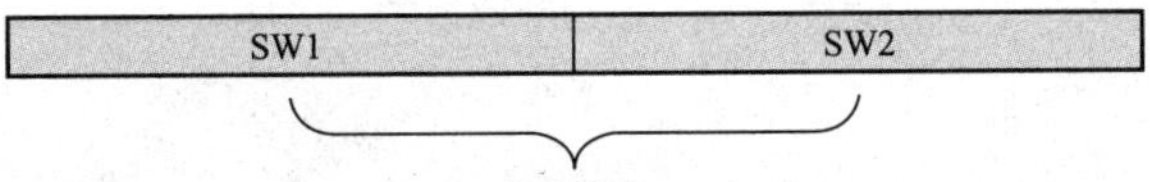

SW1	SW2

细分设定

细分倍数	SW1	SW2
1	on	on
2	off	on
4	on	off
8	off	off

图 7-51　拨码开关细分设定

一般而言，步进电动机有步距角、静转矩及电流三大要素组成，一旦三大要素确定，步进电动机的型号便可确定。目前市场上流行的步进电动机是以机座号（电动机外径）来划分的。根据机座号可分为 42BYG（BYG 为感应子式步进电机代号）、57BYG、86BYG、110BYG 等国际标准，而像 70BYG、90BYG、130BYG 等均为国内标准。图 7-52 所示为 57 步进电动机外观及其接线端子。

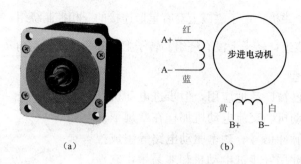

图 7-52　57 步进电动机外观及其接线端子

(a) 外观；(b) 接线端子

7.3.6　工艺对象"轴"的概念

在 S7-1200 PLC 中，术语"轴"特指用"轴"工艺对象表示的驱动器工艺映像。"轴"工艺对象是用户程序与驱动器之间的接口。该工艺对象接收、执行用户程序中的运动控制命令并监视其运行情况。运动控制命令在用户程序中通过运动控制语句启动。

术语"驱动器"特指由步进电动机与动力部分或伺服驱动器与具有脉冲接口的转换器组成的机电装置。驱动器由"轴"工艺对象通过 CPU 的脉冲发生器控制。S7-1200 PLC 对于运动控制需要先进行硬件配置，具体步骤包括：①选择设备组态；②选择合适的 PLC；③定义脉冲发生器为 PTO。

与图 7-5 中的 PWM 输出一样，选择 PTO1 或 PTO2，至于是 PTO 还是 PWM，其区别在于脉冲选项是 PTO 还是 PWM（见图 7-53）。一旦设置为 PTO 后，则需要设置输出源为集成输出还是板载 CPU 输出（如果使用具有继电器输出的 PLC，则必须将信号板用于 PTO 的输出），以及其他参数如时基、脉冲宽度格式、循环时间等。

图 7-54 所示为硬件输出的默认，即脉冲输出为 Q0.0、方向输出为 Q0.1、分配的计数器为 HSC_1（内置）。

图 7-53　PTO 的脉冲选项

图 7-54　硬件输出

下面介绍组态工艺"轴"的步骤

图 7-55 显示了通过运动控制指令生成脉冲的顺序。一般而言，用于控制步进电动机的脉冲通过 S7-1200 PLC 输出，送到步进电动机的驱动器后，这些脉冲将由步进电动机的驱动器转化为轴向运动，以最终进行定位、定长等位置动作。

如图 7-56 所示在项目树中创建新的工艺对象——"轴"。

在创建了"轴"对象后，即可在项目树的"工艺对象中"找到"Axis_1"，并选择"组态"菜单即可（见图 7-57）。

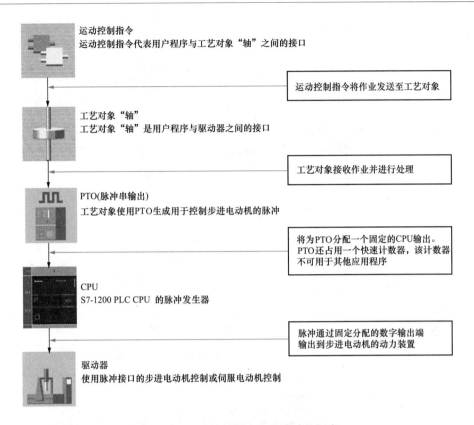

图 7-55 运动控制指令生成脉冲的顺序

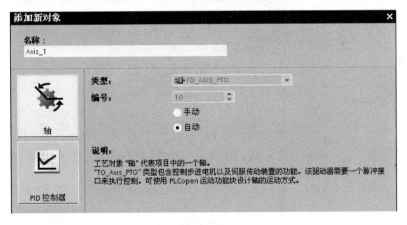

图 7-56 创建 "轴" 对象

在图 7-58 所示的常规选项中，对硬件接口的 "为轴控制选择 PTO" 选择 "Pulse_1"，这时可以切换到 "设备配置" 进行硬件组态。当然这个步骤此前已经完成，也可以不做。

在图 7-59 所示的驱动器信号组态中，选择轴使能信号为%Q0.4。选择 "输入就绪" 是设置驱动器正常输入点，当驱动器正常时会给出一个开关量输出信号，此信号可以接到 CPU 中，告知运动控制器驱动器正常与否。本案例中驱动器 HB 4020M 不提供这种接口，可将此参数设为 "TRUE"。

机械组态的参数如图 7-60 所示，选项 "电机每转的脉冲数" 为电动机旋转一周所产生

229

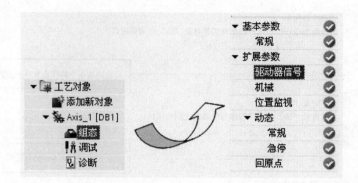

图 7-57　工艺 "轴" 组态菜单

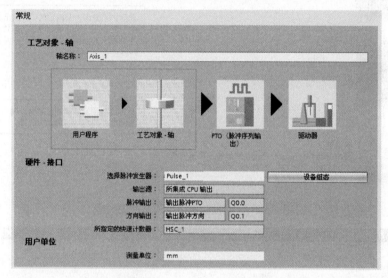

图 7-58　"轴" 对象的组态

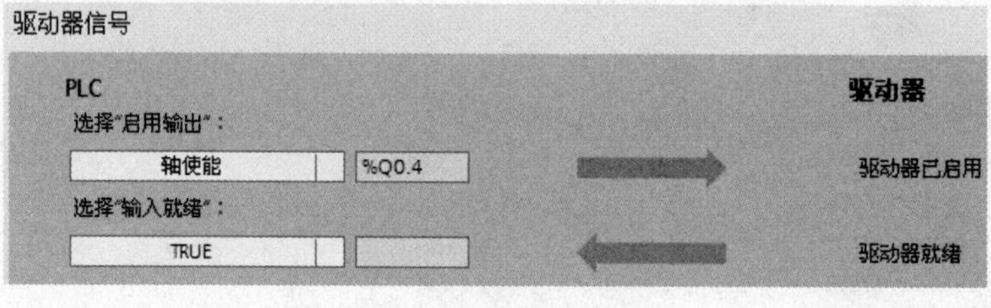

图 7-59　驱动器信号组态

的脉冲个数；选项 "电机每转的运载距离" 为电动机旋转一周后生产机械所产生的位移，这里的单位与图 7-58 所选择的单位一致。

图 7-61 所示为位置监视组态，在 S7-1200 PLC 运动控制中，它可以设置两种限位，即软件限位和硬件限位，如两者都启用，则必须输入硬件下限开关输入、硬件上限开关输入、激活方式（高电平）、软件下限和软件上限。在达到硬件限位时，"轴" 将使用急停减速斜坡停车；在达到软件限位时，激活的 "运动" 将停止，工艺对象报故障，在故障被确认后，"轴" 可以恢复在原工作范围内运动。

图 7-62 所示为动态常规参数，它包括速度限值的单位、最大速度、启动和停止速度、

图 7-60　机械组态

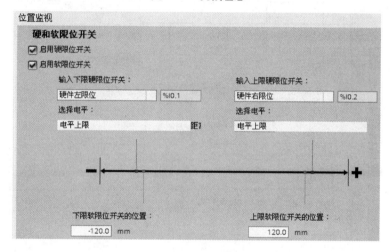

图 7-61　位置监视组态

加减速度、加减速时间。加减速度与加减速时间这两组数据，只要定义其中任意一组，系统就会自动计算另外一组数据。这里的加减速度和加减速时间需要用户根据实际工艺要求和系统本身特性调试得出。运动控制功能所支持的最高频率根据所使用的硬件点决定，目前最低频率为 2Hz，最小加减速度为 0.28Hz/s，最大加减速度为 9500MHz/s。

图 7-63 所示的急停组态中，它需要定义一组从最大速度急停减速到启动/停止速度的减速度。

在图 7-64 所示的回原点组态中，需要输入参考点开关，一般使用数字量输入作为参考点开关。达到"允许硬限位开关处自动反转"选项使能后，在轴碰到原点之前碰到了硬限位点，此时系统认为原点在反方向，会按组态好的斜坡减速曲线停车并反转。若该功能没有被激活并轴到达硬件限位，则回原点过程会因为错误被取消，并紧急停止。逼近方向定义了在执行原点过程中的初始方向，包括正逼近速度和负逼近速度两种。逼近速度为进入原点区域时的速度；减小的速度为到达原点位置时的速度。原点位置偏移量则是当原点开关位置和原点实际位置有差别时，在此输入举例原点的偏移量。

7.3.7　运动控制相关的指令

通过指令库的扩展指令，可以获得如图 7-65 所示的一系列运动控制指令，具体为：

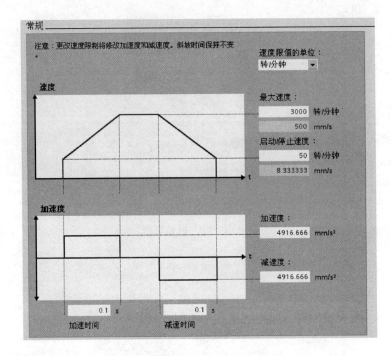

图 7-62　动态常规组态

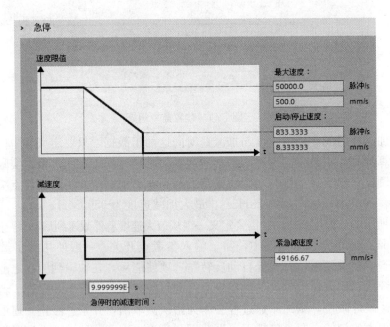

图 7-63　急停组态

MC_Power 启用/禁用轴；MC_Reset 确认错误；MC_Home 使轴回原点，设置参考点；MC_Halt 停止轴；MC_MoveAbsolute 绝对定位轴；MC_MoveRelative 相对定位轴；MC_MoveVelocity 以速度预设值移动轴；MC_MoveJog 在点动模式下移动轴。

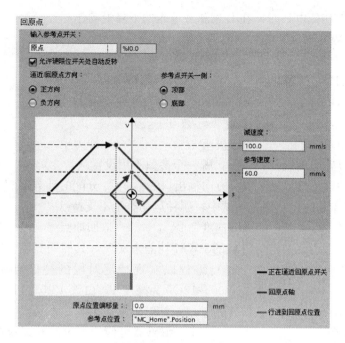

图 7-64 回原点组态

图 7-65 一系列的运动控制指令

思考与练习

7.1 选择题

（1）脉冲宽度为 2ms，信号周期为 8ms，则占空比为（　　）。

　　A. 20％　　　　　　　　B. 25％　　　　　　　　C. 75％　　　　　　　　D. 80％

（2）在 S7-1200 PLC 本体 CPU 中，PWM2 的默认脉冲输出为（　　）。

　　A.％Q0.0　　　　　　　B.％Q0.1　　　　　　　C.％Q0.2　　　　　　　D.％Q4.0

（3）以下关于 A/B 相正交模式 UP 计数器叙述错误的是（　　）。

　　A. 当 B 相低电平时，在 A 相脉冲输入的上升沿动作

　　B. 当 B 相高电平时，在 A 相脉冲输入的上升沿动作

　　C. 当 A 相高电平时，在 B 相脉冲输入的上升沿动作

D. 当 A 相低电平时，在 B 相脉冲输入的下降沿动作

（4）高速计数器 HSC2 的数据类型及默认地址是（　　　）。

A. %ID1000　　　　　　B. %ID1004　　　　　　C. %ID1008　　　　　　D. %ID1012

（5）如果对 HSC 寻址出错，会发生什么故障代码（　　　）。

A. 80A1　　　　　　　B. 80B1　　　　　　　C. 80B2　　　　　　　D. 80B4

（6）以下不是步进电机选型的主要参数（　　　）。

A. 步距角　　　　　　　B. 机座　　　　　　　C. 静力矩　　　　　　　D. 电流

（7）在 PTO 输出的硬件设置中，哪一个参数不用设置（　　　）。

A. 脉冲输出口　　　　　B. 方向输出口　　　　　C. 分配的计数器　　　　D. 复位信号

（8）在运动控制的控制面板调试中，哪种运动类型不支持（　　　）。

A. 定位　　　　　　　　B. 速度命令　　　　　　C. 回原点　　　　　　　D. 以上都不是

7.2　请设计采用 S7-1200 PLC 的 PWM 功能来实现灯具照明亮度控制的硬件电路，并进行编程以实现特定时段的亮度自动调整。要求白天 8:00～12:00 为亮度 1，白天 12:01～17:00 为亮度 2，晚上 17:01～次日 7:59 为亮度 3。

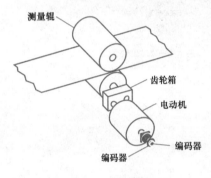

7.3　编码器可使用测量滚轮或滚筒来测量线性距离（见图 7-66）。请设计 S7-1200 PLC 的硬件电路，并根据齿轮箱比、辊径等参数实时显示测量辊下的片状物累积长度。

7.4　用 S7-1200 PLC 的 %Q0.0 输出 500 个周期为 20ms 的 PTO 脉冲。请编写能实现此控制要求的程序。

7.5　现有一工程，需要通过外部开关对工作台的滑动座步进电动机进行控制（见图7-67），具体要求如下：

图 7-66　测距应用

（1）滑动座由步进电动机带动丝杠在轨道上左右滑行。

（2）磁性限位开关分别代表左极限、外部参考点、右极限，直接输入到 S7-1200 PLC 的输入点。

（3）该滑动座的最大行程为 240mm，如超出，则电动机停止，并同时报警。

（4）该滑动座的移动方式为两种，一种为 HOME（即回参考原点）；一种是位置移动（分绝对位置和相对位置两种）。

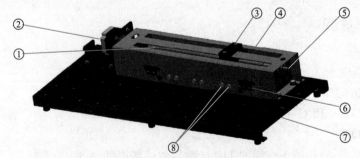

图 7-67　工作台滑动座电动机

①—丝杠；②—步进电动机；③—滑动座；④—机盖；⑤—杆端；
⑥—左右机械限位；⑦—工作台底座；⑧—磁性限位开关（分别是左极限、外部参考点、右极限）

第 8 章

S7-1200 PLC 的通信和触摸屏编程

西门子 S7-1200 紧凑型 PLC 在当前的市场中有着广泛的应用，由于其性价比高，所以常被用作小型自动化控制设备的控制器，这使得它经常与第三方设备进行通信。另外，由于触摸屏是直接通过以太网通信与 PLC 相连，且在变量上能互相共享，从而快速实现了人与控制系统的信息交换，方便对整个系统的操作和监视。

学 习 目 标

 知识目标

了解 RS232C 串口和 RS485 串口的应用特点；熟悉 S7-1200 PLC 的通信扩展模块；熟悉触摸屏的设计原则；熟悉 KTP 西门子触摸屏的画面组态特点。

 能力目标

能进行安装 CM1241 通信模块，并进行硬件组态和通信设置，并能通过自由口协议与超级终端进行通信；能对 KTP 触摸屏进行画面组态，并与西门子 S7-1200 PLC 进行通信连接，从而实现小型系统的可视化控制。

 职业素养目标

通过综合使用各种自动化产品而形成全集成自动化思想（TIA）。

8.1 串 口 通 信

8.1.1 RS232C 串口和 RS485 串口

1. RS232C 串口

串行通信接口（简称串口）标准经过使用和发展，目前已经有几种，但都是在 RS232 标准的基础上经过改进而形成的。所以，本书以 RS232C 为主来讨论串口通信。RS323C 标准是美国 EIA（电子工业联合会）与 BELL 等公司一起开发并于 1969 年公布的通信协议。它适合于数据传输速率在 0～20000bit/s 范围内的通信。这个标准对串口的有关问题，如信号线功能、电器特性都作了明确规定。由于通行设备厂商都生产与 RS232C 制式兼容的通信设备，因此，它作为一种标准，目前已在微机和 PLC 等通信接口中广泛采用。

对于 RS232C 而言，最常见的通信是 DB9 和 DB25。DB9 的外观如图 8-1 所示，其引脚名称及功能描述见表 8-1。

表 8-1   DB9 外观的引脚名称及功能描述

针号	功能说明	缩写
1	数据载波检测	DCD
2	接收数据	RXD
3	发送数据	TXD
4	数据终端准备	DTR
5	信号地	GND
6	数据设备准备好	DSR
7	请求发送	RTS
8	清除发送	CTS
9	振铃指示	BELL

2. RS422/RS485 串口

RS422 由 RS232 发展而来，它是为弥补 RS232 之不足而提出的。为改进 RS232 通信距离短、速率低的缺点，RS422 定义了一种平衡通信接口，将传输速率提高到 10Mbit/s，传输距离延长到 1200m（速率低于 100kbit/s 时），并允许在一条平衡总线上连接最多 10 个接收器。RS422 是一种单机

图 8-1   DB9 外观

发送、多机接收的单向、平衡传输规范，被命名为 TIA/EIA-422-A 标准。

为扩展应用范围，EIA 又于 1983 年在 RS422 基础上制定了 RS485 标准，增加了多点、双向通信能力，即允许多个发送器连接到同一条总线上，同时增加了发送器的驱动能力和冲突保护特性，扩展了总线共模范围。

(a)   (b)

图 8-2   CM 1241 串口模块

(a) CM 1241 RS232 串口模块；

(b) CM 1241 RS485 串口模块

RS232、RS422 与 RS485 标准只对接口的电气特性做出规定，而不涉及接插件、电缆或协议。用户可以在此基础上建立自己的高层通信协议。

8.1.2   CM1241 RS232 和 RS485 模块

S7-1200 PLC 的串口通信模块有多种型号，如图 8-2 所示，分别为 CM 1241 RS232 串口模块（6ES7241-1AH30-0XB0）和 CM 1241 RS485 串口模块（6ES7241-1CH30-0XB0），前者支持基于字符的自由口协议（ASCII）和 MODBUS RTU 主从协议；后者支持基于字符的自由口协议（ASCII）、MODBUS RTU 主从协议和 USS 协议。

图 8-3 所示为 CM1241 模块与外部设备的通信连接示意，它为执行点对点通信提供电气连接，其特点包括：独立的 9 针 D-sub 端口；通过 LED 方式动态显示发送和接收；有一个诊断 LED；由 CPU 提供电源，不需要额外连接电源。

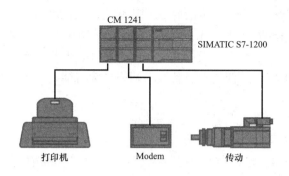

图 8-3 CM1241 与其他产品的通信连接

8.2 西门子触摸屏的应用

8.2.1 西门子触摸屏概述

20 世纪 60 年代末，PLC 的出现使工业控制向前迈进了一大步。随着 PLC 的应用和发展，工程师们渐渐发现，仅仅用开关、按钮和指示灯来控制 PLC，并不能完全发挥 PLC 的潜在功能。为了实现更高层次的工业自动化，人们开始研发一种新的控制界面——触摸屏。触摸屏集成了液晶显示屏、触摸面板、控制单元及数据存储单元，并且可以在显示屏上模拟开关、按钮、指示灯。它可以基本代替真实的电气元件，使工业控制再次向前迈进了一步，从而操作人员得以面对更加友好的操作界面。

液晶显示触摸屏是人机交互系统中一颗耀眼的明星。触摸屏由于具有可靠性高、寿命长及高性能等特点，越来越受到自动化系统集成商、自动化设备制造商的青睐。

传统的工业控制系统一般使用按钮和指示灯来操作和监视系统，很难实现系统工艺参数的现场设置和修改，也不方便对整个系统进行集中监控。触摸屏的主要功能就是取代传统的控制面板和显示仪表（见图 8-4），通过与控制单元（如 PLC）通信，实现人与控制系统的信息交换，更方便地实现对整个系统的操作和监视。触摸屏由于具有操作简便、界面美观、人机交互好等优点，将在控制领域得到广泛的应用。

目前市场上已经出现了集成以太网接口的触摸屏，如西门子的 KTP600 系列触摸屏（见图 8-5）。

图 8-4 触摸屏画面

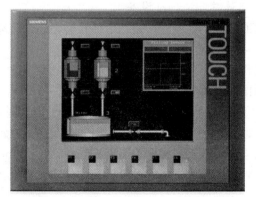

图 8-5 西门子 KTP600 系列触摸屏

它所集成的是一块基于 TCP/IP 协议的 10MB 标准以太网芯片。TCP/IP 协议即现在已广泛应用于国际互联网络（World Wide Web）的标准开放式通信协议，目前个人计算机上网时基本都是基于该协议，但在工业现场的应用还未普及。但是，新一代触摸屏的诞生使其在工业现场的应用得以推广，并使整个设备接入网络成为可能，使不同物理空间内的设备之间实现网络通信、数据传输。

TIA 思想，即全集成自动化思想，是用一种系统完成原来由多种系统搭配起来才能完成所有功能的系统。基于 TIA 思想的全集成自动化解决方案，可以大大简化系统的结构，减少大量接口部件，可以克服上位机和工业控制器之间、连续控制和逻辑控制之间、集中与分散之间的界限。同时，全集成自动化解决方案还可以为所有的自动化应用提供统一的技术环境，主要包括统一的数据管理、统一的通信、统一的组态和编辑软件等。基于这种环境，各种各样不同的技术可以在一个用户接口下，集成在一个有全局数据库的系统中。

总而言之，在西门子的理念中，TIA 思想＝产品＋集成化＋开放性。

8.2.2　技能训练【JN8-2】：KTP600 触摸屏的使用

1. 任务说明

现有一台西门子 KTP600 Basic Color PN 触摸屏（以下简称 KTP600 触摸屏），请对它进行电气接线，并与 S7-1200 PLC 同时进行画面组态、下载与调试。

具体的控制对象为电动机的启动与停止的触摸屏监控，设 %I0.0 为触摸屏控制与现场按钮控制的选择开关、%I0.1 为现场启动按钮、%I0.2 为现场停止按钮、%Q0.0 为电动机接触器。

2. 电气接线

KTP600 的端子如图 8-6 所示。

对于 KTP600 来讲，既可以选择横向安装，也可以选择纵向安装。触摸屏自行通风，可垂直或倾斜安装于操作箱、电控箱等。如果超出了操作设备运行允许的最高环境温度，则需要使用外部通风设备。KTP600 与 PC 相连的步骤如图 8-7 所示：①关闭操作设备；②将 LAN 电缆的一个 RJ45 插头与触摸屏相连；③将 LAN 电缆的一个 RJ45 插头与组态 PC 相连。

同理，KTP600 与 PLC 相连的示意如图 8-8 所示。

在实际应用中，建议采用如图 8-9 所示的方式进行，即通过集线器来连接 PC、PLC 与触摸屏 KTP600。

3. 接通并测试 HMI 设备

接通电源，在电源接通之后屏幕会亮起，启动期间会显示进度条。如果 HMI 设备无法启动，可能是将电源端子上的导线接反了。

操作系统启动后，装载程序将打开（见图 8-10）。

在图 8-10 所示的菜单中，按"传送（Transfer）"按钮以将 HMI 设备设置为"传送"模式，仅当至少启用了一个数据通道用于传送时，才能激活传送模式；按"启动（Start）"按钮，以启动 HMI 设备上的项目，如果不执行操作，则在经过了延迟时间后，HMI 设备上的项目会自动启动；按"控制面板（Control Panel）"按钮，以打开 HMI 设备的控制面板，可以在控制面板中进行各种设置，如传送设置等。

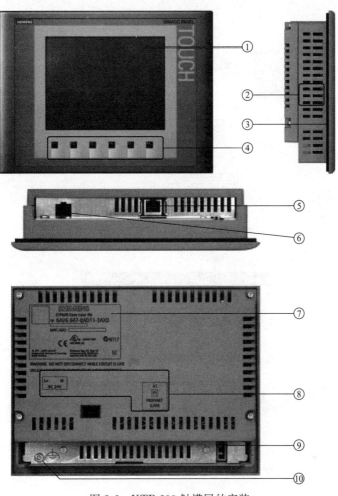

图 8-6 KTP 600 触摸屏的安装

①—显示屏/触摸屏；②—夹紧端子的开口；③—嵌入式密封件；④—功能键；⑤—PROFINET 接口；
⑥—电源接口；⑦—铭牌；⑧—接口名称；⑨—记录带导槽；⑩—功能接地的接口

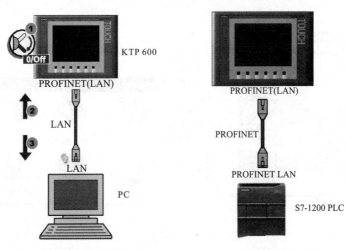

图 8-7 KTP600 与 PC 相连   图 8-8 KTP600 与 PLC 相连

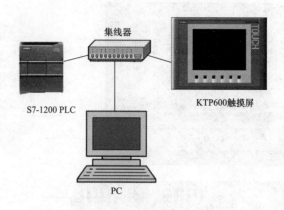

图 8-9　通过集线器连接 PC、KTP600 与 PLC

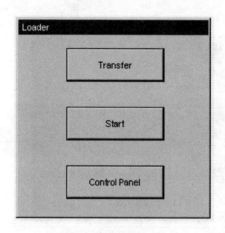

图 8-10　装载程序打开

　　由于本系统必须设置正确的 IP 地址才能确保从 PC 的组态传送到触摸屏，因此按"控制面板（Control Panel）"进入如图 8-11 所示的界面。

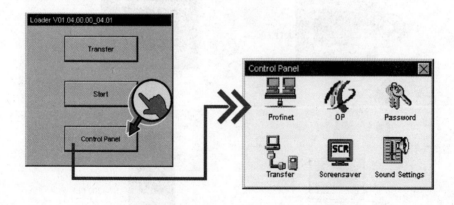

图 8-11　进入控制面板

在控制面板中组态 HMI 设备，可进行以下设置：通信设置、操作设置、密码保护、传送设置、屏幕保护程序、声音信号。

由于 KTP600 触摸屏采用以太网通信，因此必须设置正确的通信模式，具体步骤如图 8-12 所示。

（1）按"Profinet"按钮，打开"Profinet Settings"对话框。

（2）选择通过 DHCP 自动分配地址或者执行用户特定的地址分配。

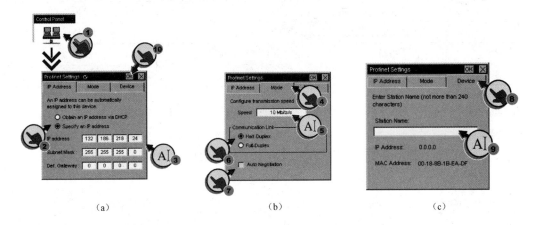

（a）　　　　　　　　　　　　　　（b）　　　　　　　　　　　　　（c）

图 8-12　Profinet Settings 菜单

（a）IP Address 设置界面；（b）Mode 设置界面；（c）Device 设置界面

（3）如果分配用户特定的地址，请使用屏幕键盘在"IP Address"、"Subnet Mask"和 "Def. Gateway"（如果适用）文本框中输入有效 IP 地址。

（4）切换至"Mode"选项卡。

（5）在"Speed"文本框中，为 Profinet 网络输入传输率，有效值为 10Mbit/s 和 100Mbit/s。

（6）选择"半双工"或"全双工"作为连接模式。

（7）如果已设置复选框"Auto Negotiation"，则会激活以下功能：将会自动检测和设置 Profinet 网络的连接模式和传输率，将会激活"自动交叉"功能，这意味着 HMI 设备可连接到 PC 或控制器而无需使用其他交叉电缆。

（8）切换至"Device"选项卡。

（9）为 HMI 设备输入网络名称，该名称必须满足以下条件：

1）最大长度：240 个字符；

2）特殊字符：仅限"—"和"."；

3）无效语法："n. n. n. n"（n＝0 到 999）以及"端口—yxz"（x、y、z＝0 到 9）；

（10）使用"OK"关闭对话框并保存输入内容。

4. 软件编程

（1）PLC 的变量定义与梯形图编程。在电动机启动与停止的触摸屏监控中，PLC 变量见表 8-2 所列，可以看出触摸屏上按钮的启动与停止（%M0.0 和 %M0.1）需要在 PLC 中进行预先定义。

表 8-2	PLC 变 量		
	名称	数据类型	地址
1	转换开关	Bool	%I0.0
2	启动	Bool	%I0.1
3	停止	Bool	%I0.2
4	电机接触器	Bool	%Q0.0
5	触摸屏启动按钮	Bool	%M0.0
6	触摸屏停止按钮	Bool	%M0.1
7	中间变量 1	Bool	%M0.2
8	中间变量 2	Bool	%M0.3

主程序的 PLC 梯形图如图 8-13 所示。

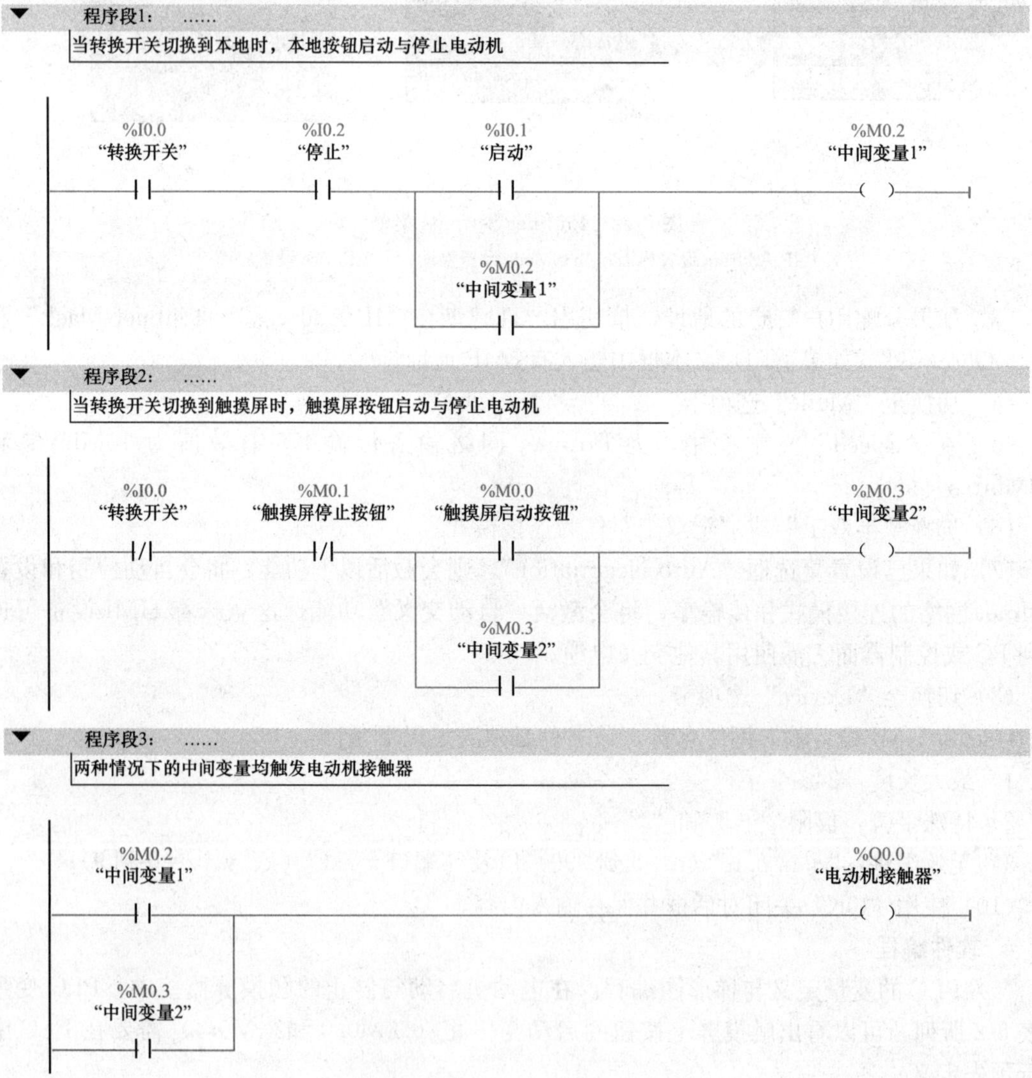

▼ 程序段1：……
当转换开关切换到本地时，本地按钮启动与停止电动机

%I0.0	%I0.2	%I0.1	%M0.2
"转换开关"	"停止"	"启动"	"中间变量1"
─┤├─	─┤├─	─┤├─	─( )─

%M0.2
"中间变量1"
─┤├─

▼ 程序段2：……
当转换开关切换到触摸屏时，触摸屏按钮启动与停止电动机

%I0.0	%M0.1	%M0.0	%M0.3
"转换开关"	"触摸屏停止按钮"	"触摸屏启动按钮"	"中间变量2"
─┤/├─	─┤/├─	─┤├─	─( )─

%M0.3
"中间变量2"
─┤├─

▼ 程序段3：……
两种情况下的中间变量均触发电动机接触器

%M0.2	%Q0.0
"中间变量1"	"电动机接触器"
─┤├─	─( )─

%M0.3
"中间变量2"
─┤├─

图 8-13　PLC 梯形图

　　(2) 触摸屏的设备向导。在 TIA 软件中新增触摸屏，一般建议使用触摸屏的设备向导。在项目树中选择"添加新设备"。图 8-14 所示的"添加新设备"窗口中将会出现 SIMATIC PLC 或 SIMATIC HMI 两种，选择 SIMATIC HMI，并按照用户的 KTP 触摸屏型号选择，比如本案例选择 KTP600 Basic PN。

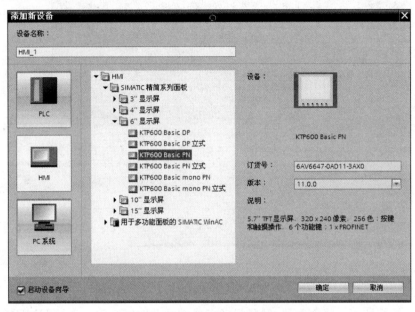

图 8-14　选择 KTP600 Basic PN

　　在图 8-14 中最左下角的"启动设备向导"进行打钩，则进入图 8-15 所示的 HMI 设备向导（KTP600 Basic PN）。

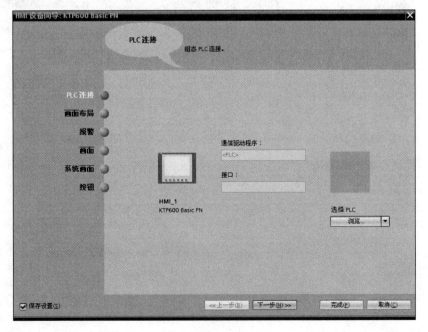

图 8-15　进入设备向导

在图 8-15 所示的设备向导中没有选择任何 PLC，点击"浏览"按钮，进行 PLC 选择（图 8-16 所示的 Motor1_PLC），即在 TIA 软件建立的 PLC 名称。

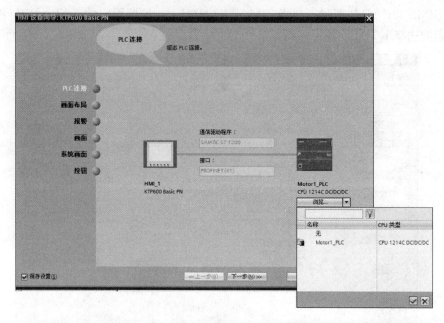

图 8-16　选择 PLC

一旦选择了 PLC，就会看到 HMI 设备向导的画面发生变化，表示 HMI 与 PLC 建立了连接。点击"下一步"，出现了如图 8-17 的"画面布局"，包括画面的分辨率、背景色、页眉等。

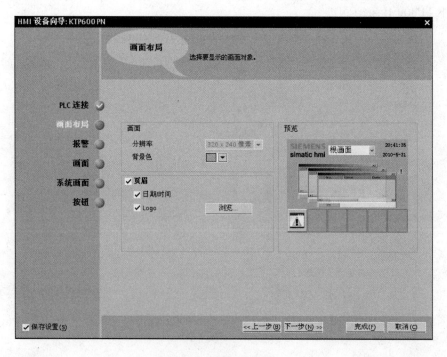

图 8-17　设置画面布局

点击"下一步"，则出现了图 8-18 所示的报警设置。

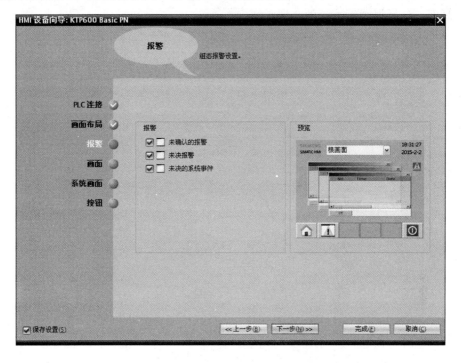

图 8-18 报警设置

点击"下一步"，则看到图 8-19 所示为画面设置，包括添加画面、删除画面、重命名等功能。

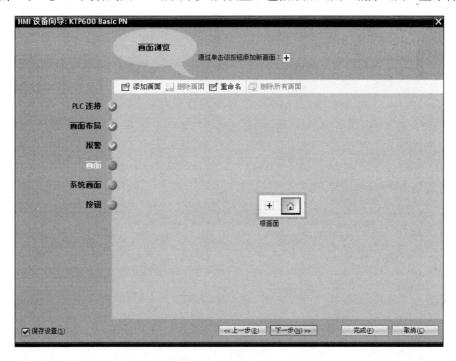

图 8-19 画面设置

在图 8-19 所示的画面设置中，选择添加画面功能（见图 8-20），则会跳出图 8-21 所示的树形画面，包括根画面、画面 0 到画面 5。

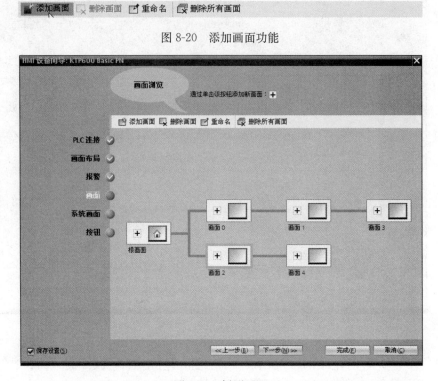

图 8-20　添加画面功能

图 8-21　树形画面

点击"下一步"，则出现了图 8-22 所示的系统画面设置。

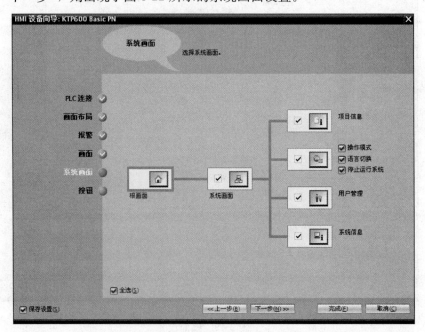

图 8-22　系统画面设置

点击"下一步",出现了图 8-23 所示的按钮设置。

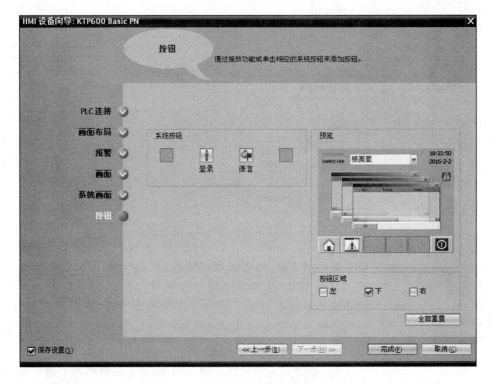

图 8-23 按钮设置

此时,在图 8-23 就会在右下角出现"完成"按钮,点击"完成",则出现如图 8-24 所示的项目树中的"HMI_1 [KTP600 Basic PN]"。点击"设备与网络"可以看到网络视图中的 Motor1_PLC 与 HMI_1 通过 PN/IE_1 进行以太网连接。

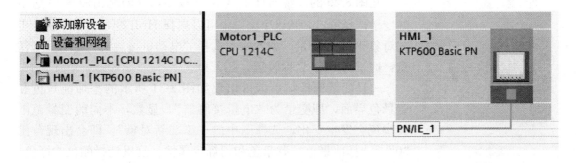

图 8-24 以太网连接

点击触摸屏的以太网接口属性,则会看到如图 8-25 所示的以太网接口属性。

需要注意的是触摸屏也有 MAC 地址,即介质访问控制地址,它是识别 LAN(局域网)节点的标识。

(3)触摸屏的画面组态。触摸屏的组态主要是画面设计,就是将需要用其表示过程的对象插入到画面,并对该对象进行组态使之符合过程要求。

画面可以包含静态和动态元素。静态元素(例如文本或图形对象)在运行时不改变它们的状态。动态元素根据过程改变它们的状态，一般情况可以通过下列方式显示当前过程值：

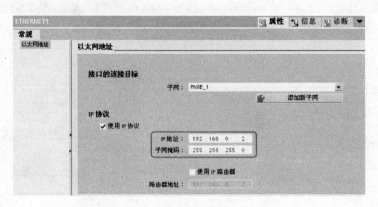

图 8-25　触摸屏的以太网接口属性

图 8-26　工具箱

显示从 PLC 的存储器中输出；以字母数字、趋势图和棒图的形式显示 HMI 设备存储器中输出的过程值；HMI 设备上的输入域也认作是动态对象。通过变量可以在 PLC 控制器和 HMI 设备之间交换过程值和操作员输入值。图 8-26 所示为触摸屏常见的基本对象、元素、控制、图形等。

1) 添加椭圆指示灯。图 8-27 所示为在触摸屏上进行添加电动机接触器指示的界面。

众所周知，对于触摸屏上的指示一般采用颜色变化，比如信号接通为红色，信号不接通为绿色等。如图 8-28 所示新建指示灯椭圆"外观"动画，即会出现如图 8-29 所示的外观属性界面。

在图 8-29 的外观属性中点击 ▦ 按钮，立即跳出图 8-30 所示的变量选择窗口，从这个窗口中可以选择 HMI 变量、程序块、工艺对象和 PLC 变量，如本例中选择"电动机接触器％Q0.0"（注意：这里的 PLC 名称假定为 PLC1）。

一旦变量选择结束即可出现如图 8-31 所示的添加前景色和背景色界面，即变量为"电机接触器"。显然，不同的变量范围其颜色会发生变化，选择图中的"添加新对象"，即会出现范围"0"，选择前景色、背景色和闪烁等属性。这里选择颜色为绿色。同样，再添加新对象，即会出现范围"1"，选择在此时颜色为红色。

2) 添加文本。图 8-32 所示为添加文本 Text。在包含静态或动态文本的所有画面对象中，其文本的外观都是可以自定义的。

图 8-33 所示为文本常规属性，图 8-34 所示则是输入"电动机接触器"文本字符。

3) 添加按钮。图 8-35 所示的按钮是常见的操作员元素之一，它主要呈现接触状态和未接触状态两种。在本案例中，选择按钮作为触摸屏对电动机的启动与停止之用。

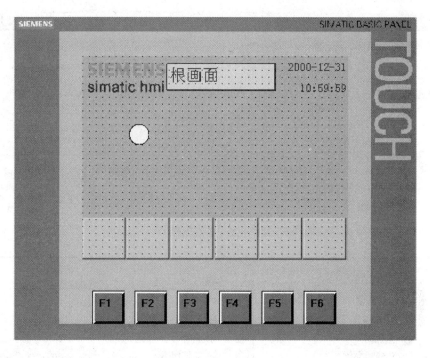

图 8-27　添加电动机接触器指示

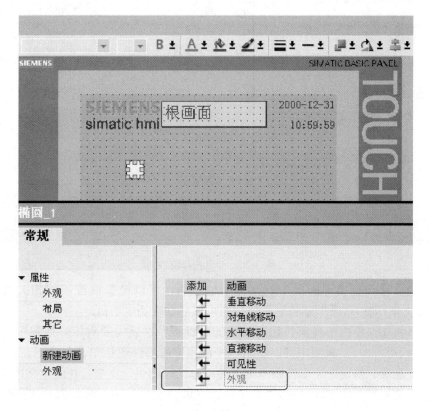

图 8-28　新建椭圆的"外观"动画

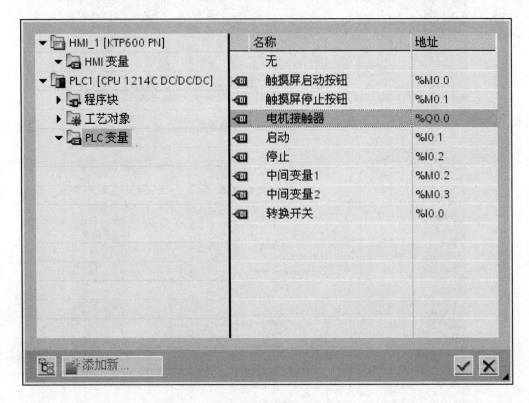

图 8-29　外观属性

图 8-30　变量选择窗口

在将按钮放置到触摸屏画面中的某一个位置后，可以设置该按钮的相关属性（见图 8-36），比如文本标签，"开"字符表示该按钮可以启动现场电动机。

在触摸屏，如何模拟与真实按钮所一致的特性呢？这就需要对该"按钮"元素的相关"事件"定义（图 8-37）。从图中可以看出，按钮元素的事件包括单击、按下、释放、启用、禁用、更改，显然，前面 3 个事件跟本案例的动作比较相关。比如，在此定义这个按钮的属性为：当按下按钮时，将 PLC 的相关变量置位（即该变量处于 ON 状态）；当释放按钮时，将 PLC 的相关变量复位（即该变量处于 OFF 状态）。

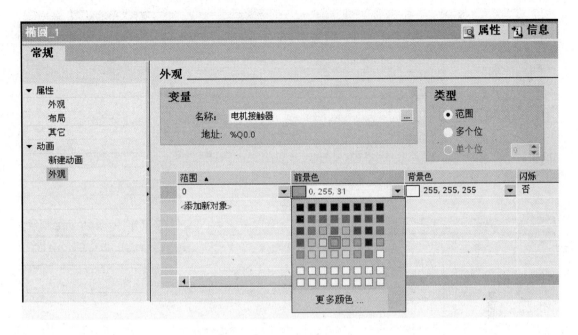

图 8-31　添加前景色和背景色

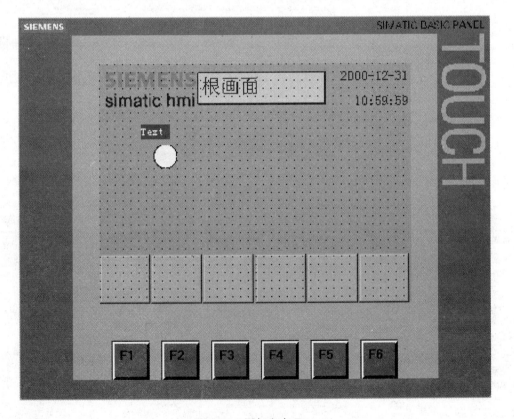

图 8-32　添加文本 Text

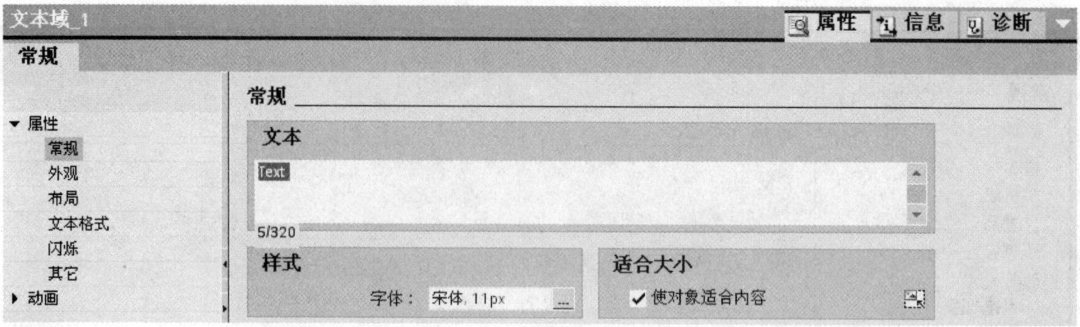

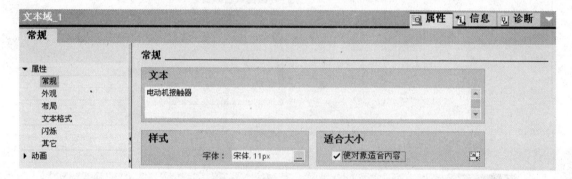

图 8-33　文本常规属性

图 8-34　文本输入

图 8-35　选择按钮

图 8-36　设置按钮的文本标签

具体操作如下：

第一步，选择"事件"下的"按下"，这时会出现右边的"添加函数"。

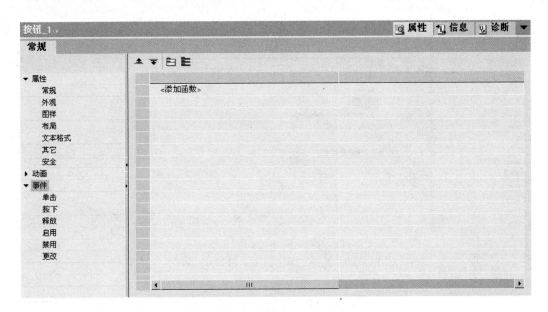

图 8-37　选择"按钮"的"事件"

第二步，添加"系统函数"，并定位"编辑位"（图 8-38）。

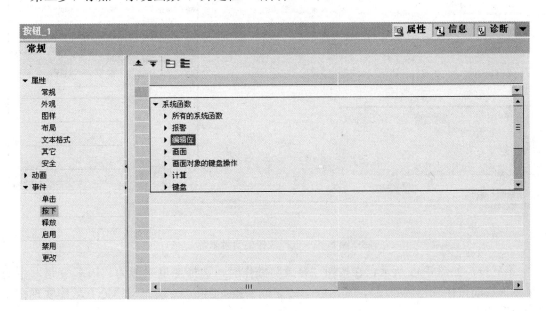

图 8-38　定位"系统函数"下的"编辑位"

第三步，选择"编辑位"下的 SetBit 属性（图 8-39），即置位属性。

第四步，如图 8-40 所示，在按钮置位操作时，选择变量来源为"PLC 变量"中的"触摸屏启动按钮"（%M0.0）。

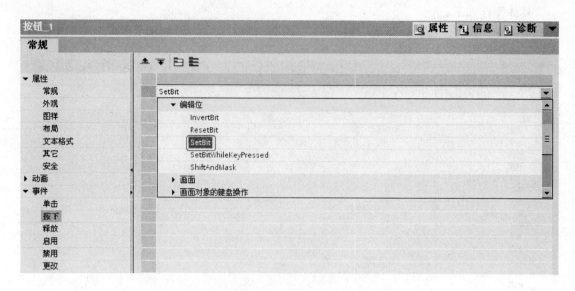

图 8-39 选择"编辑位"下的 SetBit 属性

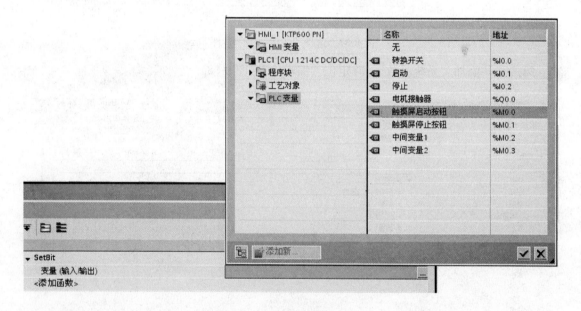

图 8-40 选择按钮的变量来源

第五步，如图 8-41 所示，在按钮"释放"操作时，选择变量来源为"PLC 变量"中的"触摸屏启动按钮"（％M0.0），其函数为"复位（ResetBit)"。从而，％M0.0 就能实现按钮"瞬动"功能。

第六步，在本案例中，由于触摸屏按钮只能在转换开关％I0.0＝OFF 时才出现，因此还需要进行动画组态，图 8-42 所示为"新建动画"的可选内容，包括垂直移动、对角线移动、水平移动、直接移动、可见性和外观。

第七步，对按钮的可见性动画进行添加（见图 8-43）。

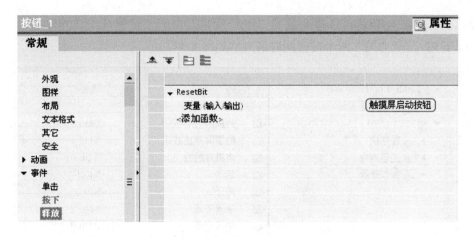

图 8-41　设置"释放"函数

图 8-42　新建动画设置

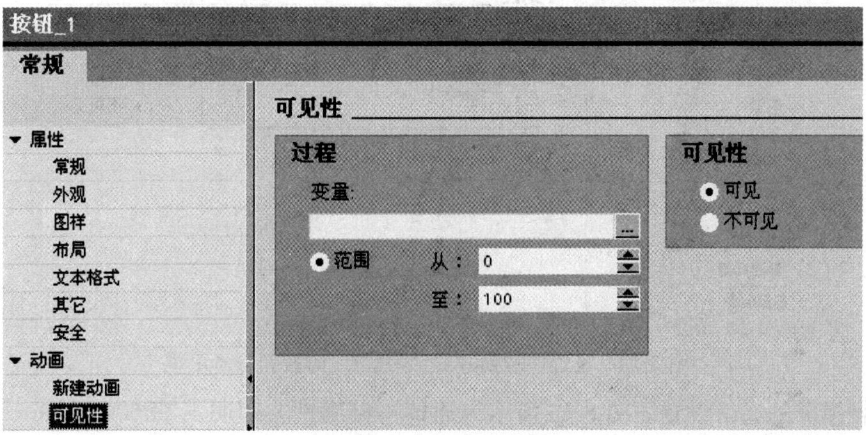

图 8-43　添加可见性动画

第八步，点击 ▦ 按钮，选择变量为"PLC 变量"中的"转换开关（%I0.0）"，即当%I0.0＝OFF 时"开""关"两个按钮同时消失（见图 8-44）。

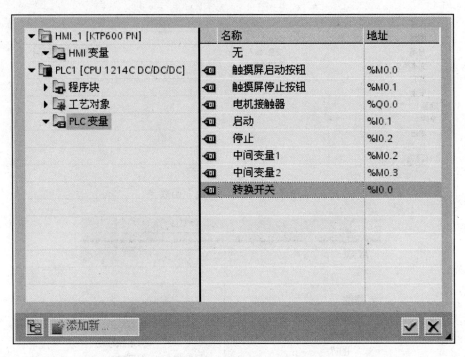

图 8-44　选择 PLC 变量"转换开关"

第九步，确认变量后，选择"转换开关"变量＝1 时，即范围从"1"到"1"时为"不可见"（见图 8-45）。当然，也可以选择"转换开关"变量＝0 时为"可见"，从此也可以看出，设置变量的方式有很多种。

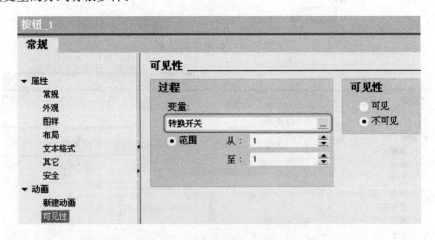

图 8-45　设置"转换开关"为"1"时按钮为不可见

4）触摸屏的通信设置。图 8-46 所示为通信连接属性，表明 KTP600 Basic color PN 的接口为 PROFINET，地址为 192.168.0.2，其访问点为 S7ONLINE；工作站 PLC 的地址为 192.168.0.1。

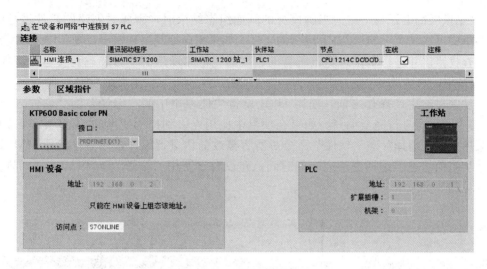

图 8-46　通信连接属性

图 8-47 所示为 HMI 变量的名称、连接、数据类型等属性，其中采集周期非常重要。当触摸屏上显示的变量与 PLC 之间的通信要非常快速时，比如实时显示快速变化的数据，则可以修改采集周期（图 8-48 所示）。

名称 ▲	连接	数据类型	PLC 变量	地址	数组元素	采集周期
触摸屏启动按钮	HMI 连接_1	Bool	触摸屏启动按钮	<符号访问>	1	1 s
触摸屏停止按钮	HMI 连接_1	Bool	触摸屏停止按钮	<符号访问>	1	1 s
电机接触器	HMI 连接_1	Bool	电机接触器	<符号访问>	1	1 s
转换开关	HMI 连接_1	Bool	转换开关	<符号访问>	1	1 s

图 8-47　HMI 变量属性

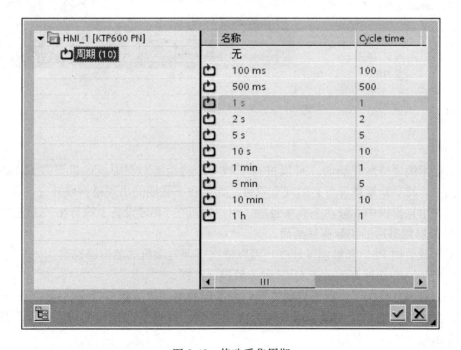

图 8-48　修改采集周期

5）触摸屏的编译与下载。当触摸屏的画面组态结束时，需要对创建的软件进行编译。编译会生成可在相应 HMI 设备上运行的文件。如果编译期间出现错误，则 TIA 软件会提供支持来查找错误并进行更正。更正所有问题之后，将编译后的项目装载到要运行该项目的 HMI 设备中。

启动项目的生产操作之前，使用 HMI 设备快捷菜单中的"编译" ＞ "软件（全部重建）"命令对项目进行完全编译。如果在项目中使用连接到控制变量的 HMI 变量，则使用快捷菜单中的"编译" ＞ "软件"命令对所有修改的块进行编译，然后再编译 HMI 设备。为了减少当前组态下编译更新内容的时间，建议时常使用"编译" ＞ "软件（全部重建）"命令（见图 8-49）。

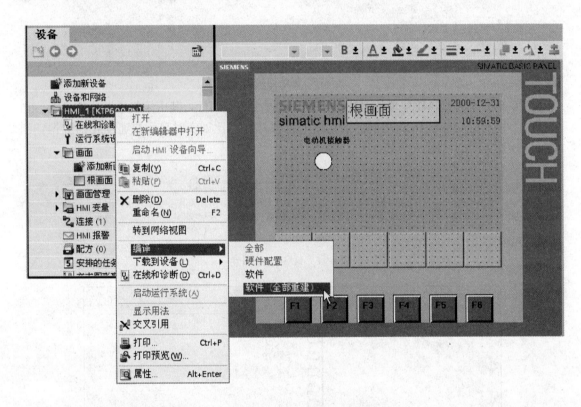

图 8-49　触摸屏组态的编译

如果提示编译信息正确时，可以进行下载，即将组态软件从 PC 机下载到 PLC 中去。在此过程中，将更新触摸屏所有的现有项目。如果在下载期间出现错误或警告，则相应的报警会显示在信息窗口中。成功下载项目后，用户即可在 HMI 设备上执行相关工艺操作。

5. 触摸屏组态后的实际测试画面

根据下载后的 PLC 和触摸屏程序，可以依次实现电动机的触摸屏控制。

（1）当％I0.0 选择开关置于 OFF 时为触摸屏控制。

（2）当触摸屏控制时，点击启动按钮，触摸屏的电动机接触器指示灯为红色。

（3）当％I0.0 选择开关置于 ON 时为现场控制，触摸屏的按钮均消隐，但是指示灯仍旧可以显示停止或运行状态。

思考与练习

8.1　选择题

(1) 以下不是 S7-1200 串口通信的特点是（　　）。

　　A. 具有独立的 9 针 D sub 端口

　　B. 能通过 LED 方式动态显示发送和接收

　　C. 由 CPU 提供电源，不需要额外连接电源

　　D. 无诊断 LED

(2) S7-1200 PLC 与台式 PC 进行超级终端通信的方式一般是（　　）。

　　A. RS485　　　　　　B. RS232　　　　　　C. RS422　　　　　　D. TCP/IP

(3) S7-1200 PLC RS232 模块在端口组态中没有的参数是（　　）。

　　A. 波特率　　　　　B. 奇偶校验　　　　　C. 起始字符　　　　　D. 停止位

(4) 触摸屏在添加椭圆指示灯后，进行变量选择时，下面哪一个无法进行选择（　　）。

　　A. HMI 变量　　　　B. 程序块　　　　　　C. 工艺对象　　　　　D. PLC 变量

　　E. 以上都不是

8.2　请设计两台 S7-1200 PLC 之间通过 RS232 进行通信的硬件线路，并编程。

8.3　现在需要将 S7-1200 PLC 外接的温度信号在 KTP600 上进行显示，要求能实现温度过高和过低报警。请对触摸屏进行编程。

8.4　在全自动豆芽生产中，开机生产豆芽时应注意喷水间隔时间控制旋钮及喷水延续时间，并在每次供水时，观察排水管口出水有无异常情况，发现有异常情况时，应打开箱门检查，及时排除故障。图 8-50 所示为全自动喷淋系统示意。

任务要求如下：①S7-1200 PLC 连接现场的行车左右限位和热继电器信号等输入信号，同时连接水泵、行车左行和右行、故障指示灯、运行指示灯；②在触摸屏可以进行全自动喷淋系统的启动与停止，进行各个输入/输出状态显示，同时能在触摸屏上进行一天内 6 次喷淋时间的设置；③设置的喷淋时间一旦到达，则延时 5s 后开启喷淋水泵，再延时 5s 行车左行，待左限位触发时，行车右行，待行车右限位触发时，行车左行离开限位一段时间后停止，这就是一次喷淋过程；④能在触摸屏上显示和设置当前时间。

图 8-50　全自动喷淋系统

请进行触摸屏和 PLC 的硬件设计与编程。

参 考 文 献

[1] 李方园，杨帆. 西门子 S7 PLC 应用简明教程 ［M］. 北京：机械工业出版社，2013.

[2] 李方园. 图解西门子 S7-1200 PLC 入门到实践 ［M］. 北京：机械工业出版社，2011.

[3] 李方园. 西门子 S7-200 PLC 从入门到实践 ［M］. 北京：电子工业出版社，2010.

[4] 西门子（中国）有限公司. 深入浅出西门子 S7-1200 PLC. 西门子（中国）有限公司 ［M］. 北京：北京航空航天大学出版社，2009.

[5] 廖常初. S7-200 PLC 编程及应用 ［M］. 北京：机械工业出版社，2008.

[6] 西门子自动化与驱动集团网站. www. ad. siemens. com. cn.